高等教育系列教材

虚拟现实技术基础与应用

主编 李 建 王 芳

副主编 张天伍 杨爱云 李雨恒

机械工业出版社

本书力求全面系统地描述虚拟现实技术的概念、发展趋势、硬件设备、软件技术以及虚拟现实技术开发的基础知识等。全书共有 7 章，详细介绍了虚拟现实的概念和发展现状、虚拟现实的关键技术、虚拟现实系统的硬件设备和相关开发软件、三维全景技术、Unity 虚拟现实开发平台的基础知识和综合开发案例等。

本书既可以作为高等院校虚拟现实、数字媒体技术、计算机应用等相关专业的基础教材，又给所有对虚拟现实技术感兴趣的读者，提供了一本较为翔实的入门教程。

本书配有授课电子课件，需要的教师可登录 www.cmpedu.com 免费注册，审核通过后下载，或联系编辑索取（微信：15910938545；电话：010-88379739）。

图书在版编目（CIP）数据

虚拟现实技术基础与应用 / 李建，王芳主编. —北京：机械工业出版社，2018.8（2021.2 重印）
高等教育系列教材
ISBN 978-7-111-60162-3

Ⅰ. ①虚… Ⅱ. ①李… ②王… Ⅲ. ①虚拟现实－高等学校－教材
Ⅳ. ①TP391.98

中国版本图书馆 CIP 数据核字（2018）第 124199 号

机械工业出版社（北京市百万庄大街 22 号 邮政编码 100037）
责任编辑：胡 静 责任校对：张艳霞
责任印制：常天培

北京虎彩文化传播有限公司印刷

2021 年 2 月第 1 版 • 第 4 次印刷
184mm×260mm • 15 印张 • 365 千字
6001－7000 册
标准书号：ISBN 978-7-111-60162-3
定价：49.00 元

电话服务
客服电话：010-88361066
010-88379833
010-68326294

网络服务
机 工 官 网：www.cmpbook.com
机 工 官 博：weibo.com/cmp1952
金 书 网：www.golden-book.com
机工教育服务网：www.cmpedu.com

封底无防伪标均为盗版

前　言

虚拟现实（Virtual Reality，VR）技术是指采用以计算机技术为核心的现代高科技手段生成一种虚拟环境，是一种多源信息融合的交互式三维动态视景和实体行为的系统仿真，使用户沉浸到该环境中，与虚拟世界中的物体进行自然的交互，从而通过视觉、听觉和触觉等获得与真实世界相同的感受。

自 20 世纪 50 年代起，虚拟现实技术从模糊的概念、缓慢发展、快速成长到产品落地，并运用到军事、工业、地理与规划、建筑可视化、教育文化等领域。头戴 3D 显示器是沉浸式 VR 设备的雏形，Nintendo、Olympus、Sony 相继推出过头戴 3D 显示器产品，但因软硬件、内容不成熟未能形成市场规模。2013 年以来，显示器分辨率、显卡 GPU 并行渲染和 3D 实时建模能力、网络速度等技术的快速提升带来了 VR 设备的轻量化、便捷化和精细化，大幅提升了 VR 设备的体验。2014 年 FaceBook 以 20 亿美金收购 Oculus，Samsung、Google、Sony、HTC 等国际消费电子巨头均加入 VR 设备研发，推出大量沉浸式 VR 设备，并不断更新换代，让电子科技公司、手机制造商、科技创业公司等看到市场前景，各大厂商和投资机构纷纷投资，各个领域都普遍看好 VR 产业的未来，VR 市场潜力巨大。2016 年初，全球领先的国际投资银行高盛集团发布了《VR 与 AR：解读下一个通用计算平台》的行业报告，全世界迎来了虚拟现实发展的新浪潮，于是 2016 年被专家和媒体称为 VR 元年。

面对硬件技术的日益成熟，在 VR 内容设计和产出方面的技术人才正在成为制约 VR 产业发展的重要瓶颈。据 Linkedin 发布的《2016 全球 VR 人才报告》显示，中国 VR 行业人才需求占比高达 18%，成为全球第二大 VR 市场，但人才市场供给量只占全球的 2%。随着 VR 人才需求的增加，国内不少教育机构和高校也积极布局 VR 教育，把 VR 开发及相关课程纷纷列入人才培养和教学计划之中，并建立了虚拟现实技术相关的实验室。

为满足社会和高校对虚拟现实学科建设和教材的需求，以及广大虚拟现实爱好者的学习需求，我们编写了本书。本书较系统地介绍了虚拟现实技术的概念、发展历程、未来趋势、硬件设备、软件技术、开发平台及应用领域等，并通过实战案例，系统地介绍了虚拟现实应用开发的全过程。虚拟现实理论知识与实践经验耦合度高，在注重理论知识学习的基础上，应具备一定的实际操作能力。因此本书有以下突出特点：理论联系实际，理论、应用和案例相结合；由浅入深，图文并茂，易于理解；注重实践应用，包括应用开发环境、典型应用案例等，使读者能在短时间内全面了解虚拟现实应用开发的相关知识和实用技术。

本书能对立志于虚拟现实技术应用开发的读者起到引领入门的作用，既可以作为高等院校数字媒体技术（艺术）、计算机科学与技术、计算机应用等相关专业虚拟现实方向的基础教材，又能够给社会和高校中对虚拟现实技术感兴趣的读者，提供翔实的学习资料。编者期望通过本书的出版能够达到普及知识、掌握技术、面向应用、开阔思路等目的。

本书主要包括以下内容。

第 1 章，介绍了虚拟现实技术的概念、特性、发展历程，虚拟现实产业的发展现状和应用前景，分析了 VR、AR、MR 的概念、区别和联系。

第 2 章，虚拟现实是多种技术的综合，本章主要介绍了其关键技术，包括立体高清显示技术、三维建模技术、三维虚拟声音技术、人机交互技术等。

第 3 章，介绍了虚拟现实的硬件设备，包括生成设备、输入设备和输出设备。

第 4 章，介绍了虚拟现实开发的相关软件，包括 3ds Max、Lumion 等三维建模软件，Unity、VRP、Unreal Engine 等虚拟现实开发平台，以及 C#、OpenGL、C++等相关开发语言。

第 5 章，介绍了三维全景的基本概念，三维全景图及 VR 全景图的制作方法。

第 6 章，介绍了 Unity 虚拟现实开发平台的基本开发流程，包括 Unity 窗口界面组成、物理引擎和碰撞检测、各种资源（3D 模型、Terrain 地形、材质贴图、灯光、音频、摄像机等）、UGUI 界面开发、Mecanim 动画系统等。

第 7 章，以项目开发实战的形式，详细介绍了 3 个综合案例的完整开发流程。从项目背景、策划与准备，到项目架构、UI 设计、逻辑开发，再到项目优化与发布等，对虚拟现实项目开发的技术人员和初学者极有帮助。

本书由李建、王芳主编，张天伍、杨爱云、李雨恒任副主编，其中第 1 章、第 5 章由李建编写，第 2 章由杨爱云编写，第 3 章由张天伍编写，第 4 章、第 6 章由王芳编写，第 7 章由李雨恒编写。中原工学院信息商务学院郭欣、河南中医药大学闫培玲和王雨佳参与了部分章节的编写工作。书中综合案例由河南云和数据信息技术有限公司虚拟现实研发部经理李雨恒设计并实现，李建对全书进行了统稿。

在本书编写过程中，参阅了大量的书籍、文献资料和网络资源，得到了河南云和数据信息技术有限公司领导的大力支持，在此向所有资源的作者及相关单位的支持表示衷心感谢。由于作者水平和时间所限，加之虚拟现实技术发展迅速、日新月异，书中难免存在局限和错误等不足之处，欢迎广大读者不吝指正，沟通交流，以促进我国虚拟现实产业和虚拟现实技术的不断发展和进步。

编　者

目　录

第1章　虚拟现实技术概述

学习目标

- 理解虚拟现实的概念
- 了解虚拟现实技术的特性
- 了解虚拟现实技术的发展历程
- 了解虚拟现实产业的发展现状与前景
- 能够区分 VR、AR 与 MR

虚拟现实技术是 20 世纪末逐渐兴起的一门综合性技术，涉及计算机图形学、多媒体技术、传感技术、人机交互、显示技术、人工智能等多个领域，交叉性非常强。虚拟现实技术在教育、医疗、娱乐、军事等众多领域有着非常广泛的应用前景。由于改变了传统的人与计算机之间被动、单一的交互模式，用户和系统的交互变得主动化、多样化、自然化，因此虚拟现实技术被认为是 21 世纪发展最为迅速、对人们的工作生活有着重要影响的计算机技术之一。

1.1　虚拟现实概念

1.1.1　基本概念

虚拟现实是从英文 Virtual Reality 一词翻译过来的，简称“VR”，是由美国 VPL Research 公司创始人 Jaron Lanier 在 1989 年提出的，Lanier 认为：Virtual Reality 指的是由计算机产生的三维交互环境，用户参与到这些环境中，获得角色，从而得到体验。

之后，许多学者对虚拟现实的概念进行了深入的探讨，Nicholas Lavroff 在《虚拟现实游戏室》一书中将虚拟现实定义为：使你进入一个真实的人工环境里，并对你的一举一动所做出的反应，与在真实世界中一模一样。

Ken Pimentel 和 Kevin Teixeira 在《虚拟现实：透过新式眼镜》一书中，将虚拟现实定义为：一种浸入式体验，参与者戴着被跟踪的头盔，看着立体图像，听着三维声音，在三维世界里自由地探索并与之交互。

L.Casey Larijani 在《虚拟现实初阶》一书中认为，虚拟现实潜在地提供了一种新的人机接口方式，通过用户在计算机创造的世界中扮演积极的参与者角色，虚拟现实正在试图消除人机之间的差别。

我国著名科学家钱学森教授认为虚拟现实是视觉的、听觉的、触觉的以至嗅觉的信息，使接受者感到身临其境，但这种临境感不是真的亲临其境，只是感受而已，是虚的。为了使人们便于理解和接受虚拟现实技术的概念，钱学森教授按照我国传统文化的语义，将虚拟现实称为“灵境”技术。

我国著名计算机科学家汪成为教授认为，虚拟现实技术是指在计算机软硬件及各种传感器（如高性能计算机、图形图像生产系统、特制服装、特制手套、特制眼镜等）的支持下生成的一个逼真的、三维的，具有一定视、听、触、嗅等感知能力的环境；使用户在这些软硬件设备的支持下，以简捷、自然的方法与由计算机所产生的“虚拟”世界中的对象进行交互作用。虚拟现实技术是现代高性能计算机系统、人工智能、计算机图形学、人机接口、立体影像、立体声响、测量控制、模拟仿真等技术综合集成的结果，目的是建立起一个更为和谐的人工环境，如图 1-1 所示。

图 1-1 VR 场景示意图

我国虚拟现实领域的资深学者、工程院院士赵沁平教授认为，虚拟现实是以计算机技术为核心，结合相关的科学技术，生成一定范围内与真实环境在视、听、触感等方面高度近似的数字化环境。用户借助必要的装备与数字化环境中的对象进行交互作用、相互影响，可以产生亲临对应真实环境的感受和体验。

总之，目前学术界普遍认为，虚拟现实技术是指采用以计算机技术为核心的现代高新技术，生成逼真的视觉、听觉、触觉一体化的虚拟环境，参与者可以借助必要的装备，以自然的方式与虚拟环境中的物体进行交互，并相互影响，从而获得等同真实环境的感受和体验，如图 1-2 所示。

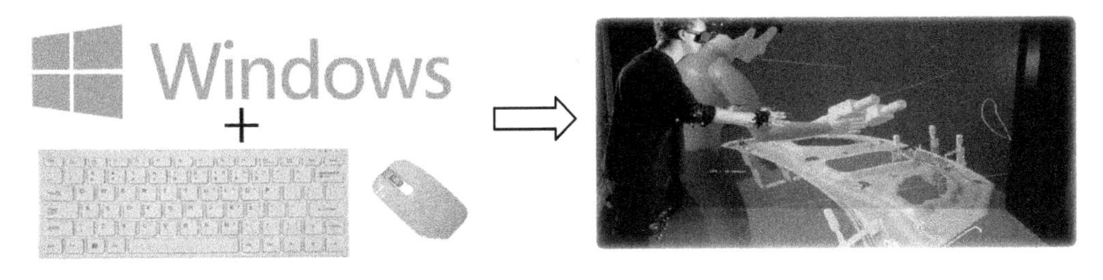

图 1-2　交互方式的改变

虚拟现实系统中的虚拟环境，包括以下几种形式。

1）模拟真实世界中的环境。这种真实环境可能是已经存在的，也可能是已经设计好但还没有建成的，或者是曾经存在但现在已经发生变化、消失或者受到破坏的。例如，地理环境、建筑场馆、文物古迹等。

2）人类主观构造的环境。此环境完全是虚构的，是用户可以参与，并与之进行交互的非真实世界，如图 1-3 所示。例如，影视制作中的科幻场景，电子游戏中三维虚拟世界。

3）模仿真实世界中人类不可见的环境。这种环境是真实环境，客观存在的，但是受到人类视觉、听觉器官的限制，不能感应到，如图 1-4 所示。例如，分子的结构，空气中的速度、温度、压力的分布等。

图 1-3　影视制作中的科幻场景

图 1-4　模拟的分子结构

虚拟现实技术是仿真技术的一个重要方向，是仿真技术与计算机图形学、人机接口技术、多媒体技术、传感技术、网络技术等多种技术的集合，是一门富有挑战性的交叉技术前沿学科和研究领域。

1.1.2 虚拟现实技术的特性

虚拟现实技术基于动态环境建模技术、立体显示和传感器技术、系统开发工具应用技术、实时三维图形生成技术、系统集成技术等多项核心技术，主要围绕虚拟环境表示的准确性、虚拟环境感知信息合成的真实性、人与虚拟环境交互的自然性，通过实时显示、图形生成、智能技术等问题的解决，使得用户能够身临其境地感知虚拟环境，从而达到探索、认识客观事物的目的。

1994 年美国科学家 G. Burdea 和 P. Coiffet 在《虚拟现实技术》一书中提出，虚拟现实技术具有以下 3 个重要特性，分别是沉浸感（Immersion）、交互性（Interaction）和构想性（Imagination），常被称为虚拟现实的 3I 特征。

1．沉浸感（Immersion）

沉浸感是指用户感受到被虚拟世界所包围，好像完全置身于虚拟世界之中一样。虚拟现实技术最主要的技术特征是让用户觉得自己是计算机系统所创建的虚拟世界中的一部分，使用户由观察者变成参与者，沉浸其中并参与虚拟世界的活动。

与人们熟悉的二维空间不同的是，成熟的虚拟现实的视觉空间、视觉形象是三维的，音响效果也是精密仿真的三维效果。虚拟现实是根据现实世界的真实存在，由计算机模拟出来的。它客观上并不存在，但一切都符合客观规律。它所实现的是使用户进入到三维世界中，运用多重感受完全参与到构建的“真实”世界中去。

虚拟现实系统根据人类的视觉、听觉的生理和心理特点，通过外部设备及计算机产生逼真的三维立体图像，并利用头盔式显示器或其他设备，把参与者的视觉、听觉和其他感觉封闭起来，提供一个新的、虚拟的、非常逼真的感觉空间。参与者戴上头盔显示器和数据手套等交互设备，便可将自己置身于虚拟环境中，成为虚拟环境中的一员。当使用者移动头部时，虚拟环境中的图像也实时地随着变化，做拿起物体的动作可使物体随着手的移动而运动。这种沉浸感是多方面的，不仅可以看到，而且可以听到、触到及嗅到虚拟世界中所发生的一切，并且给人的感觉相当真实，以至于能使人全方位地临场参与到这个虚幻的世界之中。

虚拟现实系统应该具备人在现实世界中具有的所有感知功能，但鉴于目前技术的局限性，在现在的虚拟现实系统的研究与应用中，较为成熟或相对成熟的主要是视觉沉浸、听觉沉浸、触觉沉浸技术，而有关味觉与嗅觉的感知技术正在研究之中，目前还不成熟。

2．交互性（Interaction）

交互性指用户对模拟环境内物体的可操作程度和从环境得到反馈的自然程度。交互性的产生，主要借助于虚拟现实系统中的特殊硬件设备，如数据手套、力反馈装置等，使用户能通过自然的方式，产生与在真实世界中一样的感觉。虚拟现实系统比较强调人与虚拟世界之间进行自然的交互，交互性的另一个方面主要表现在交互的实时性。

例如，虚拟模拟驾驶系统中，用户可以控制包括方向、挡位、刹车、座位调整等各种信息，系统也会根据具体变化瞬时传达反馈信息。用户可以用手直接抓取模拟环境中虚拟的物体，这时手有握着东西的感觉，并可以感觉物体的重量，视野中被抓的物体也能立刻随着手的移动而移动。崎岖颠簸的道路，用户会感觉到身体的震颤和车的抖动；上下坡路，用户会感受到惯性的作用；漆黑的夜晚，用户会感觉到观察路况的不便等。

交互性能的好坏是衡量虚拟现实系统的一个重要指标。在虚拟现实系统中的人机交互是一种近乎自然的交互，使用者不仅可以利用计算机键盘、鼠标进行交互，而且能够通过特殊的头盔、数据手套等传感设备交互。参与者不是被动地感受，而是可以通过自己的动作改变感受相应的变化。计算机能够根据使用者的头、手、眼、语言及身体的运动，来调整系统呈现的图像及声音。参与者通过自身的感官、语言、身体运动或肢体动作等，就能对虚拟环境中的对象进行观察或操作。

3．构想性（Imagination）

构想性指虚拟的环境是人想象出来的，同时这种想象体现出设计者相应的思想，因而可以用来实现一定的目标。虚拟现实虽然是根据现实进行模拟，但所模拟的对象却是虚拟存在的，它以现实为基础，却可能创造出超越现实的情景。所以虚拟现实技术可以充分发挥人的认识和探索能力，从定性和定量等综合集成的思维中得到感性和理性的认识，从而进行理念和形式的创新，以虚拟的形式真实地反映设计者的思想、传达用户的需求。

虚拟现实技术不仅仅是一个媒体或一个高级用户界面，同时还是为解决工程、医学、军事等方面的问题而由开发者设计出来的应用软件。虚拟现实技术的应用，为人类认识世界提供了一种全新的方法和手段，可以使人类跨越时间与空间，去经历和体验世界上早已发生或尚未发生的事件；可以使人类突破生理上的限制，进入宏观或微观世界进行研究和探索；也可以模拟因条件限制等原因而难以实现的事情。

例如，在一个现代化的大规模景观规划设计中，需要对地形地貌、建筑结构、设施设置、植被处理、地区文化等进行细致、海量的调查和构思，绘制大量的图纸，并按照计划有步骤地进行施工。很多项目往往已经施工完成后却发现不适应当地季节气候、地域文化、生活习惯，无法进行相应改动而留下永久的遗憾。而虚拟现实以最灵活、最快捷、最经济的方式，在不动用一寸土地且成本降到极限的情况下，供用户任意进行设计改动、讨论和呈现不同方案的多种效果，并可以使更多的设计人员、用户参与设计过程，确保方案的最优化。此外，在对未知世界和无法还原的事物进行探索和展示方面，虚拟现实有其无可比拟的优势。它以现实为基础创造出超越现实的情景，大到可以模拟宇宙太空，把人带入浩瀚无比的宇宙空间，小到可以模拟原子世界里的动态演化，把人带入肉眼不可见的微粒世界。

1.1.3　虚拟现实系统的组成

一套完善的虚拟现实系统，主要由以下几个部分组成，如图 1-5 所示。

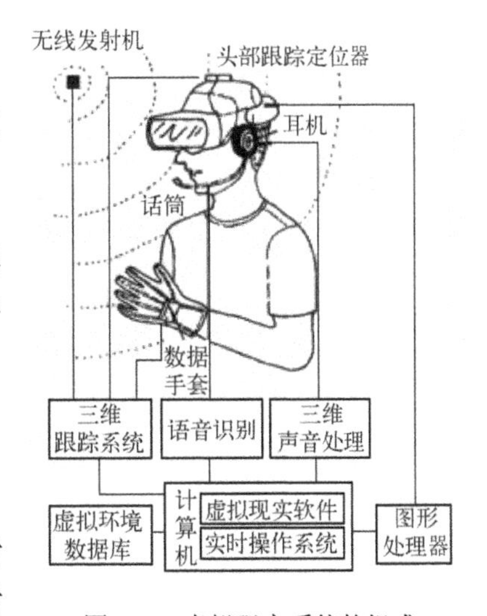

图 1-5　虚拟现实系统的组成

1．三维的虚拟环境产生器及其显示部分

这是虚拟现实系统的基础部分，它可以由各种传感器的信号来分析操作者在虚拟环境中的位置及观察角度，并根据在计算机内部建立的虚拟环境的模型快速产生图形，快速显示图形。

2．由各种传感器构成的信号采集部分

这是虚拟现实系统的感知部分，传感器包括力、温度、位置、速度以及声音传感器等，这些传感器可以感知操作者移动的距离和速度、动作的方向、动作力的大小以及操作者的声音。产生的信号可以帮助计算机确定操作者的位置及方向，从而计算出操作者所观察到的景物，也可以使计算机确定操作者的动作性质及力度。

3．由各种外部设备构成的信息输出部分

这是虚拟现实系统使操作者产生感觉的部分，感觉包括听觉、触觉甚至还可以有嗅觉、味觉等。正是虚拟现实系统产生的这些丰富的感觉，才使操作者能真正地沉浸于虚拟环境中，产生身临其境的感觉。

1.2　虚拟现实技术的发展

1.2.1　虚拟现实技术发展历程

虚拟现实技术并不是近几年才出现的新鲜事物，它从梦想到真正落实成产品的历史，几乎可以与电子计算机的历史相比肩。虚拟现实是一项跨学科的综合性技术，因此它的发展必然受到不同学科发展进程的影响。伴随着电子计算机技术、人机交互技术、计算机网络与通信等技术的发展，虚拟现实的发展走过了半个多世纪，期间经历了多次发展热潮。

1．虚拟现实技术的探索阶段（20 世纪初期—20 世纪 70 年代）

人类对虚拟现实的探索是从各种仿真模拟器开始的。1929 年 Link E. A 发明了一种飞行模拟器，让乘坐者可以体验飞行的感觉。可以说，这是人类模拟仿真物理现实世界的初次尝试，如图 1-6 所示。

1935 年，小说家 Stanley G. Weinbaum 在小说中描述了一款虚拟现实眼镜，以眼镜为基础，包括视觉、嗅觉、触觉等全方位沉浸式体验的虚拟现实概念，该小说被认为是世界上率先提出虚拟现实概念的作品。

1962 年，电影摄影师 Morton Heilig 构造了一个多感知、仿真环境的虚拟现实系统，这套被称为 Sensorama Simulator 的系统也是历史上第一套虚拟现实系统，如图 1-7 所示。Sensorama Simulator 能够提供真实的 3D 体验，例如，用户在观看摩托车行驶的画面时，不仅能看到立体、彩色、变化的街道画面，还能听到立体声，感受到行车的颠簸、扑面而来的风，还能闻到相应的芳香。Sensorama Simulator 还曾经被美国空军引进，用来进行飞行训练。

图 1-6　Link E. A 发明的飞行模拟器

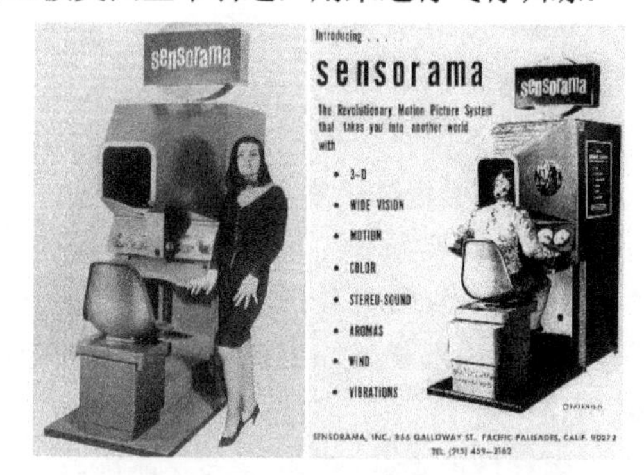

图 1-7　Sensorama Simulator 系统

实际上，早在 1960 年，Heilig 还提交了一款虚拟现实设备的专利申请文件，这款设备不像 Sensorama Simulator 那样体积庞大，是一款便携式的头戴设备，专利文件上的描述是“用于个人使用的立体电视设备”。尽管这款设计来自于 50 多年前，但可以看出与 Oculus

Rift、Google Cardboard 之间有着很多相似之处，如图 1-8 所示。

1965 年，美国国防部高级研究计划署（Adoanced Research Projects Agency，ARPA）信息处理技术办公室主任 Ivan Sutherland 发表了一篇题为“The Ultimate Display”的论文。文章指出，应该将计算机显示屏幕作为“一个观察虚拟世界的窗口”，计算机系统能够使该窗口中的景象、声音、事件和行为非常逼真。Sutherland 的这篇文章给计算机界提出了一个具有挑战性的目标，人们把这篇论文称为是研究虚拟现实的开端，他的工作场景如图 1-9 所示。

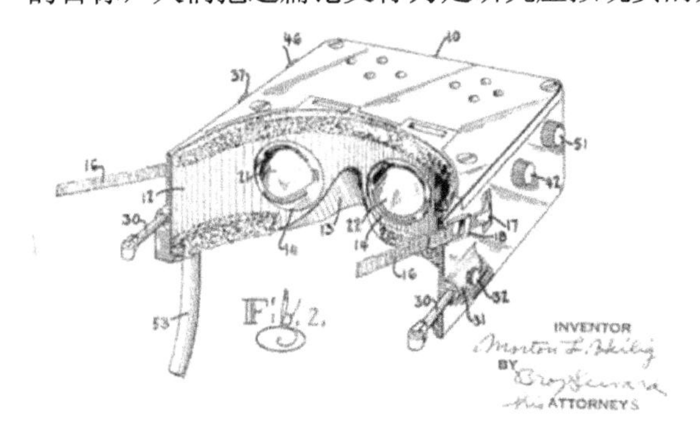

图 1-8　海力格头戴设备的设计图

图 1-9　计算机图形学之父：Ivan Sutherland

在虚拟现实技术发展史上一个重要的里程碑是，在 1968 年 Ivan Sutherland 和学生 Bob Sproull 在麻省理工学院的林肯实验室研制出第一个头盔显示器（Head-Mounted Display，HMD），也被称为 The Sword of Damocles（达摩克利斯之剑），如图 1-10 所示。因此，许多人认为 Ivan Sutherland 不仅是“图形学之父”，而且还是“虚拟现实之父”。

这个采用阴极射线管（CRT）作为显示器的 HMD 可以跟踪用户头部的运动，当用户移动位置或转动头部时，用户在虚拟世界中所在的“位置”和应看到的内容也随之发生变化。人们可以通过这个“窗口”看到一个虚拟的、物理上不存在的，却与客观世界的物体十分相似的“物体”。

2．虚拟现实技术基本概念的逐步形成阶段（20 世纪 80 年代初—20 世纪 80 年代末）

20 世纪 80 年代，Eric Howlett 发明了额外视角系统（缩写为 LEEP 系统），这套系统可以将静态图片变成 3D 图片。1987 年，另外一位著名的计算机科学家 Jaron Lanier，同样制造了一款价值 10 万美元的虚拟现实头盔，被称为第一款真正投放市场的虚拟现实商业产品，如图 1-11 所示。

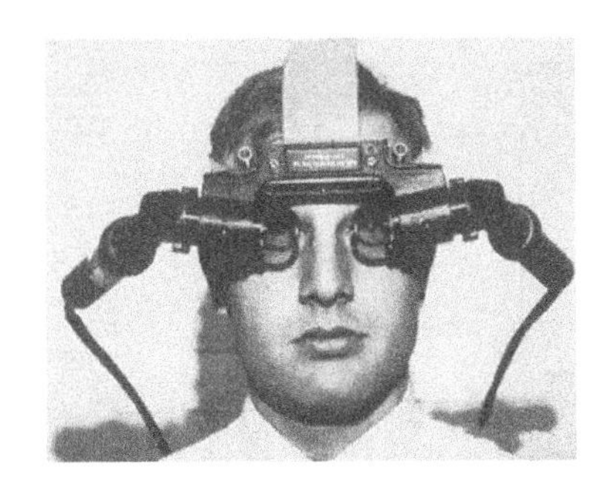

图 1-10　The Sword of Damocles（达摩克利斯之剑）

图 1-11　虚拟现实头盔

该阶段，虚拟现实进入快速发展期，虚拟现实的主要研究内容及基本特征初步明朗，在军事演练、航空航天、复杂设备研制等重要应用领域有了广泛的应用。

3．虚拟现实技术全面发展阶段（20世纪90年代初—至今）

这一阶段虚拟现实技术从研究转向了应用。进入20世纪90年代，迅速发展的计算机硬件技术与不断改进的计算机软件系统相匹配，使得基于大型数据集合的声音和图像的实时动画制作成为可能。人机交互系统的设计不断创新，新颖、实用的输入/输出设备不断地进入市场，这些都为虚拟现实系统的发展打下了良好的基础。

早在20世纪90年代，就已经有3D游戏上市，虚拟现实在当时也引发了较高关注度。例如，游戏方面有Virtuality的虚拟现实游戏系统和任天堂（Nintendo）的Vortual Boy游戏机，电影方面有《异度空间》（Lawnmower Man）、《时空悍将》（Virtuosity）和《捍卫机密》（Johnny Mnemonic），书籍方面有《雪崩》（Snow Crash）和《桃色机密》（Disclosure）。但是，当时的虚拟现实技术没有跟上媒体不切合实际的想象。例如，3D游戏画质较差，价格高，时间延迟，设备计算能力不足等。最终，这些产品以失败告终，因为消费者对这些技术并不满意，所以第一次虚拟现实热潮就此消退。

2014年，Facebook以20亿美元收购Oculus后，虚拟现实热潮再次袭来。虚拟现实技术成熟度已经达到市场爆发的临界点，消费级产品将会诞生。自2016年以来，虚拟现实技术已经度过了概念炒作的阶段，迎来大规模的商业化应用。虚拟现实技术已经达到推出消费级产品的程度。虚拟现实的具体技术指标体现在以下几个方面：GPU芯片运算能力、屏幕清晰度、屏幕刷新度、视场以及传感器，其中尤其关键的是屏幕清晰度以及产品刷新率。目前的主流手机厂商的高配手机都已经推出了2K屏幕，而三星推出的120Hz的显示器也即将量产。虚拟现实元器件综合技术水平的提升使得产品已经能够满足消费者的基本需求。

为促进虚拟现实“产、学、研、用”等协同发展，我国2015年12月成立了中国虚拟现实与可视化产业技术创新战略联盟。自2016年起，江西南昌、山东青岛、福建福州等政府部门，均开始筹备虚拟现实产业基地。虚拟现实研发热潮正在兴起，2016年更被称为“VR元年”。

1.2.2 国内外的虚拟现实技术研究

1．国外虚拟现实技术研究

（1）美国关于虚拟现实技术的研究

美国是虚拟现实技术的发源地，对于虚拟现实技术的研究最早是在20世纪40年代。一开始用于美国军方对宇航员和飞行驾驶员的模拟训练。随着科技和社会的不断发展，虚拟现实技术也逐渐转为民用，集中在用户界面、感知、硬件和后台软件4个方面。20世纪80年代，美国国防部和宇航局组织了一系列对于虚拟现实技术的研究，研究成果惊人。美国宇航局的Ames实验室正致力于一个叫“虚拟行星探索”（VPE）的试验计划。现在NASA已经建立了航空、卫星维护虚拟现实训练系统和空间站虚拟现实训练系统，并且已经建立了可供全国使用的虚拟现实教育系统。

北卡罗来纳大学是进行虚拟现实研究最早、最著名的大学。他们主要研究分子建模、航空驾驶、外科手术仿真、建筑仿真等。

洛马林达大学医学中心的David Warner博士和他的研究小组成功地将计算机图形及虚拟

现实的设备用于探讨与神经疾病相关的问题，首创了虚拟现实儿科治疗法。

SRI 研究中心建立了“视觉感知计划”，研究现有虚拟现实技术的进一步发展。1991 年后，SRI 进行了利用虚拟现实技术对军用飞机或车辆驾驶的训练研究，试图通过仿真来减少飞行事故。

华盛顿大学华盛顿技术中心的人机界面技术实验室（HIT Lab）将虚拟现实研究引入到教育、设计、娱乐和制造领域。伊利诺斯州立大学研制出在车辆设计中支持远程协作的分布式虚拟现实系统。

乔治梅森大学研制出一套动态虚拟环境中的流体实时仿真系统；波音公司利用虚拟现实技术在真实的环境上叠加了虚拟环境，让工件的加工过程得到有效的简化；施乐公司主要将虚拟现实技术用于未来的办公室中，设计了一项基于虚拟现实的窗口系统。传感器技术和图形图像处理技术是上述虚拟现实项目的主要技术，从目前来看，时间的实时性和空间的动态性是虚拟现实技术的主要焦点。

（2）欧洲关于虚拟现实技术的研究

在欧洲，英国在辅助设备设计、分布并行处理和应用研究方面处于领先地位。欧洲其他一些比较发达的国家，如德国以及瑞典等也积极进行了虚拟现实技术的研究和应用。德国将虚拟现实技术应用在改造传统产业方面，一是用于产品设计、降低成本，避免新产品开发的风险；二是产品演示，吸引客户争取订单；三是用于培训，在新生产设备投入使用前，用虚拟工厂来提高工人的操作水平。瑞典的 DIVE 分布式虚拟交互环境是一个基于 UNIX 的、在不同节点上的多个进程可以在同一世界中工作的异质分布式系统。荷兰海牙 TNO 研究所的物理电子实验室（TNO-PEL）开发的训练和模拟系统，通过改进人机界面来改善现有模拟系统，以使用户完全介入模拟环境。

（3）亚洲关于虚拟现实技术的研究现状

在亚洲，日本是居于领先地位的国家之一，主要致力于建立大规模虚拟现实知识库的研究，另外在虚拟现实的游戏方面也做了很多工作。东京技术学院精密和智能实验室开发了一个用于建立三维模型的人性化界面。

NEC 公司开发了一种虚拟现实系统，它能让操作者都使用“代用手”去处理三维 CAD 中的形体模型，该系统通过数据手套把对模型的处理与操作者手的运动联系起来。

日本国际电气通信基础技术研究所（ATR）正在开发一套系统，这套系统能用图像处理来识别手势和面部表情，并把它们作为系统输入。东京大学的高级科学研究中心将他们的研究重点放在远程控制方面，最近的研究项目是主从系统。该系统可以使用户控制远程摄像系统和一个模拟人手的随动机械人手臂。东京大学原岛研究室开展了 3 项研究：人类面部表情特征的提取、三维结构的判定和三维形状的表示和动态图像的提取。富士通实验室有限公司正在研究虚拟生物与虚拟现实环境的相互作用。他们还在研究虚拟现实中的手势识别，已经开发了一套神经网络姿势识别系统，该系统可以识别姿势，也可以识别表示词的信号语言。值得一提的是，日本奈良先端科学技术大学院大学教授千原国宏领导的研究小组于 2004 年开发出一种嗅觉模拟器，只要把虚拟空间里的水果放到鼻尖上一闻，装置就会在鼻尖处放出水果的香味，这是虚拟现实技术在嗅觉研究领域的一项突破。

2．国内虚拟现实技术的研究

与一些发达国家相比，我国虚拟现实技术的研究起步较晚，但已引起政府有关部门和科学家们的高度重视，并根据我国的国情，制定了开展虚拟现实技术的研究。国家“863 计划”、九五规划、国家自然科学基金委、国家高新技术研究发展计划等都把虚拟现实列入为研究项目。在紧跟国际新技术的同时，国内一些重点院校，已积极投入到这一领域的研究工作中。

北京航空航天大学计算机学院是国内最早进行虚拟现实研究、最有权威的单位之一。北京航空航天大学虚拟现实技术与系统国家重点实验室在分布式虚拟环境网络上开发了直升机虚拟仿真器、坦克虚拟仿真器、虚拟战场环境观察器、计算机兵力生成器，连接装甲兵工程学院提供的坦克仿真器，基本完成了分布式虚拟环境网络下分布交互仿真使用的真实地形，并正在联合多家单位开发 J7、F22、F16 及单兵等虚拟仿真器。他们的总体设计目标是为我国军事模拟训练与演习提供一个多武器协同作战或对抗的战术演练系统。

浙江大学 CAD&CG 国家重点实验室开发出了一套桌面型虚拟建筑环境实时漫游系统，采用层面叠加绘制技术和预消隐技术，实现了立体视觉，同时还提供了方便的交互工具，使整个系统的实时性和画面的真实感都达到了较高的水平。另外，他们还研制出了在虚拟环境中一种新的快速漫游算法和一种递进网格的快速生成算法。

哈尔滨工业大学已经成功地虚拟出了人的高级行为中特定人脸图像的合成、表情的合成和唇动的合成等技术问题，并正在研究人说话时的头势和手势动作、话音和语调的同步等。

清华大学对虚拟现实和临场感进行了研究，例如，球面屏幕显示和图像随动、克服立体图闪烁的措施和深度感实验等方面都具有不少独特的方法。还针对室内环境水平特征丰富的特点，提出了借助图像变换，使立体视觉图像中对应水平特征呈现形状一致性，以利于实现特征匹配，并获取物体三维结构的新颖算法。

西安交通大学信息工程研究所对虚拟现实中的关键技术——立体显示技术进行了研究。在借鉴人类视觉特性的基础上，提出了一种基于 JPEG 标准的压缩编码新方案，并获得了较高的压缩比、信噪比以及解压速度，并且已经通过实验结果证明了这种方案的优越性。

北方工业大学 CAD 研究中心是我国最早开展计算机动画研究的单位之一，中国第一部完全用计算机动画技术制作的科教片《相似》就出自该中心。关于虚拟现实的研究已经完成了 2 个“863”项目，完成了体视动画的自动生成部分算法与合成软件处理，完成了虚拟现实图像处理与演示系统的多媒体平台及相关的音频资料库，制作了一些相关的体视动画光盘。

北京科技大学虚拟现实实验室，成功开发出了纯交互式汽车模拟驾驶培训系统。由于开发出的三维图形非常逼真，虚拟环境与真实的驾驶环境几乎没有什么差别，因此投入使用后效果良好。

杭州大学用虚拟现实技术开发出故宫漫游器，使用者骑在“自行车”上，戴上头盔式显示器，便可远远地看到天安门。当蹬动“自行车”的脚蹬时，便走近天安门、越过金水桥、穿过午门，经由太和门来到太和殿前的广场；甚至可以“破墙”而入“冲”进太和殿，看到金銮殿内盘龙的柱子、庄严的殿堂。然后“骑”着车来到御花园，看到红墙、绿树、亭台楼阁。

近年来，故宫博物院文化资产数字化应用研究所推出了《紫禁城•天子的宫殿》系列大型虚拟现实作品，现已完成 6 部，并通过故宫数字化应用研究所的演播厅、奥运塔的故宫数字演播厅等场所公开播放。《紫禁城•天子的宫殿》作品充分发挥了计算机技术的优势，把物质文化遗产和非物质文化遗产很好地展示出来。参观者通过手柄操作，在太和殿的正殿内自由漫步，仿佛身临其境般地仔细欣赏太和殿的奢华内檐装修、金龙和玺彩画。作品把乾隆皇帝的设计思想和内心世界利用新技术手段表现出来，达到了学术性、教育性、趣味性和观赏性的高度统一。

从整体上看，我国虚拟现实技术仍处于早期和初步的阶段，才刚刚看到虚拟现实的潜力。虚拟现实技术系统要达到实用化、普遍化，还需要大力发展相关软件和硬件，还有较长的路要走。尽管这样，虚拟现实技术作为一种全新的人机交互技术，它提供了人与计算机的一种直接、自然的接触关系，最终必将得到广泛的应用，甚至走进千家万户。

1.2.3　虚拟现实技术发展趋势

虚拟现实技术虽然在 21 世纪得到了快速的发展，但仍处于初创时期，远未达到成熟阶段。虽然还不能清楚地设想出未来虚拟现实出现并普及的新形式，但可以通过应用媒介领域的形态变化原则和延伸媒介领域的主要传播特性，对未来的发展方向做一些展望。

1．动态环境建模技术

虚拟环境的建立是虚拟现实技术的核心内容。动态环境建模技术的目的是获取实际环境的三维数据，并根据应用的需要，利用获取的三维数据建立相应的虚拟环境模型。有规则的环境的三维数据获取可以采用 CAD 技术，而更多的环境则需要采用非接触式的视觉建模技术，两者的有机结合可以有效地提高数据获取的效率。

2．实时三维图形生成和显示技术

在生成三维图形方面，目前的技术已经比较成熟，关键是如何才能够做到实时生成，在不对图形的复杂程度和质量造成影响的前提下，如何让刷新频率得到有效的提高是今后研究的重要内容。另外，虚拟现实技术还依赖于传感器技术和立体显示技术的发展，现有的虚拟设备还不能够让系统的需要得到充分的满足，需要开发全新的三维图形生成和显示技术。

3．新型交互设备的研制

虚拟现实技术使人能够自由地与虚拟世界对象进行交互，犹如身临其境，借助的输入/输出设备主要有头盔显示器、数据手套、数据衣服、三维位置传感器和三维声音产生器等。因此，新型、便宜、鲁棒性优良的数据手套和数据衣服将成为未来研究的重要方向。

4．大型网络分布式虚拟现实的研究与应用

网络虚拟现实是指多个用户在一个基于网络的计算机集合当中，利用新型的人机交互设备介入计算机中，产生多维的、适用于用户的虚拟情景环境。分布式虚拟环境系统除了要让复杂虚拟环境计算的需求得到满足之外，还需要让协同工作以及分布式仿真等应用对共享虚拟环境的自然需要得到满足。分布式虚拟现实可以看成是一种基于网络的虚拟现实系统，可以让多个用户同时参与，让不同地方的用户进入到同一个虚拟现实环境当中。

随着众多分布式虚拟环境（Distributed Virtual Environment，DVE）开发工具及其系统的出现，DVE 本身的应用也渗透到各行各业，包括医疗、工程、训练与教学以及协同设计。仿真训练和教学训练是 DVE 的又一个重要的应用领域，包括虚拟战场、辅助教学等。另外，研究人员还用 DVE 系统来支持协同设计工作。近年来，随着 Internet 应用的普及，一些面向 Internet 的 DVE 应用使得位于世界各地的多个用户可以协同工作。将分散的虚拟现实系统或仿真器通过网络联结起来，采用协调一致的结构、标准、协议和数据库，形成一个在时间和空间上互相耦合的虚拟合成环境，参与者可自由地进行交互。特别是在航空航天中的应用价值极为明显，因为国际空间站的参与国分布在世界的不同区域，分布式虚拟现实训练环境不需要在各国重建仿真系统，这样不仅减少了研制费和设备费用，而且减少了人员出差的费用以及异地生活的不适。

总之，虚拟现实技术将与人们的生活更多地结合起来，从日常游戏娱乐、到教育、医疗、房产等多个领域，虚拟现实都将全面普及。行业的不断发展，其应用范围也将愈加广阔。虚拟现实技术将应用于更多的行业领域，改变人类生活。

1.3 虚拟现实技术的分类

根据用户参与虚拟现实形式的不同以及沉浸程度的不同，可以把各种类型的虚拟现实系统划分为四类：沉浸式虚拟现实系统、增强式虚拟现实系统、桌面式虚拟现实系统、分布式虚拟现实系统。

1.3.1 沉浸式虚拟现实系统

沉浸式虚拟现实系统采用头盔显示，以数据手套和头部跟踪器为交互装置，把参与者或用户的视觉、听觉和其他感觉封闭起来，使参与者暂时与真实环境相隔离，而真正成为虚拟现实系统内部的一个参与者，并可以利用各种交互设备的操作来驾驭虚拟环境，给参与者一种充分投入的感觉。沉浸式虚拟现实系统能让人有身临其境的真实感觉，因此常常用于各种培训演示及高级游戏等领域。但是由于沉浸式虚拟现实系统需要用到头盔、数据手套、跟踪器等高技术设备，因此它的价格比较昂贵，所需要的软件、硬件体系结构也比桌面式虚拟现实系统更加灵活。

沉浸式虚拟现实系统具有如下特点。

1）具有高度的实时性。用户改变头部位置时，跟踪器实时监测，送入计算机处理，快速生成相应的场景。为使场景能平滑地连续显示，系统必须具备较小延迟，包括传感器延迟和计算延迟。

2）高度沉浸感。该系统必须使用户和真实世界完全隔离，依赖输入和输出设备，使用户完全沉浸在虚拟环境里。

3）具有强大的软硬件支持功能。

4）并行处理能力。用户的每一个行为都和多个设备的综合有关。如手指指向一个方向，会同时激活 3 个设备：头部跟踪器、数据手套及语音识别器，产生 3 个事件。

5）良好的系统整合性。在虚拟环境中，硬件设备互相兼容，与软件协调一致地工作，相互作用，构成一个虚拟现实系统。

1.3.2 增强式虚拟现实系统

增强式虚拟现实系统不仅是利用虚拟现实技术来模拟现实世界、仿真现实世界，而且要利用它来增强参与者对真实环境的感受，也就是增强在现实中无法或不方便获得的感受。增强现实是在虚拟现实与真实世界之间的沟壑上架起一座桥梁。因此，增强现实的应用潜力是相当巨大的。例如，可以利用叠加在周围环境上的图形信息和文字信息，指导操作者对设备进行操作、维护或修理，而不需要操作者去查阅手册，甚至不需要操作者具有工作经验；既可以利用增强式虚拟现实系统的虚实结合技术进行辅助教学，同时增进学生的理性认识和感性认识，也可以使用增强式虚拟现实系统进行高度专业化的训练等。

增强式虚拟现实系统的主要特点如下。

1）真实世界与虚拟世界融为一体。

2）具有实时人机交互功能。

3）真实世界和虚拟世界在三维空间中整合。

1.3.3　桌面式虚拟现实系统

桌面式虚拟现实系统是利用个人计算机和低级工作站实现仿真，计算机的屏幕作为参与者或用户观察虚拟环境的一个窗口，各种外部设备一般用来驾驭该虚拟环境，并且用于操纵在虚拟场景中的各种物体。由于桌面式虚拟现实系统可以通过桌上台式机实现，所以成本较低，功能也比较单一，主要用于计算机辅助设计（CAD）、计算机辅助制造（CAM）、建筑设计、桌面游戏等领域。

桌面式虚拟现实系统虽然缺乏类似头盔显示器那样的沉浸效果，但它已经具备虚拟现实技术的要求，并兼有成本低、易于实现等特点，因此目前应用较为广泛。

1.3.4　分布式虚拟现实系统

分布式虚拟现实系统，是指在网络环境下，充分利用分布于各地的资源，协同开发各种虚拟现实产品。分布式虚拟现实系统是沉浸式虚拟现实系统的发展，它把分布于不同地方的沉浸式虚拟现实系统通过网络连接起来，共同实现某种用途，使不同的参与者联结在一起，同时参与一个虚拟空间，共同体验虚拟经历，使用户协同工作达到一个更高的境界。

分布式虚拟现实系统具有以下特征。

1）共享的虚拟工作空间。

2）伪实体的行为真实感。

3）支持实时交互，共享时钟。

4）多用户相互通信。

5）资源共享并允许网络上的用户对环境中的对象进行自然操作和观察。

1.4　虚拟现实产业发展现状与前景

根据《国家中长期科学和技术发展规划纲要》（2006—2020 年）的内容，虚拟现实技术属于前沿技术中信息技术部分的三大技术之一。重点研究电子学、心理学、控制学、计算机图形学、数据库设计、实时分布系统和多媒体技术等多学科融合的技术，研究医学、娱乐、艺术、教育、军事及工业制造管理等多个相关领域的虚拟现实技术。

1.4.1　国内虚拟现实产业发展情况

我国从 20 世纪 90 年代起开始重视虚拟现实技术的研究和应用，由于技术和成本的限制，主要应用对象为军用和高档商用，适用于普通消费者的产品近年来才随着芯片、显示、人机交互技术的发展，逐步进入市场。目前在国内形成了以北京航空航天大学、清华大学、工业和信息化部电子工业标准化研究院、浙江大学等各大高校、研究院所和高科技公司联合研究、开发、制作，产、学、研密切结合的良好发展局面。

目前，我国虚拟现实企业主要分为两大类别。一类是成熟行业依据传统软硬件或内容优势向虚拟现实领域渗透。其中智能手机及其他硬件厂商大多从硬件布局。例如，联想与蚁视合作研发的便携式设备乐檬蚁视虚拟现实眼镜；魅族与拓视科技开展合作，推出手机虚拟现实头盔。而游戏、动漫制作厂商或视频发布平台，大多从软件和内容层面切入。2015 年 7 月，爱奇艺宣布将发布一款非商用的虚拟现实应用，目前已经和一些虚拟现实厂商做了初步适配，优酷土豆集团董事长兼 CEO 古永锵在首届开放生态大会上宣布将正式启动虚拟现实内容的制作。另一类是新型虚拟现实产业公司，包括生态型、平台型公司和初创型公司。该类型企业在硬件、平台、内容、生态等领域进行一系列布局，以互联网厂商为领头羊。例如，腾讯、暴风科技、乐视网等。

艾媒咨询的数据显示，2015 年中国虚拟现实行业市场规模为 15.4 亿元， 2016 年为 68.2 亿元，2020 年国内市场规模预计将超过 550 亿元，我国虚拟现实产业正在高速发展中。

据中国产业调研网发布的 2016 年中国虚拟现实市场现状调研与发展前景预测分析报告显示，目前，虚拟现实产业正在跨越萌芽期，行业发展空间广阔。伴随着面向消费市场的硬件和内容的批量上市，2016 年虚拟现实产业迎来小爆发；预计到 2020 年，全球头戴 VR 设备年销量将达 4000 万台左右，市场规模约 400 亿元，加上内容服务和企业级应用，市场容量超过千亿元；长期来看，有望开启万亿市场。

1.4.2 国外虚拟现实产业发展情况

自 2014 年以来，虚拟现实热再次袭来。在 2014—2015 年，虚拟现实、增强现实领域共进行了 225 笔风险投资，投资额达到了 35 亿美元。Digi-Capital 的数据（2015 年 12 月）显示，2015 年全年各企业在增强现实/虚拟现实领域的投资额已突破 10 亿美元。而根据 CBInsights 的统计，2014 年全球虚拟现实公司的风险融资额高达 7.75 亿美元，同比增长超过 100%，2015 上半年实现融资额 2.48 亿美元。与 20 世纪 90 年代的失败相比，当前计算机的运算能力足够强大，足以用于渲染虚拟现实世界。同时，手机的性能得到大幅提升。总之，当前的技术已经解决了 20 世纪 90 年代的许多局限。也正因如此，一些大型科技公司逐步参与其中。

Oculus 首席科学家 Michael Abrash 表示，公司仍在继续研发触觉、视觉显示、音频和追踪等方面的技术。这意味着 2016 年发布的虚拟现实、增强现实产品将开始解决上述问题，并且在未来几年里还会持续改善。

目前虚拟现实行业仍处于起步阶段，供应链及配套还不成熟，但是发展前景引人想象，预计未来市场潜力巨大。按照 Digi-Capital 的预测，虚拟现实、增强现实硬件和软件市场潜力将达到 1500 亿美元规模，预计未来 5 年复合增长率超过 100%。而据游戏行业分析公司 Superdata 预测，到 2017 年底将会卖出 7000 万台虚拟现实头显，带来 88 亿美元的虚拟现实硬件盈利和 61 亿美元的虚拟现实软件盈利。根据 TrendForce 的最新预测，2016 年虚拟现实的市场总价值接近 67 亿美元。到 2020 年，如果苹果加入，其价值可能会高达 700 亿美元。从各咨询研究机构的预测数据来看，虚拟现实、增强现实未来 5 年将实现超高速增长。

1.4.3　虚拟现实产业链

虚拟现实产业链长、产业带动比高、涉及产业众多，包括虚拟现实工具与设备、内容制作、分发平台、行业应用和相关服务等在军事、民用以及科研等方面的各种应用，如图 1-12 所示。

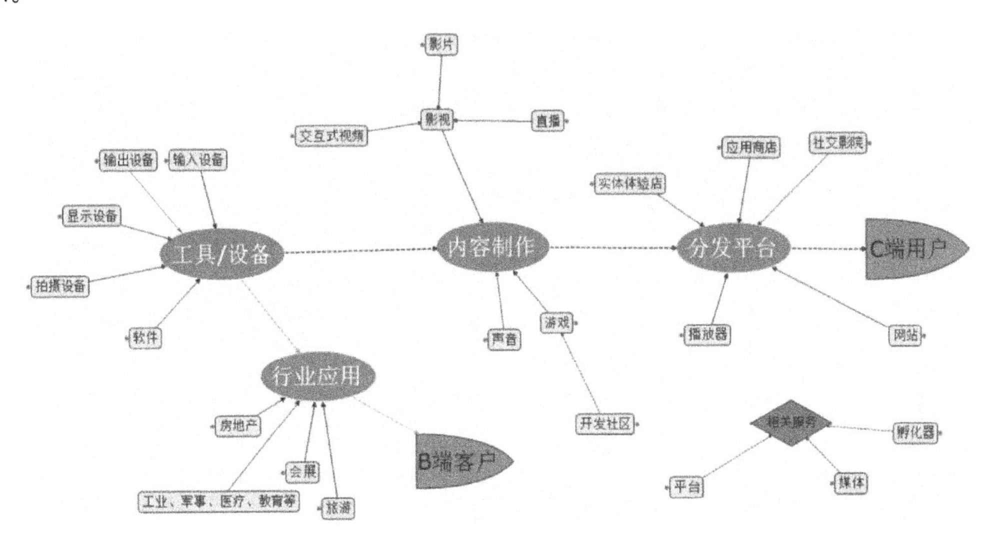

图 1-12　虚拟现实产业链图

虚拟现实产业链中，工具和设备类可细分为输入设备、输出设备、显示设备、拍摄设备以及相关软件等；内容制作可细分为影视、游戏、声音等内容；分发平台可细分为应用商店、社交影院、实体体验店、网站、播放器等内容；行业应用可细分为工业、军事、医疗、教育、房地产、旅游、会展等内容；相关服务可细分为平台、媒体和孵化器等内容。由于虚拟现实产业涉及从基础硬件生产、软件开发、核心部件制造、实体以及网络分发平台、营销与服务等众多军事、民用领域，需要在国家统一协调和管理下，通过技术标准体系以及关键标准的制定、标准符合性检测和相应的质量验证系统的支撑，才可以使产业健康、可持续发展。

1.4.4　虚拟现实产业发展前景

1．市场规模增长迅速

投资银行 Digi-Capital 的报告显示，到 2020 年全球虚拟现实市场规模为 300 亿美元。研究机构 ABI-Research 预测，VR/AR 设备出货量将由 2015 年的 150 万台增长至 2020 年的 4300 万台，年复合增长率高达 106%，到 2025 年甚至可能达到智能手机出货量的一半。

高盛发布的《下一个通用计算平台》报告称，基于标准预期，2025 年全球军事领域 VR/AR 市场规模将达 15 亿美元；医疗、教育、零售领域的 VR/AR 市场规模将分别达到 51 亿美元、7 亿美元和 16 亿美元；游戏、视频娱乐、直播领域的 VR/AR 市场规模将分别达到

116 亿美元、32 亿美元和 41 亿美元。

2．技术和产品成熟度将大幅提升

（1）技术走向成熟

屏幕刷新率、屏幕分辨率和设备计算能力等逐渐成熟，输入设备姿态矫正、复位功能、精准度、延迟，传输设备提速和无线化，更小体积硬件下的续航能力和存储容量，配套系统和中间件开发等技术也将日趋完善。

（2）内容更加丰富

目前已经有大量内容公司投入到虚拟现实内容的开发制作中，未来几年，包括 PGC、UGC、影视剧、直播以及游戏等虚拟现实内容的数量和质量将会得到质的提升。基于这些内容，虚拟现实设备的普及率和活跃率将得到坚实的保障。

（3）产品主流形态发生更迭

虚拟现实产品主要包括计算机端、移动端和一体机三种形态。其中，计算机端具有高配置、体验效果佳等优势，是目前最被推崇和看好的虚拟现实形态，也是市场上数量最多的虚拟现实产品。相对而言，虽然被众多手机厂商捧起的移动虚拟现实更方便，但在体验上与计算机端产品相差很大，在虚拟现实最主要的沉浸感和交互性方面难以达到用户的要求，当前仍难以满足多数人的需求。而作为技术含量最高的虚拟现实一体机，既包含了移动虚拟现实的方便性和便捷性，同时也包含了计算机端虚拟现实的高体验感，在虚拟现实领域毫无疑问是最优秀的产品。虽然面临着处理芯片研发不足、内容缺失和智能化程度低等一系列问题，但一体机将会成为未来虚拟现实产品的主流形态。

3．产业生态圈构建成为竞争焦点

目前，虚拟现实设备标准尚不统一，不同品牌产品纷纷涌现，因此硬件厂商纷纷搭建平台，并开放自己的软件开发工具包（SDK），意图建立自己的生态系统。微软拥有 Windows10 Store 与 Xbox Store，Facebook 拥有 Oculus Store，同时也能为其 Oculus Rift 提供社交平台，两者均开放了软件开发工具包在内的一整套开发系统。未来虚拟现实设备的生态系统之争将会愈演愈烈，已成功建立生态系统的厂商将占据更大优势。就中国国内而言，硬件市场已经有乐相科技、小鸟看看、暴风魔镜等产品较为成熟的厂商，其拥有巨大的先发优势，在国内市场处于领先位置。而且硬件对资金要求较高，留给创业团队的机会已经不多，大批硬件创业公司的死亡也表明虚拟现实硬件领域生存艰难，因而虚拟现实内容制作市场相对来说更适合初创团队的进入。目前虚拟现实内容方面尚缺少标杆性产品，也没有统一的标准，且内容相比硬件来说更具多元化，依靠小规模团队也能制作出具有竞争优势的产品。可以预计，未来虚拟现实市场很可能会是硬件厂商几家独大、内容厂商百花齐放的局面。

1.5 增强现实与混合现实技术

1.5.1 增强现实与混合现实的概念

在 2016 年，一直处于互联网科技圈关注中心的增强现实/虚拟现实技术惊艳亮相于各大卫视跨年演唱会的舞美设计，在微博、微信朋友圈等各大社交平台收获无数好评，成为卫视跨年混战的最大赢家。

湖南卫视跨年演唱会采用增强现实技术和全息技术，让偶像演员马可搭档二次元虚拟歌手洛天依、乐正绫同台献艺，“虚实结合”成功打破了次元壁垒，不同的摄像机角度和灯光变幻让人物和场景实现快速绘制，达到令人惊叹的场景切换效果。江苏卫视的增强现实舞美效果更是惊艳四座，视野开阔的四面台及地面屏幕实时运动跟踪系统，让增强现实效果以更逼真的姿态呈现在观众眼前。歌手李健演唱时，蓝鲸从“海面”腾空而起，闪转腾挪之后，一头扎入“海”中，“水花”四溅，画面栩栩如生，现场气氛被推向高潮。这种一跃而起的鲸鱼效果最早出自 Magic Leap 之手，如图 1-13 所示，画面惊艳震撼。

图 1-13　出自 Magic Leap 之手一跃而起的鲸鱼

增强现实（Augmented Reality，AR）是通过计算机技术，将虚拟的信息应用到真实世界，真实的环境和虚拟的物体实时地叠加到了同一个画面或空间，同时存在。

简单来说，虚拟现实看到的场景和人物全是假的，是把你的意识带入一个虚拟的世界。增强现实看到的场景和人物一部分是真、一部分是假，是把虚拟的信息带入到现实世界中。

混合现实（Mixed Reality，MR），包括增强现实和增强虚拟，指的是合并现实和虚拟世界而产生的新的可视化环境。在新的可视化环境里，物理和虚拟数字对象共存，并实时互动。

在 AR 方面，微软的 HoloLens 开发者版本在 2016 年 3 月 30 日正式开售，这标志着 AR 从实验室走到普通家庭中已经迈出重要的一步，但是其高达 3000 美元的售价，也着实有点让普通消费者望而却步。但是此举是为将来的工程和教育的转变提供新的变革。

1.5.2　虚拟现实与增强现实、混合现实的区别

从概念来看，增强现实和混合现实并没有明显的分界线，都是将虚拟的景物放入现实的场景中。在增强现实的视界中，出现的虚拟场景通常都是一些二维平面信息，这些信息甚至可能和目前看到的事物无关，功能只是在不影响正常视线的情况下起到提示的作用；所以这些信息会固定在那里，无论看哪个方向，该信息都会显示在人们视野中固定的位置上。而混合现实则是将虚拟场景和现实融合在一起，只有看向那个方向的时候，才会看到这些虚拟场景，看向其他方向的时候就会有其他的信息显示出来，而且这些信息和背景的融合性更强。简单来说虚拟信息如果跟随视线移动就是增强现实，如果相对于真实物品固定就是混合现实。

1．交互的区别

虚拟现实设备：因为虚拟现实是纯虚拟场景，所以虚拟现实装备更多的是用于用户与虚

拟场景的互动交互，更多的使用是：位置跟踪器、数据手套（5DT 之类的）、动捕系统、数据头盔等。

增强现实设备：由于增强现实是现实场景和虚拟场景的结合，所以基本都需要摄像头，在摄像头拍摄的画面基础上，结合虚拟画面进行展示和互动，例如 Google Glass（实际上 iPad、手机这些带摄像头的智能产品，都可以用于增强现实，只要安装增强现实的软件就可以），如图 1-14 所示。

图 1-14　增强现实技术的场景

2．技术的区别

VR 类似于游戏制作，创作出一个虚拟场景供人体验，其核心是图形图象学的各项技术的发挥。人们接触最多的就是虚拟现实游戏，是传统游戏娱乐设备的一个升级版，主要关注虚拟场景是否有良好的体验，并不关心是否与真实场景相关。虚拟现实设备往往是浸入式的，典型的设备就是 Oculus Rift。

增强现实应用了很多计算机视觉技术。增强现实设备强调复原人类的视觉功能，例如自动去识别跟踪物体，而不是手动去指出；自主跟踪并且对周围真实场景进行 3D 建模，而不是用户打开 Maya 照着场景做一个极为相似的。

混合现实能把真实世界和虚拟世界融合在一起，生成新的环境和视觉图像，让真实物体和数字物体实时共存，并进行互动。混合现实存在于物质世界或虚拟世界，是现实和虚拟现实的混合。从这个解释来看，微软的 HoloLens 确实更趋近于混合现实。它先通过扫描房间掌握当前空间的情况，然后精确地把数字物体混合到当前的环境里。用户可以使用自己的手去触碰这些虚拟物体，就像它们是真的一样；用户还可以在 HoloLens 头盔上跟这些投射到真实物体上的虚拟图像进行互动。当然，这些物体不是真的，这就是混合现实的美妙之处。

1.6　虚拟现实技术典型应用——虚拟博物馆

1.6.1　虚拟博物馆及其发展现状

1．虚拟博物馆概念

虚拟博物馆是运用数字、网络技术，将现实存在的实体博物馆的职能以数字化方式完整展现出来的博物馆。虚拟博物馆的产生是博物馆数字化过程发展到当下的一个阶段性产物，随着计算机技术发展到虚拟现实技术后，沉浸性和互动性获得了前所未有的增强，虚拟博物馆就顺势产生了。

虚拟博物馆本质上就是采用虚拟现实技术的博物馆。起初虚拟博物馆只是通过虚拟现实技术将博物馆的实体物件形象地展现在计算机屏幕上。随着计算机硬件环境的提升，允许将整个博物馆的环境连同文物一起呈现在虚拟世界之中，于是真正意义上的虚拟博物馆成形了。自此以后，参观者可以通过鼠标、键盘、手柄和虚拟眼镜等设备身临其境地体验博物馆展出内容。

众所周知，我国绝大部分博物馆都面临着展出手段单一，资金不足的困境。全国各类博物馆中的文物达 1200 万件，但受到各种因素的限制，能够展出的仅有一小部分，这导致展品的更换率非常低，观众实际能够观看的内容质量有限。对于一些老化破损严重的文物，情况更加危急，即使人工修复后仍难以长期展览。面对这样的实际情况，虚拟现实技术可以在比较切合自身优点的前提下解决这些问题，从而进一步促进博物馆行业的发展。

2. 虚拟博物馆国外发展现状

国外由于博物馆的起步整体比中国早很多，所以在博物馆的数字化建设和虚拟现实化建设也相应早一些。一些特别的文物和主题展览由于历史的原因被摧毁或者被盗，只能从文献中窥测一二，但其内容又比较重要，具有非常高的人文价值，如果以比较合适的方式展出，能够让观众获得较大的审美感和历史感。针对这样的内容，国外博物馆较早就关注到了虚拟现实技术，发现其与博物馆展览的一些契合点，例如，都需要比较丰富的实物细节，都通过实物承载了很高的信息等。随着虚拟现实技术越发成熟，国外各博物馆均开启了各自博物馆的虚拟现实化建设。

位于美国费城的富兰克林科学博物馆便利用了虚拟现实技术，使人们沉浸在科学和技术的体验当中。在虚拟现实体验区内，该展馆中有轮换出现的各种科学内容，供游客在房间大小的空间中进行全沉浸式体验，如亲身登上火星或者月球。富兰克林科学博物馆还拥有自家的移动 VR APP 应用，其中一个项目就是在大海底部拍摄的 360 度全景视频，同时也有一些标志性展品的全景图片，如《巨大的心》《你的大脑》和《太空命令》。这款应用主要是为拥有谷歌 Cardboard、三星 Gear VR 等手机虚拟现实头显的用户服务的，同时这也是博物馆给人们进行知识分享的一种新颖途径，如图 1-15 所示。

图 1-15　虚拟博物馆

纽约大学的学生 Ziv Schneider 创作的虚拟博物馆《被盗艺术品博物馆》(The Museum of Stolen Art)也是很有意义的探索。这个博物馆的特别之处在于，它展示的都是被盗的艺术品，它们大部分在现实中已经无法被看到了。虚拟博物馆的设计仿照了现实，在白色墙壁上，挂着不同的艺术作品，配以修饰边框。Schneider 计划进行三次艺术展，一次用来展示一些被盗的著名油画，另外两次，则是专注于伊拉克与阿富汗的艺术品。2003 年，在美国攻占巴格达期间，伊拉克国家博物馆遭到劫掠，损失的艺术品大概有 14000 件。那是历史上最大的艺术盗窃事件之一。通过展出这些艺术品，Schneider 想要提醒人们，真实的艺术品是非常脆弱的。人们经常关注于某个地区的武装冲突，却很少意识到，文化也是牺牲品之一。

3．虚拟博物馆国内发展现状

近年来，虚拟博物馆在我国的应用也得到了很大的发展。故宫博物院、首都博物馆、上海博物馆、南京博物院、敦煌莫高窟等文博单位都积极地利用信息技术进行辅助展示，故宫博物院和南京博物院的网络虚拟博物馆已经上线并获得了广泛的关注和好评。

“虚拟紫禁城”是中国第一个在互联网上展现重要历史文化景点的虚拟世界。北京故宫虚拟旅游，用高分辨率、精细的 3D 建模技术虚拟出宫殿建筑、文物和人物，并设计了 6 条观众游览路线。北京故宫虚拟旅游囊括了目前故宫所有对外开放的区域。为了营造尽可能真实可信的体验，技术人员通过与中国历史文化专家合作和对实际演员的真实动作进行动态捕捉，再现了一些皇家生活场景。

北京故宫虚拟旅游，游客可以像现实生活中游览故宫那样，走过每一条游览线路。虚拟紫禁城和北京故宫虚拟旅游比现实中更方便、更吸引人的是，在虚拟世界中，游客可以走进在现实中不能进入的宫殿，如太和殿。

北京故宫虚拟旅游游客在进入虚拟世界时可选择一个自己喜欢的身份，如官员、宫女、嫔妃、武士和太监等。参观时既可跟随一个导游，也可自己随意闲逛，或是自己做导游带领其他在线的游客一起参观。虚拟世界还设计了一些场景，例如，皇帝批阅奏章、用膳，太监们逗蛐蛐和武士们练射箭等，游客可以“冷眼旁观”，也可参与其中，与人物比试一番。此外，游客还能够与其他游客及一系列预设的人物进行交谈互动。这种自主性和互动性，可谓是该项目与之前的一些“虚拟游览”或数字化游览最根本的区别。

这个被称为“超越时空的紫禁城”，借助现代技术，立体地、精细地再现了故宫博物院这座满载文化宝藏的宝库，是技术与文化的完美结合。

1.6.2 虚拟博物馆的特点

虚拟博物馆的特点主要是相对于传统博物馆而言，虚拟现实特性在与传统博物馆的信息和服务相结合后产生的特点，大致可以分为以下 4 点。

1．跨界性

这种特性立足于互联网技术的信息快速传播。虚拟博物馆的出现，尤其是基于互联网传播的虚拟博物馆出现后，博物馆的内容传播打破了时间和空间的限制，使得人们可以随时随地通过互联网参观世界各地的博物馆，进而促进了文化的交流。这种跨界性也蕴含着横跨不同主题博物馆的意义，由于时空上的自由度很高，不同主题的博物馆可以打破原有的类型区别，从而按照更宏观的线索加以规划和布展，提升展览的效果。

同时，这种跨界性还包含另一层面的意义。历史文物、景观和建筑等由于现实世界中环境的影响会逐渐磨损、老旧，最终毁坏。但是将文物和建筑数字化保存后，其保存时间将会更长，并且虚拟文物的维护也比实体文物的维护更加便捷、安全。

2. 生动性

生动性其实是从虚拟现实的特性继承而来的，广义的生动性是虚拟现实技术三维图形或全景影像的生动性，加上整合后的影片，声音等信息，使得用户可以获得全面的文物信息，更生动形象地观察和理解文物所承载的厚重文化。这种生动性优势在文物的观察上非常明显，通常情况下，大部分观众很难以自由的角度近距离观察文物的细节，但是在文物扫描技术和虚拟现实技术诞生以后，人们可以非常随意地观察名贵文物在虚拟博物馆中的高清复制品，如同在自己手中观赏把玩一样，就形成了虚拟现实博物馆中的狭义生动性，这种体验在实体博物馆是不易获得的。

3. 自主性

这一特性与生动性一样由虚拟现实特性继承而来。虚拟现实技术以计算机技术为基础，而计算机从诞生之初就拥有比较高的自主性，用户可以根据自己的需要运用手段编写程序，发布命令。虚拟现实技术搭建的虚拟世界中，人作为主要的行为主体同样拥有非常大的自主选择权。例如，观众可以自由选择博物馆中任意区块跳跃性观赏，或者直接通过导航界面选择自己需要的内容进行观赏。

具体到虚拟博物馆，观众可以根据自己的需要在馆中的各个板块自由穿梭，选择性地观赏，没有丝毫的障碍。在经过一定的简单教学后，观众就能很方便地选择观赏的界面和观赏的媒体方式。对于文物背后的历史故事，选择短片或者文章的方式；对于乐器类文物，选择音频的方式；对于绘画类文物，选择图片类的方式等。

4. 交流性

虚拟博物馆的交流性与传统博物馆的交流性相比，有进一步的增强。传统博物馆也存在观众和馆方的交流，这种交流以信件的方式单向进行。虚拟博物馆通过互联网的信息传递实现了观众向馆方的信息传递，同时，也增加了观众之间的信息交流，这种交流可以非常丰富，而且也体现了极强的跨界性。这不仅可以为馆方提供非常便捷准确的信息反馈，同时也活跃了观众的思维，增强了观众之间的信息交流，展现了以人为本的理念。

1.6.3　虚拟博物馆的应用技术

现有的虚拟博物馆主要采用了三种实现途径：全息影像技术，主要用于馆内虚拟展示；虚拟现实技术，可用于馆内或网络；照片缝合技术，主要用于网络上传播的虚拟博物馆。

1. 全息影像技术

全息影像技术是将多角度的二维摄像通过一组组干涉光的方式进行叠加，最终实现光信息的立体呈现。全息摄像由于拍摄角度多，所需的图像信息多，在形成初期只能展现静态的物体，但是展现出的效果已经非常逼真，因此国外就有博物馆早早地采用了这种方式进行文物展示。随着计算机处理能力以及拍摄设备精度的提升，尤其是摄像机拍摄精度的提升，现在动态视频也可以进行全息式的播放，这就为博物馆的数字信息化展示增添了一条重要途径，一定程度上弥补了一些文物因为稀缺性导致的参展不足，并可以更加生动地展示文物，让参观者感受更加强烈的历史气息。

2．虚拟现实技术

虚拟现实技术可以利用计算机生成一个三维空间，并在其中模拟搭建一个虚拟的世界，然后呈现在计算机屏幕上。配合一些声音、触觉的效果后，虚拟现实技术可以为观众带来沉浸式的绝佳体验，让观众置身其中自由地体验虚拟世界中的所有事物。例如，法国的罗浮宫运用虚拟现实技术重建了毁于 1661 年的阿波罗画廊，并复原了中世纪的罗浮宫地堡和下水道系统，这些都是观众们现在无法进入或参观到的珍贵历史素材。伦敦博物馆也通过虚拟现实技术高度还原了著名的 1666 年伦敦大火，让参观者亲身经历了大半个伦敦的燃烧和十万人的灾难，从而获得亲身参与历史重大事件的震撼感受。

3．照片缝合技术

照片缝合技术是将固定位置上下、前后、左右 6 个视角的照片缝合成一张全视野的图片，从而形成全景图的技术。这种技术产生的图像在导入计算机后进行一些简单的处理就能为观众带来比较优良的观察环境的体验。由于是照片，所以在和场景的交互自由度上相对于虚拟现实技术稍逊一筹，但是在对环境的还原度上是非常出色的。而且由于照片的文件相对较小，运用这种技术展示的虚拟博物馆文件体量非常苗条，很适合通过互联网进行实时的传输，所以大部分网络平台上的虚拟博物馆都是运用这种技术。例如，故宫博物院虚拟线上博物馆就是运用这种技术，在配合全面的导游语音和精美的文物图片后，完美地展示了宏伟的故宫建筑群，让参观者可以足不出户畅游故宫。故宫博物院虚拟博物馆也成为国内的一个典范。

1.6.4　虚拟博物馆的发展趋势

前面已介绍了很多现有虚拟博物馆的技术、作用和特点，对虚拟博物馆有了一个比较宏观的认识。现在根据一些博物馆的基本情况，以及虚拟现实技术发展的趋势大胆地对虚拟博物馆的未来尝试性地进行一下展望，大致分为 3 个方向。

1）硬件和技术方向。主要是针对虚拟现实技术所依赖的计算机技术的发展。更加优化的计算机图形渲染方式，更加强大的图形和数据计算能力，无疑对于提升虚拟博物馆的视觉效果起着最直接的作用。另外，在目前移动网络普及的环境下，网络传输的速度和稳定性对虚拟博物馆的用户体验也越来越重要，在此基础上还要提升虚拟博物馆在程序结构上的优化与压缩，否则，虚拟博物馆将会受到现实空间的极大限制从而丧失其便捷的重要立足点。当然新型的体感设备未来也会对虚拟博物馆的发展起到加速和推进的作用。

2）在利用网络技术进行虚拟博物馆发布和传播的同时，网络传播中的信息结构模型也开始改变传统博物馆信息单向传递的特点，使得观众可以更加自主地观看博物馆设计的展览内容，以及发布对于这些内容的回馈信息。这对于博物馆这样信息集中度较高的部门有着比较重大的意义，便于发现和调整自己的展示方向，从而减少展览中不必要的时间成本，提升博物馆的传播效率。

3）现在大部分虚拟博物馆本质上仍然是实体博物馆在数字平台上的代言人，主要展示信息仍然来源于博物馆本身的历史素材，而只存在于计算机网络平台上的博物馆现在还没有，这和行业发展的历史先后顺序有关。当下各个行业都在积极拥抱数字技术和信息技术，但这些技术本身也在快速地发展、演化。在未来，这些技术发展历程中一些关键信息和成果会成为信息时代中的“历史文物”，从而进入一种脱离实体的真正意义上的虚拟博物馆。那时的人们也许已经脱离了传统的输入设备，以一种更加智能、更加亲和的人机交流方式参观着虚拟博物馆，而当下的技术成果也已经进入这些博物馆中了，如图 1-16 所示。

图 1-16　未来的虚拟博物馆

总之，虚拟博物馆作为传统博物馆的延伸和拓展，充分运用了现代计算机技术和网络技术，对于信息的处理传播共性使得虚拟博物馆成了虚拟现实技术比较重要的一个应用领域。相信在未来，方兴未艾的虚拟博物馆会不断发展，为文物的展示和历史的再现提供更加丰富多彩的手段，成为文化传播的利器。

小结

本章是全书的理论基础，简要介绍了有关虚拟现实技术的基本概念和发展历程。

虚拟现实技术是指采用以计算机技术为核心的现代高新技术，生成逼真的视觉、听觉、触觉一体化的虚拟环境，参与者可以借助必要的装备，以自然的方式与虚拟环境中的物体进行交互，并相互影响，从而获得等同真实环境的感受和体验。

虚拟现实是计算机与用户之间的一种更为理想化的人-机界面形式。与传统计算机接口相比，虚拟现实系统具有三个重要特征：沉浸感（Immersion）、交互性（Interaction）和构想性（Imagination），任何虚拟现实系统都可以用三个“I”来描述其特征。其中沉浸感与交互性是决定一个系统是否属于虚拟现实系统的关键特征。

虚拟现实技术的发展和应用基本上可以分为以下三个阶段。

第一阶段是 20 世纪初期到 20 世纪 70 年代，是虚拟现实技术的探索阶段。

第二阶段是 20 世纪 80 年代初到 80 年代末，是虚拟现实技术基本概念的逐步形成，虚拟现实技术走出实验室，开始进入实际应用的阶段。

第三阶段是从 20 世纪 90 年代初至今，是虚拟现实技术全面发展时期，消费级应用产品开始产生。

习题

一、名词解释

VR，AR，MR

二、填空题

1．虚拟现实技术的特性有______________、______________和________________。

2．典型的虚拟现实系统主要由____________、___________和____________等组成。

3．根据用户参与虚拟现实的不同形式以及沉浸程度的不同，可以把各种类型的虚拟现实系统划分为四类：____________、_____________、_____________和_____________。

三、简答题

1．简述虚拟现实技术的发展历程。

2．简述虚拟现实技术的原理及本质。

3．简述不同虚拟现实系统的特点及应用情况。

四、论述题

1．谈谈你对虚拟现实技术现状及未来发展的看法。

2．你认为当前虚拟现实技术发展的主要障碍和问题是什么？

第2章　虚拟现实的关键技术

学习目标

- 理解虚拟现实关键技术的原理
- 了解虚拟现实技术的三维建模技术
- 了解虚拟现实技术的立体高清显示技术
- 了解虚拟现实技术的人机交互技术
- 了解虚拟现实技术的三维虚拟声音技术

虚拟现实技术主要包括模拟环境、感知、自然技能和传感设备等方面。模拟环境是由计算机生成的、实时动态的三维立体逼真图像。感知是指理想的虚拟现实应该具有一切人所具有的感知，除计算机图形技术所生成的视觉感知外，还有听觉、触觉、力觉、运动等感知，甚至还包括嗅觉和味觉等，也称为多感知。自然技能是指人的头部转动、眼睛、手势或其他人体行为动作，由计算机来处理与参与者的动作相适应的数据，并对用户的输入做出实时响应，并分别反馈到用户的五官。传感设备是指三维交互设备。

另外，虚拟现实技术又是多种技术的综合，关键技术主要包括立体高清显示技术、三维建模技术、三维虚拟声音技术、人机交互技术等。

2.1　立体高清显示技术

立体高清显示技术是虚拟现实的关键技术之一，它使用户在虚拟世界里具有更强的沉浸感，立体高清显示技术的引入可以使各种模拟器的仿真更加逼真。

立体高清显示可以把图像的纵深、层次、位置全部展现，参与者可以更直观、更自然地了解图像的现实分布状况，从而更全面地了解图像或显示内容的信息。从技术方面看，需要通过光学技术构建逼真的三维环境和立体的虚拟物体对象，这就要求根据人类双眼的视觉生理特点来设计，使得人们将在虚拟现实环境中看到的景观与日常生活中的场景比较时，在质量、清晰度和范围方面应该是无法区分的，从而产生身临其境的沉浸感。目前，立体高清显示技术主要以佩戴立体眼镜等辅助工具来观看立体影像。随着人们对观影要求的不断提高，由非裸眼式向裸眼式的技术升级成为发展的重点和趋势。目前比较有代表性的技术有：分色技术、分光技术、分时技术、光栅技术和全息显示技术。

2.1.1　立体视觉形成原理

立体视觉是人眼在观察事物时所具有的立体感。人眼对获取的镜像有相当的深度感知能力（Depth Perception），而这些感知能力又源自人眼可以提取出景象中的深度要素（Depth Cue）。之所以可以具备这些能力，主要依靠人眼的以下几种机能。

- 双目视差（Binocular Parallelax）。
- 运动视差（Motion Parallelax）。
- 眼睛的适应性调节（Accommodation）。
- 视差图像在人脑的融合（Convergence）。

除了以上几种机能外，人的经验和心理作用也对景象的深度感知能力有影响，例如，图像的颜色差异、对比度差异、景物阴影甚至是所观看显示器的尺寸和观察者所处的环境等，但这些要素相对上述机能来讲，在建立立体感上影响是比较小的。

当人们的双眼同时注视某物体时，双眼视线交叉于某个物体对象上，称为注视点。从注视点反射回到视网膜上的光点是对应的，但由于人的两只眼睛相距4～6cm，观察物体时，两只眼睛从不同的位置和角度注视物体，所得的画面有一点细微的差异，如图 2-1 所示。正是这种视差，再传入大脑视觉中枢合成一个物体完整的图像时，不但看清了该物体对象，而且能分辨出该物体对象与周围物体间的距离、深度、凸凹等，这样所获取的图像就是一种具有立体感的图像，这种视觉也就是人的双眼立体视觉。

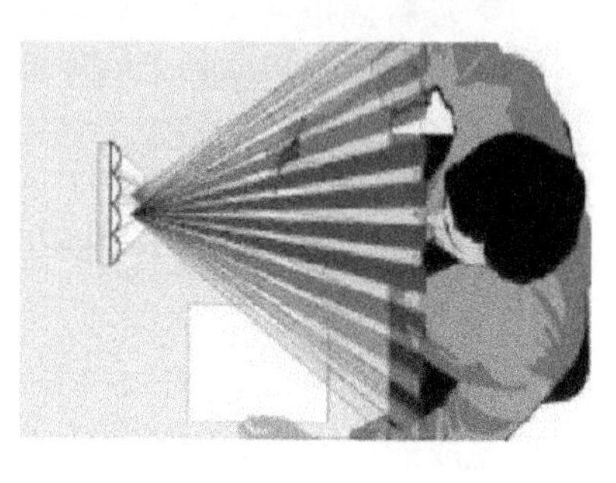
图 2-1　自动立体显示原理

实际上，人们在观察事物时，不仅仅是双眼看物会产生立体感，用单眼看物也会产生三维效果。如果一个物体对象有一定的景深效果，单眼观察时会自动进行调节，也就是对物体的远近差异引起眼睛内的晶状体焦距及瞳孔直径的调节；如果物体是运动的，单眼会产生移动视差，因物体位置的前后不同引起的移动而产生差异。

从以上可以看出，要使一幅画面产生立体感，至少要满足 3 个方面的条件。

（1）画面有透视效果

透视效果是观看三维世界时的基本规律，是画面产生立体感的基本要求。如果画一个立方体却不遵照立方体的透视规律，那么画出来的作品就一定不会产生立方体所应有的立体感，不过，即使是这样的作品还是有透视效果的，只不过是别的东西的透视效果。那么什么没有透视效果呢？一个正方形就没有透视效果，如果画面中只有一个孤零零的正方形的话，就绝对不会有立体感。

（2）画面有正确的明暗虚实变化

真实世界中根据光源的亮度、颜色、位置和数量的不同，物体会有相应的亮部、暗部、投影和光泽等；同时近处的物体在色彩的饱和度、亮度和对比度等方面都相对较高，远处的则较低。如果画面中没有这些效果或是违反这些规律，都不会产生好的立体感。

（3）具有双眼的空间定位效果

人眼在观看物体时，两只眼睛分别从两个角度来观看，看到的两幅画面自然有细微的差别，如图 2-2 所示。大脑将两幅画面混合成一幅完整的画面，并根据它们的差别线索感知被视物体的距离。这就是双眼的空间定位，是人眼感知距离的最主要的手段。如果重放画面的时候不能再现这种空间定位的感觉，那么即使前两点做得很不

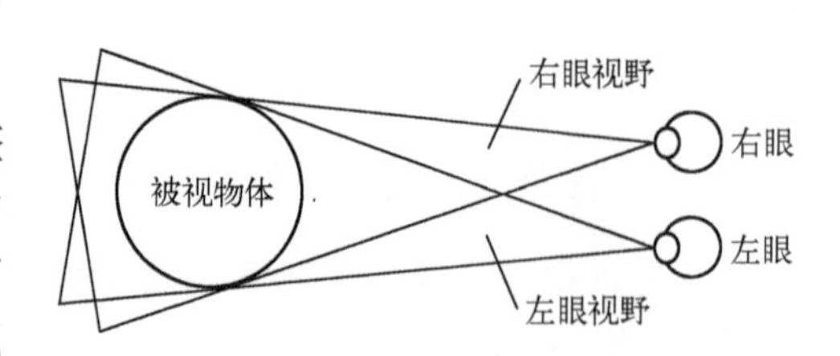

图 2-2　双眼空间定位

错也总觉得有所欠缺。

以上 3 点只有同时满足才能产生比较完美的立体效果，普通显示器可以实现前两点却无法实现第 3 点，而所谓的立体高清显示技术也就是能够再现空间定位感的显示技术。

2.1.2　立体高清显示技术分类

两只眼睛的视差是实现立体视觉的基础。为了实现立体显示效果，首先需要对同一场景分别产生相应于左右眼的不同图像，让它们之间具有一定的视差；然后，借助相关技术，使左右双眼只能看到与之相应的图像。这样，用户才能感受到立体效果。

从时间特点上来讲，目前的立体高清显示技术可以分为同时显示（frame parallel）技术和分时显示（frame sequential）技术两类。同时显示是指，在屏幕上同时显示出对应于左右双眼的两幅图像；分时显示是指，以一定的频率交替显示两幅图像。

从设备特点上来讲，立体高清显示技术可以分为立体眼镜、立体头盔和裸眼立体 3 类。其中，立体眼镜又可细分为主动立体眼镜和被动立体眼镜两类。主动立体眼镜是指有源眼镜，它通过“快门”来控制镜片的透光性；被动立体眼镜是指无源眼镜，它通过滤波技术来控制镜片的透光性。下面具体说明各种立体高清显示技术。

1．彩色眼镜法

这种眼镜属于被动立体眼镜，主要用于同时显示技术中。它的基本原理是，将左右眼图像用红绿两种补色在同一屏幕上同时显示出来，用户佩戴相应的补色眼镜（一个镜片为红色，另一个镜片为绿色）进行观察，如图 2-3 所示。这样每个滤色镜片吸收来自相反图像的光线，从而使双眼只看到同色的图像。这种方法会造成用户的色觉不平衡，产生视觉疲劳。

2．偏振光眼镜法

偏振光眼镜法同样属于被动立体眼镜，主要用于同时显示技术中。它的基本原理是，将左右眼图像用偏振方向垂直的光线在同一屏幕上同时显示出来，用户佩戴相应的偏振光眼镜（两个镜片的偏振方向垂直）进行观察，如图 2-4 所示。这样每个镜片阻挡相反图像的光波，从而使双眼只能看到相应的图像。

图 2-3　彩色眼镜

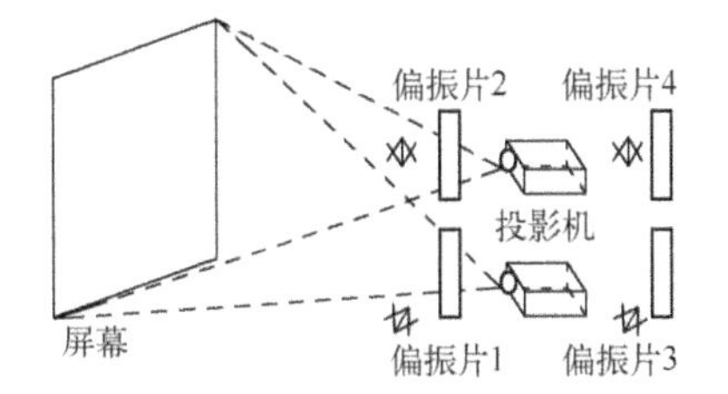

图 2-4　偏振光眼镜法立体显示示意图

3．液晶光阀眼镜法

液晶光阀眼镜属于主动立体眼镜，主要用于分时显示技术中。它的基本原理是，显示屏分时显示左右眼的视差图，并通过同步信号发射器及同步信号接收器控制观看者所佩戴的液晶光阀眼镜。当显示屏显示左（右）眼视差图像时，左（右）眼镜片透光而右（左）眼镜片不透光，这样双眼只能看到相应的图像，如图 2-5 所示。这种方法的主要特点是：要求显示器的帧频为普通显示器的两倍，一般需要达到 120Hz。

4. 立体头盔显示法

立体头盔显示法是在观看者双眼前各放置一个显示屏，观看者的左右眼只能看到相应显示屏上的视差图像。头盔显示器可以进一步分为同时显示和分时显示两种，前者的价格更加昂贵。这种立体显示存在单用户性、显示屏分辨率低、头盔沉重和容易给眼睛带来不适感等缺点，如图 2-6 所示。

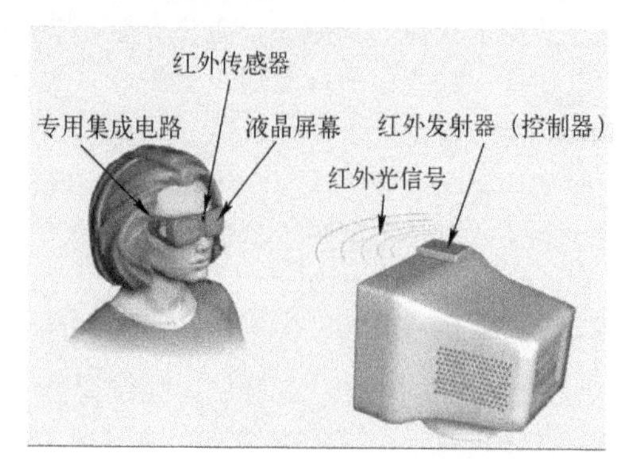

图 2-5　液晶光阀眼镜立体显示示意图

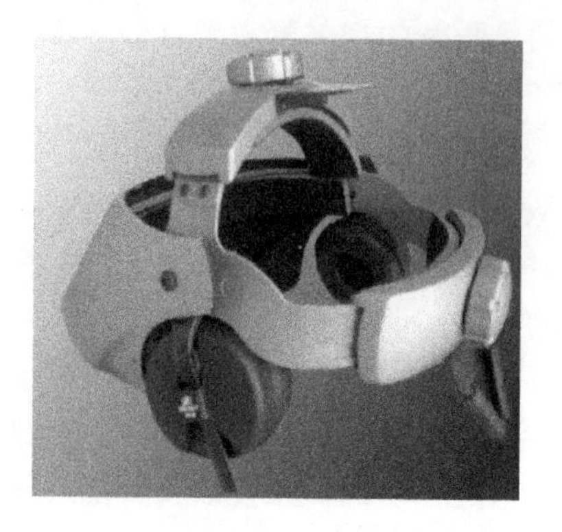

图 2-6　立体头盔

5. 裸眼立体显示法

这种方法不需要用户搭配任何装置，直接观看显示设备就可感受到立体效果。这种方法又可分为 3 类：光栅式自由立体显示、体显示和全息投影显示。

（1）光栅式自由立体显示

这种显示设备主要是由平板显示屏和光栅组合而成。左右眼视差图图像按一定规律排列并显示在平板显示屏上，然后利用光栅的分光作用将左右眼视差图像的光线向不同方向传播。当观看者位于合适的观看区域时，其左右眼分别观看到相应的视差图像，从而获得立体视觉效果。常见的光栅类型包括狭缝光栅和柱透镜光栅两类。

狭缝光栅包括前置式狭缝光栅和后置式狭缝光栅两种，其原理如图 2-7 所示。前置式狭缝光栅置于平板显示屏与观看者之间，观看者左右眼透过狭缝光栅的透光部分只能看到对应的左右眼视差图像，由此产生立体视觉。后置式狭缝光栅置于平板显示屏与背光源之间，用来将背光源调制成狭缝光源。当观看者位于合适的观看区域时，从左（右）眼处只能看到显示屏上的左（右）眼狭缝被光源照亮。所以，观看者左右眼只能看到对应的视差图像，由此产生立体视觉。

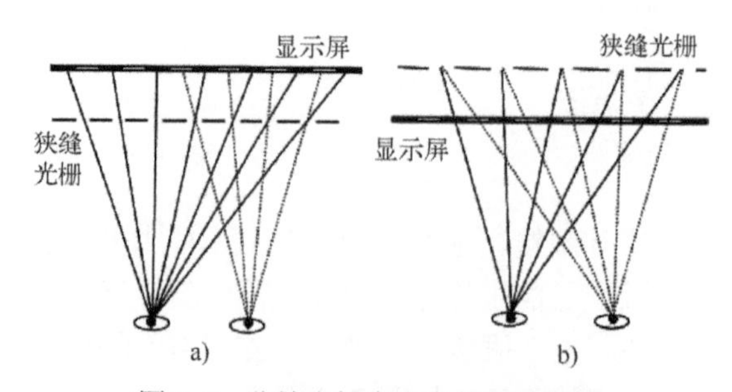

图 2-7　狭缝光栅自由立体显示原理

a) 前置式狭缝光栅　b) 后置式狭缝光栅

柱透镜光栅自由立体显示原理如图 2-8 所示，它利用柱透镜阵列的折射作用，将左右眼视差图像分别提供给观看者的左右眼，从而产生立体视觉效果。

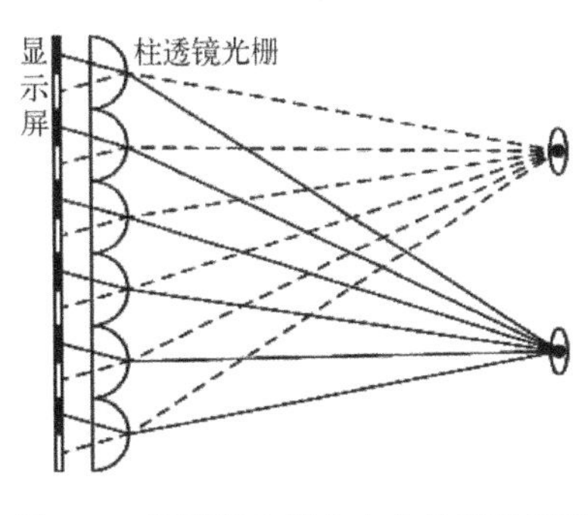

图 2-8　柱透镜光栅自由立体显示原理

可见，光栅式自由立体显示技术的本质是，使用光栅等滤光器替代立体眼镜。但是，上述两种光栅都有一定缺陷。如狭缝光栅对光线具有遮挡作用，所以会导致立体图像的亮度损失严重；而柱透镜光栅基本不会造成亮度损失。由于在平板显示器上同时显示两幅视差图像，所以上述两种光栅都会导致立体图像的分辨率降低。

（2）体显示

体显示的基本原理是：通过特殊显示设备将三维物体的各个侧面图像同时显示出来。图 2-9 说明了一种基于扫描的体显示方法。它以半圆形显示屏作为投影面，如果将其高速旋转起来，就形成了一个半球形的成像区域。在旋转过程中，投影机会把同一物体的多幅不同侧面的二维图像闪投在显示屏上。这样，由于人眼的视觉暂留原理，就会观看到一个似乎飘浮在空中的三维物体。

图 2-10 说明了一种基于点阵的体显示方法。图中所示立方体是添加了发光物质的透明荧光体，它是由一系列点阵组成的。如果水平和垂直方向的两束不可见波长的光线同时聚焦到同一个荧光点上，那么该点就会发出可见光。显示立体图像时，首先需要把三维物体分解为一系列点阵，然后由两束光波依次扫描立方体中的各个阳光点，使得与三维物体相对应的荧光点发光，而其他荧光点不发光。这样，观看者就可以看到立体模型了。

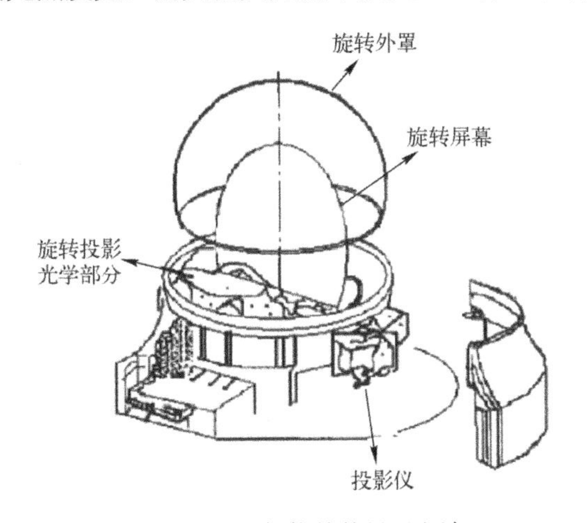

图 2-9　基于扫描的体显示方法

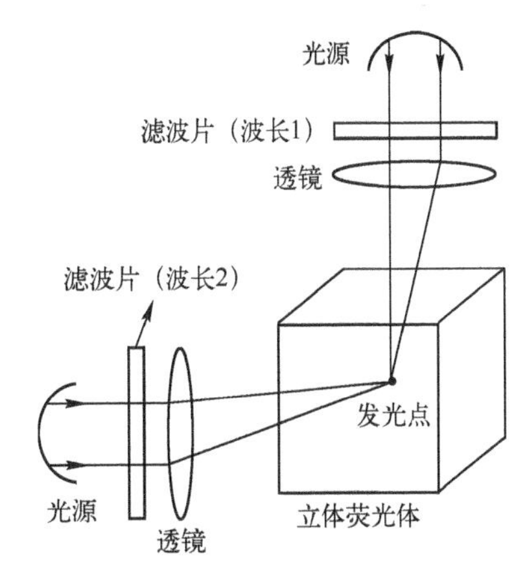

图 2-10　基于点阵的体显示方法

上述体显示方法可供多个观看者同时从不同角度观看同一立体场景，且兼顾了人眼的调节和汇聚特性，不会引起视觉疲劳。

（3）全息投影显示

全息投影显示是利用光的干涉和衍射原理记录并再现真实物体三维图像的技术。

首先是利用干涉原理记录物体光波信息，即拍摄过程。被摄物体在激光辐射下形成漫射式的物光束；另一部分激光作为参考光束射到全底片上，和物光束叠加产生干涉，把物体光波上各点的相位和振幅转换成在空间上变化的强度，从而利用干涉条纹间的反差和间隔将物体光波的全部信息记录下来。

然后利用衍射原理再现物体光波信息，即成像过程。当胶片冲洗完成后，它就记录了原始物体上每一点的衍射光栅。如果将参考光束重新照射胶片时，那么原始物体上每一点的衍射光栅都可以衍射部分参考光线，重建出原始点的散射光线。当原始物体上所有点的衍射光栅所形成的衍射光线叠加在一起以后，就可以重建出整个物体的立体影像了。

近年来，随着计算机技术的发展和高分辨率电荷耦合成像器件（Charge Couple Device，CCD）的出现，数字全息技术得到迅速发展。与传统全息不同的是，数字全息用 CCD 代替普通全息材料记录全息图，用计算机模拟取代光学衍射来实现物体再现，实现了全息图记录、存储、处理和再现全过程的数字化，具有充满希望的前景。

全息投影技术再现的三维图像立体感强，具有真实的视觉效应。观看者可以在其前后左右观看，是真正意义上的立体显示。图 2-11 所示为 HOLOCUBE 公司开发的一款全桌面全息显示器。2011 年 1 月 1 日湖南卫视的跨年晚会，使用了全息投影技术，再现邓丽君登台演唱，如图 2-12 所示。

图 2-11　HOLOCUBE 公司的全息显示器

图 2-12　全息投影技术的应用

2.2　三维建模技术

虚拟现实是一种逼真地模拟人在自然环境中的视觉、听觉、嗅觉和运动等行为的一种全新的人机交互技术，其最终目标是使用户置身于一个由计算机生成的虚拟环境中。建模是对显示对象或环境的逼真仿真，虚拟对象或环境的建模是虚拟现实系统建立的基础，也是虚拟现实技术中的关键技术之一。建模是对现实对象或环境的虚拟，对象建模主要研究对象的形状和外观的仿真。环境建模主要涉及物理建模、行为建模和声音建模等。

评价虚拟建模的技术指标包括以下几点。

（1）精确度

精确度是衡量模型表示物体精确度的指标，也是表现场景真实性的重要元素之一。

（2）操纵效率

在实际运用过程中，模型的显示、运动模型的行为和在有多个运动物体的虚拟环境中的冲突检测等都是频度很高的操作，必须高效地实现。

（3）易用性

创建有效的模型是一个十分复杂的工作，建模者必须尽可能精确地表现物体的几何和行为模型，建模技术应尽可能容易地构造和开发一个好的模型。

（4）实时显示

在虚拟环境中，模型的显示必须在某个极限帧率以上，这往往要求快速显示。

2.2.1 几何建模

虚拟对象基本上都是由几何图形构成的。采用几何建模方法对物体对象虚拟主要是对物体几何信息的表示和处理，描述虚拟对象的几何模型，如多边形、三角形、定点以及它们的外表（纹理、表面反射系数、颜色）等，即用一定的数学方法对三维对象的几何模型进行描述。物体的形状由构成物体的各个多边形、三角形及定点来确定，物体的外观则由表面纹理、材质、颜色和光照系数等决定。

1. 形状建模

要表现三维物体，最基本的是绘制出三维物体的轮廓，利用点和线来构造整个三维物体的外边界，即仅使用边界来表示三维物体。三维图形物体中，运用边界表示的最普遍方式是使用一组包围物体内部的表面多边形来存储物体的描述，多面体的多边形表示精确地定义了物体的表面特征，但对其他物体，则可以通过把表面嵌入到物体中来生成一个多边形网格逼近，曲面上采用多边形网格逼近可以通过将曲面分成更小的多边形加以改善。由于线框轮廓能快速显示以概要地说明表面结构，因此，这种表示在设计和实体模型应用中普遍采用。通过沿多边形表面进行明暗处理来消除或减少多边形边界，以实现真实性绘制。

形状建模通常采用的方法如下。

（1）人工几何建模方法

1）对于对象的形状建模常常可以利用现有的图形库来创建。常用的图形库有图形核心系统（Graphical Kernel System，GKS）、程序员级分层结构交互图形系统（Programmer's Hierarchical Interactive Graphic System，PHIGS）和开放式图形库等。利用这些图形库建模具有编程容易、效率较高等优点。

2）利用建模软件进行建模，如 AutoCAD、3ds Max、Maya 等，这些软件具有可视化、交互性强等特点，可以方便地创建虚拟对象的几何模型。

（2）自动几何建模方法

自动化的建模方法很多，最典型的是利用三维扫描设备对实际物体进行三维建模。如三维扫描仪又称为三维数字化仪，是一种将真实世界的立体彩色图形转换为计算机能直接处理的数字信号的装置。它在虚拟现实技术、影视特技制作、高级游戏、文物保护等方面有着广泛的应用。事实上，在虚拟现实系统中，靠人工构造大量的三维彩色模型费时费力，且真实感差。利用三维扫描技术可为虚拟现实系统提供大量的与现实世界完全一致的三维彩色模型数据。

2. 外观建模

对象的外表是一种物体区别于其他物体的质地特征，虚拟现实系统中虚拟对象的外表真实感主要取决于它的表面反射和纹理。一般来讲，只要时间足够宽裕，用增加物体多边形的方法可以绘制出十分逼真的图形表面。但是虚拟现实系统是典型的限时计算与显示系统，对实时性要求很高，因此，省时的纹理映射（Texture Mapping）技术在虚拟现实系统几何建模中得到了广泛的应用。用纹理映射技术处理对象的外表，一是增加了细节层次以及景物的真实感，二是提供了更好的三维空间线索，三是减少了视镜多边形的数目，因而提高了帧刷新率，增强了复杂场景的实时动态显示效果。

（1）纹理映射

所谓纹理映射，就是把给定的纹理图像映射到物体表面上，并不是特定的几何模型，使用纹理映射可以避免对场景的每个细节都使用多边形来表示，进而可以大大减少环境模型的多边形数目，提高图形的显示速度。

纹理映射的过程如图 2-13 所示。

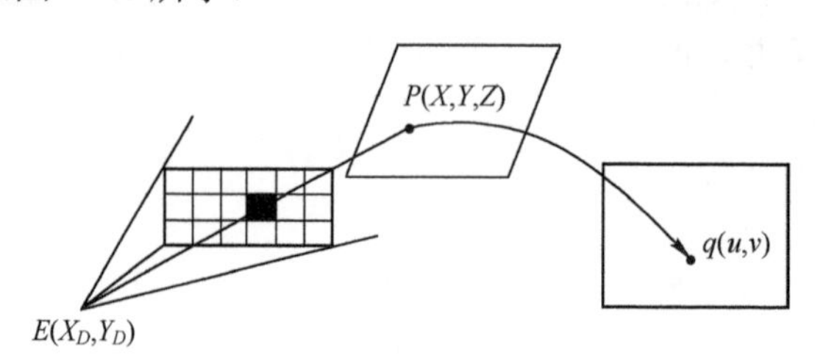

图 2-13　纹理映射的过程示意图

E（X_D,Y_D）代表眼点，P（X,Y,Z）代表物体上的点，$q(u,v)$代表纹理上的像素点。纹理映射实际上是屏幕空间、物体空间和纹理空间的一系列的变换过程。虚拟对象的纹理可通过拍摄对应物体的照片，然后将照片扫描进计算机的方法得到，也可用图像绘制软件建立。

从物体表面的质地特征来看，纹理映射分为颜色纹理映射和凸凹纹理映射。颜色纹理映射是通过颜色色彩或明暗度的变化来表现物体的表面细节，凸凹纹理映射则是通过对物体表面各采样点法向量的扰动来表现物体几何形状凸凹不平的粗糙质感。

从具体算法来看，纹理映射可分为标准纹理映射和逆向纹理映射。标准纹理映射是对纹理表面均匀扫描，并直接映射到屏幕空间。逆向纹理映射是对屏幕上的每一个像素，通过逆映射寻找到物体空间上的对应点，再在纹理空间找到相应的像素点，取得纹理值，经滤波后显示该像素。

纹理映射技术应用很广，尤其是描述具有真实感的物体。例如，绘制一面砖墙，就可以用一幅真实的砖墙图像或照片作为纹理贴到一个矩形上，砖墙就很逼真。纹理映射也常常运用在其他一些领域，如飞行仿真中常把一大片植被的图像映射到一些多边形上用以表示地面，或者用大理石、木材和布匹等自然物质的图像作为纹理映射到多边形上表示相应的物体。

（2）光照

当光照射到物体表面时，可能被吸收、反射或者折射。被物体吸收的部分转化为热，而那些被反射和折射的光传送到视觉系统，使人们能看见物体。为了模拟这一物理现象，使用一些数学公式来近似计算物体表面按照什么样的规律和比例来反射或者折射光线。这种公式称作明暗效应模型。

假设物体不透明，那么物体表面呈现的颜色仅仅由其反射光决定。通常，反射光由 3 个分量表示，分别是环境反射光、漫反射光和镜面反射光。

1）环境反射光。环境反射光在任何方向上的分布都相同。环境反射光用于模拟从环境中周围物体散射到物体表面再反射出来的光。环境反射光可以用下面的公式表示。

$$I = K_a I_a \tag{2-1}$$

式中，K_a 是环境反射常数，与物体表面的性质有关；I_a 是入射的环境光光强，与环境的明暗有关。

2）漫反射光。漫反射光的空间分布也是均匀的，但是反射光的光强与入射光的入射角的余弦成正比。通常可以用下面的公式表示。

$$I = K_d I_i \cos\theta \tag{2-2}$$

式中，K_d 是漫反射常数，与物体表面的性质有关；I_i 是入射光的光强；θ 是入射角，如图 2-14 所示。

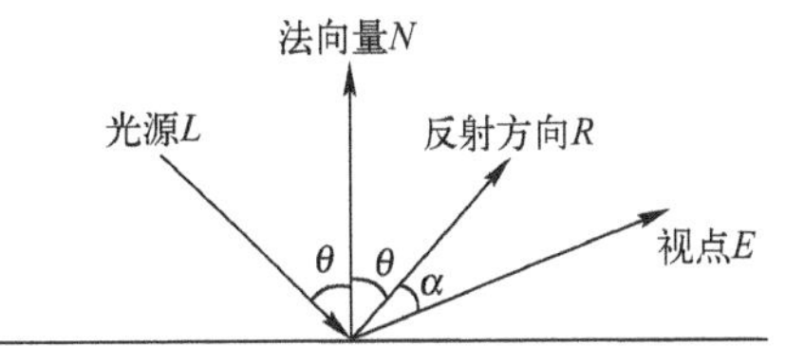

图 2-14　入射方向、反射方向及实现方向示意图

3）镜面反射光。镜面反射光为朝一定方向的反射光，遵循光的反射定律。反射光和入射光对称地位于表面法向量的两侧。对于纯镜面，入射光严格地遵守光的反射定律单向反射出去。然而真正的纯镜面是不存在的，一般光滑表面，实际上是由许多朝向不同的微小平面组成的，其镜面反射光存在于镜面反射方向的周围。常常使用余弦函数的某次幂来模拟光滑表面反射光的空间分布，光照处理算法表示为

$$I = K_s I_i \cos^n\alpha \tag{2-3}$$

式中，I 为镜面反射光亮度；K_s 为入射光线镜面反射的百分比；I_i 为镜面反射方向上的镜面反射光亮度；α 为镜面反射方向和视线方向的夹角；n 为镜面反射光的会聚指数，或称为“高光”指数，是一个正实数，取值取决于表面材料的属性，一般为从 1 到数百不等。对于较光滑的表面，其镜面反射光的会聚程度较高，可将 n 的值取得大一些；而对于光滑度较低表面，其镜面反射光呈发散状态，可将 n 的值取得小一点。

在计算机图形学中，光滑的曲面常用多边形逼近表示，因为处理平面比处理曲面容易得多。但是，这样就会失去原来曲面的光滑度，呈现多边形。这种现象是因为不同平面的法向量不同，形成不同平面之间不连续的光强跳跃。

图 2-15 所示是光照示意图，图中白色小球是一个点光源，光线在立方体和球体两个对象上发生反射，产生明暗效果。

图 2-15　光照示意图

2.2.2 物理建模

在虚拟现实系统中，虚拟对象必须像真的一样，这需要体现对象的物理特性，包括重力、惯性、表面硬度、柔软度和变形模式等，这些特征与几何建模相融合，形成更具有真实感的虚拟环境。例如，用户用虚拟手握住一个球，如果建立了该球的物理模型，用户就能够真实地感觉到该球的重量、软硬程度等。

物理建模是虚拟现实中较高层次的建模，它需要物理学和计算机图形学的配合，涉及力学反馈问题，重要的是重量建模、表面变形和软硬度物理属性的体现。分形技术和粒子系统就是典型的物理建模方法。

1．分形技术

自然界存在的典型景物，如高山、沙漠、海滨和白云，这些都是大自然多姿多彩的美丽景色，也是传统数学难以描述的怪异曲线、曲面。在虚拟现实系统中，必然会出现这些怪异的曲线、曲面，因为传统的数学对其难以描述，所以要借助新的数学工具。分形理论认为，分形曲线、曲面具有精细结构，表现为处处连续，但往往是处处不可导，其局部与整体存在惊人的自相似性。因此，分形技术是指可以描述具有自相似特征的数据集。自相似特征的典型例子是树。若不考虑树叶的区别，在靠近树梢时，树的细梢看起来也像一棵大树。由相关的一组树梢构成的一根树枝，从一定距离观察时也像一棵大树。这种结构上的自相似称为统计意义上的自相似。

自相似结构可用于复杂的不规则外形物体的建模。该技术首先用于水流和山体的地理特征建模。例如，可以利用三角形来生成一个随机高程的地理模型，取三角形三边的中点并按顺序连接起来，将三角形分割成 4 个三角形，同时，给每个中点随机地赋一个高程值，然后递归上述过程，就可以产生相当真实的山体了。

分形技术的优点是通过简单的操作就可以完成复杂的不规则物体的建模，缺点是计算量太大。因此，在虚拟现实中一般仅仅用于静态远景的建模。

2．粒子系统

所谓的粒子系统，就是将人们看到的物体运动和自然现象，用一系列运动的粒子来描述，再将这些粒子运动的轨迹映射到显示屏上，在显示屏上看到的就是物体运动和自然现象的模拟效果了。

粒子系统是一种典型的物理建模系统。其基本思想是：采用大量的、具有一定生命和属性的微小粒子图元作为基本元素来描述不规则的模糊物体。在粒子系统中，每一个粒子图元均具有形状、大小、颜色、透明度、运动速度、运动方向和生命周期等属性，所有这些属性都是时间 t 的函数。随着时间的流逝，每个粒子都要经历“产生”“活动”和“消亡”3 个阶段。

利用粒子系统生成画面的基本步骤如下。

1）产生新的粒子。

2）赋予每一新粒子一定的属性。

3）删去那些已经超过生存期的粒子。

4）根据粒子的动态属性对粒子进行移动和变幻。

5）显示有生命的粒子组成的图像。

粒子系统采用随机过程控制粒子的产生数量，确定新产生粒子的一些初始随机属性，如初始运动方向、初始大小、初始颜色、初始透明度、初始形状以及生存期等，并在粒子的运动和生长过程中随机地改变这些属性。粒子系统的随机性使模拟不规则模糊物体变得十分简便。

粒子系统应用的关键在于如何描述粒子的运动轨迹，也就是构造粒子的运动函数。函数选择的恰当与否，决定效果的逼真程度。另外，坐标系的选定（即视角）与显示效果也有一定的关系。视角不同，看到的效果自然也不一样。

在虚拟现实系统中，粒子系统常用于描述火焰、水流、雨雪、旋风、喷泉、战场硝烟、飞机尾焰和爆炸烟雾等现象。

2.2.3 运动建模

几何建模只是反映了虚拟对象的静态特性，而虚拟现实中还要表现虚拟对象在虚拟世界中的动态特性，而有关对象位置变化、旋转、碰撞、手抓握和表面变形等方面的属性就属于运动建模问题。

1. 对象位置

对象位置通常涉及对象的移动、伸缩和旋转。因此往往需要用各种坐标系来反映三维场景中对象之间的相互位置关系。例如，假设开着一辆汽车围绕树行驶，从汽车内看该树，该树的视景就与汽车的运动模型非常相关，生成该树视景的计算机就应不断地对该树进行移动、旋转和缩放。

2. 碰撞检测

在虚拟世界中，必须对用户和虚拟对象的移动加以限制，否则就会出现两个对象自由穿透的奇异情景。因此，碰撞检测技术也是虚拟现实系统中不可缺少的关键技术之一。有了碰撞检测，在虚拟环境中进行漫游时，才可避免诸如观察者穿墙而过、3D 游戏中被距离很远的子弹击倒等现实中不会出现的情况的发生。

碰撞检测技术不仅要能检测是否有碰撞的发生、碰撞发生的位置，还要计算出碰撞发生后的反应。由于碰撞检测需要具有较高的实时性和精确性，如必须在很短的时间（如 30～50 ms）内完成，其技术难度很高。目前较成熟的碰撞检测算法有层次包围盒法和空间分解法等。

（1）层次包围盒法

利用体积略大而形状简单的包围盒把复杂的几何对象包裹起来，在进行碰撞检测时，首先进行包围盒之间的相交测试，若包围盒不相交，则排除碰撞的可能性；若相交，则接着进行几何对象之间精确的碰撞检测。显然，包围盒法可快速排除不相交的对象，减少大量不必要的相交测试，从而提高碰撞检测的效率。常用的包围盒箱不仅仅是矩形，还可以是圆球、圆柱等。边界箱的选择和需要碰撞检测的虚拟对象有关，尽量做到算法简单、检测精度较高。层次包围盒法应用较为广泛，适用于复杂环境中的碰撞检测。

（2）空间分解法

空间分解法是将整个虚拟空间分解为体积相等的小单元格，所有对象都被分配在一个或多个单元格中，系统只对占据同一单元格或相邻单元格的对象进行相交测试。这样，对象间的碰撞检测问题就被转化为包含该对象的单元格之间的碰撞检测。当对象较少且均匀分布于空间时，这种方法效率较高；当对象较多且距离很近时，由于需要进行单元格更深的递归分割，这样需要更多的空间存储单元格，并需要进行更多的单元格相交测试，从而降低了效率。因此，空间分解法适用于稀疏环境中分布比较均匀的几何对象间的碰撞检测。

2.3 三维虚拟声音技术

在虚拟现实系统中，听觉信息是仅次于视觉信息的第二传感通道，听觉通道给人的听觉系统提供的是声音，也是创建虚拟世界的一个重要组成部分。虚拟环境中的三维虚拟声音与人们熟悉的立体声音有所不同。立体声虽然有左右声道之分，但就整体效果而言，立体声来自听者面前的某个平面，而三维虚拟声音则是来自围绕听者双耳的一个球形中的任何地方，即声音出现在头的上方、后方或者前方。因此在虚拟环境中，能使用户准确判断出声源的准确位置，符合人们在真实世界中听觉方式的声音统称为三维虚拟声音。

2.3.1 三维虚拟声音的特征

三维虚拟声音具有全向三维定位和三维实时跟踪两大特性。

全向三维定位（Omnidirectional 3D Steering），是指在虚拟环境中对声源位置的实时跟踪。例如，当虚拟物体发生位移时，声源位置也应发生变化，这样用户才会觉得声源的相对位置没有发生变化。只有当声源变化和视觉变化同步时，用户才能产生正确的听觉和视觉的叠加效果。

三维实时跟踪（3D Real-Time Localization），是指在三维虚拟环境中实时跟踪虚拟声源的位置变化或虚拟影像变化的能力。当用户转动头部时，这个虚拟声源的位置也应随之改动，使用户感到声源的位置并未发生变化。而当虚拟环境发生物体移动位置时，其声源位置也应有所改变。因为只有声音效果与实时变化的视觉相一致，才可能产生视觉与听觉的叠加和同步效应。

例如，假想在虚拟房间中有一台正在播放节目的电视。如果用户站在距离电视较远的地方，则听到的声音也将较弱，但只要他逐渐走近电视，就会感受到越来越大的声音效果；当用户面对电视时，会感到声源来自正前方，而如果此时向左转动头部或走到电视左侧的话，他就会立刻感到声源已处于自己的右侧。这就是虚拟声音的全向三维定位特性和三维实时跟踪特性。可以说，一套性能良好的三维声音系统将能使所有虚拟声音的体验与人们在现实生活中取得的体验相同。

2.3.2 头部相关传递函数

在虚拟环境中构建较完整的三维声音系统是一个极其复杂的过程。为了建立三维虚拟声音，一般可以先从一个最简单的单耳声源开始，然后让它通过一个专门的回旋硬件，生成分离的左右信号，就可以使一个戴耳机的实验者准确地确定声源在空间的位置。实际上，在听觉定位过程中，声波要经过头、躯干和外耳构成的复杂外形对其产生的散射、吸收等作用之后，才能传递到鼓膜。当相同入射声波的方向不同时，到达鼓膜的声音频率成分就不同，此改变依赖于入射声波的方向以及人头部、外耳、躯干的形状与声学特性。经研究人员的实验证明，首先通过测量外界声音与鼓膜上声音的频率差异，获得了声音在耳部附近发生的频谱变形，随后利用这些数据对声波与人耳的交互方式进行编码，得出相关的一组传递函数，并确定出两耳的信号传播延迟特点，以此对声音进行定位。通常在虚拟现实系统中，当无回声的信号由这组传递函数处理后，再通过与声源缠绕在一起的滤波器驱动一组耳机，就可以在传统的耳机上形成有真实感的三维声音了。由于这组传递函数与头部有关，故被称为头部相关传递函数。由此可以看出，头部相关传递函数可视为声音在人体周围位置包含人体特征的函数。当获得的头部相关传递函数能够准确描述某个人的听觉定位过程时，利用它就能够模拟、再现真实的声音场景。

由于每个人头部、耳朵的大小和形状各不相同，头部相关传递函数也会因人而异。但目前已有研究开始寻找对各种类型都通用且能提供良好效果的头部相关传递函数。

2.3.3 语音识别与合成技术

在虚拟现实系统中，语音应用技术主要是指基于语音进行处理的技术，主要包括语音识别技术和语音合成技术，它是信息处理领域的一项前沿技术。

1．语音识别技术

语音识别技术是指计算机系统能够根据输入的语音识别出其代表的具体意义，进而完成相应的功能。一般的方法是事先让用户朗读有一定数量文字、符号的文档，通过录音装置输入到计算机，就准备好了用户的声音样本。以后，当用户通过语音识别系统操作计算机时，用户的声音通过转换装置进入计算机内部，语音识别技术便将用户输入的声音与事先存储好的声音样本进行对比。系统根据对比结果，输入一个它认为最“像”的声音样本序号，这样就可以知道用户刚才念的声音是什么意义，进而执行此命令。因此，通过语音识别技术，计算机可以“听”懂人类的语言。

一个完整的语音识别系统可大致分为以下 3 个部分。

1）语音特征提取。其目的是从语音波形中提取出随时间变化的语音特征序列。

2）声学模型与模式匹配（识别算法）。声学模型通常将获取的语音特征通过学习算法产生。在识别时将输入的语音特征同声学模型（模式）进行匹配与比较，得到最佳的识别结果。

3）语言模型与语言处理。语言模型包括由识别语音命令构成的语法网络或由统计方法构成的语言模型，语言处理可以进行语法、语义分析。对小词表语音识别系统，往往不需要语言处理部分。

一般来说，语音识别的方法有 3 种：基于声道模型和语音知识的方法、模式匹配的方法以及利用人工神经网络的方法。

1）基于声道模型和语音知识的方法起步较早，在语音识别技术提出的初期，就有了这方面的研究，但由于其模型及语音知识过于复杂，现阶段没有达到实用的阶段。

2）模式匹配的方法发展比较成熟，目前已达到了实用阶段。在模式匹配方法中，要经过特征提取、模式训练、模式分类和判决 4 个步骤。常用的技术有动态时间归正、隐马尔科夫理论和矢量量化技术 3 种。

3）利用人工神经网络的方法是 20 世纪 80 年末期提出的一种新的语音识别方法。人工神经网络本质上是一个自适应非线性动力学系统，模拟了人类神经活动的原理，具有自适应性、并行性、鲁棒性、容错性和学习特性，其强大的分类能力和输入/输出映射能力在语音识别中很有吸引力。但由于存在训练、识别时间太长的缺点，目前仍处于实验探索阶段。

2．语音合成技术

语音合成技术是将计算机自己产生的或外部输入的文字信息按语音处理规则转换成语音

信号输出，使计算机流利地读出文字信息，使人们通过“听”就可以明白信息的内容。也就是说，使计算机具有了“说”的能力，能够将信息“读”给人类听。这种将文字转换成语音的技术称之为文语转换技术（Text To Speech，TTS），也称为语音合成技术。

一个典型的语音合成系统可以分为文本分析、韵律建模和语音合成三大模块。主要功能是根据韵律建模的结果，从原始语音库中取出相应的语言基元，然后利用特定的语音合成技术对语音基元进行韵律特性的调整和修改，最终合成出符合要求的语音。

常用的语音合成方法可分为参数合成法、基音同步叠加法和基于数据库的语音合成法。参数合成法通过调整合成器参数实现语音合成。基音同步叠加法通过对时域波形拼接实现语音合成。基于数据库的语音合成法采用预先录制语音单元并保存在数据库中，再从数据库中选择并拼接各种语音内容来实现语音合成。

按照技术方式分类，分为波形编辑合成、参数分析合成以及规则合成三种。波形编辑合成是将语句、短语、词或章节作为合成单元，这些单元被分别录音后进行压缩编码，组成一个语音库。重放时，取出相应单元的波形数据，串接或编辑在一起，经解码还原出语音。这种合成方式也称为录音编辑合成。参数分析合成是以音节、半音节或音素为合成单元。按照语音理论，对所有合成单元的语音进行分析，提取有关语音参数，这些参数经编码后组成一个合成语音库。输出时，根据待合成的语音信息，从语音库中取出相应的合成参数，经编辑和连接，顺序送入语音合成器。在合成器中，通过合成参数的控制，将语音波形重新还原出来。规则合成存储的是较小的语音单位，如音素、双音素、半音节或音节的声学参数，以及由音素组成音节，再由音节组成词或句子的各种规则。当输入字母符号时，合成系统利用规则自动地将它们转换成连续的语音波形。

2.4 人机交互技术

虚拟现实系统强调交互的自然性，即在计算机系统提供的虚拟环境中，人应该可以使用眼睛、耳朵、皮肤、手势和语音等各种感觉方式直接与之发生交互，这就是虚拟环境下的人机自然交互技术。目前与其他技术相比，这种人机自然交互技术还不太成熟。

在最近几年的研究中，为了提高人在虚拟环境中的自然交互程度，研究人员一方面在不断改进现有的交互硬件，同时加强了对相关软件的研究；另一方面则是将其他相关领域的技术成果引入到虚拟现实系统中，从而扩展全新的人机交互方式。在虚拟现实领域中较为常用的交互技术主要有手势识别、面部表情识别、眼动跟踪以及语音识别等。

2.4.1 手势识别技术

手势是一种较为简单、方便的交互方式。如果将虚拟世界中常用的指令定义为一系列的手势集合，那么虚拟现实系统只需跟踪用户的位置以及手指的夹角就有可能判断出用户的输入指令。利用这些手势，参与者就可以完成诸如导航、拾取物体、释放物体等操作。目前，手势识别系统根据输入设备的不同，主要分为基于数据手套的手势识别和基于视觉（图像）的手势识别系统两种，如图 2-16 所示。

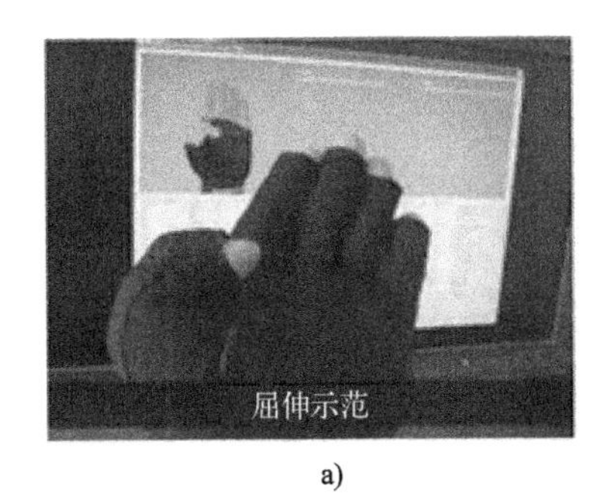

a)

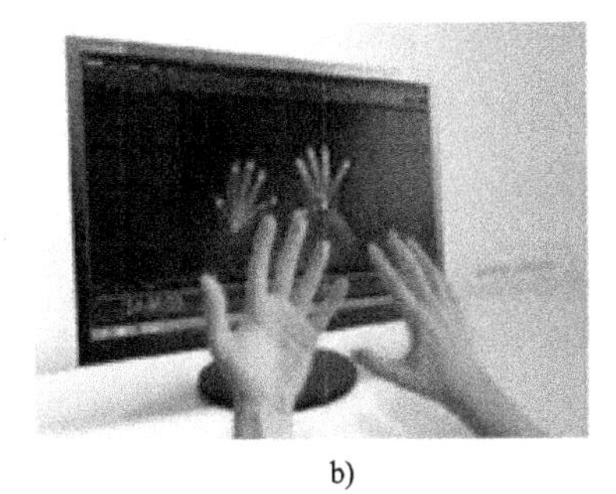

b)

图 2-16　手势识别技术

a) 基于数据手套的手势识别　b) 基于视觉（图像）的手势识别

基于数据手套的手势识别系统，就是利用数据手套和空间位置跟踪定位设备来捕捉手势的空间运动轨迹和时序信息。它能够对较为复杂的手部动作进行检测，包括手的位置、方向和手指弯曲度等，并可根据这些信息对手势进行分类，因而较为实用。这种方法的优点是系统识别率高，缺点是用户需要穿戴复杂的数据手套和空间位置跟踪定位设备，相对限制了人手的自由运动，并且数据手套、空间位置跟踪和定位设备等输入设备的价格比较昂贵。

基于视觉（图像）的手势识别是通过摄像机连续拍摄手部的运动图像，然后采用图像处理技术提取出图像中的手部轮廓，进而分析出手势形态。该方法的优点是输入设备比较便宜，使用时不干扰用户，但识别率比较低、实时性差，特别是很难用于大词汇量的复杂手势识别。

在虚拟现实系统的应用中，由于人类的手势多种多样，而且不同用户在做相同手势时其手指的移动也存在一定差别，这就需要对手势命令进行准确的定义。图 2-17 显示了一套明确的手势定义规范。在手势规范的基础上，手势识别技术一般采用模板匹配方法将用户手势与模板库中的手势指令进行匹配，通过测量两者的相似度来识别手势指令。

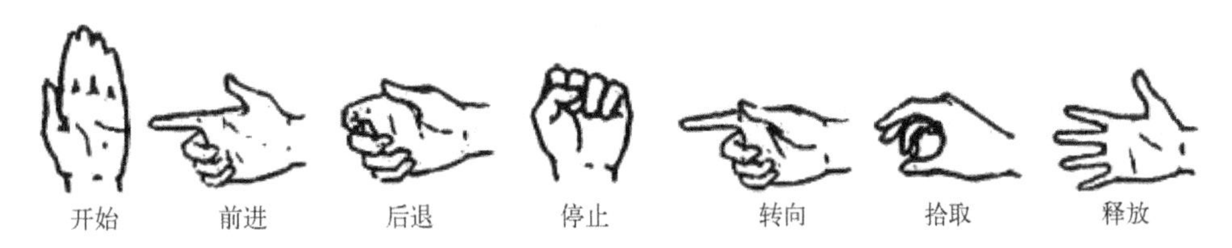

图 2-17　手势定义规范举例

手势交互的最大优势在于，用户可以自始至终采用同一种输入设备（通常是数据手套）与虚拟世界进行交互。这样，用户就可以将注意力集中于虚拟世界，从而降低对输入设备的额外关注。

2.4.2　面部表情识别技术

人与人交流过程中，面部表情识别在传递信息时发挥重要的作用。如果计算机或虚拟场景中的人物角色能够像人类那样具有理解和表达情感的能力，并能够自主适应环境，那么就能从根本上改变人与计算机之间的关系。然而，让计算机能看懂人的表情却不是一件很容易的事情，迄今为止，计算机的表情识别能力还与人们的期望相差较远。面部表情识别技术包括人脸图像的分割、主要特征（如眼睛、鼻子等）定位以及识别，如图 2-18 所示。目前，计算机面部表情识别技术通常包括人脸图像的检测与定位、表情特征提取、模板匹配、表情识别等步骤，如图 2-19 所示。

图 2-18　面部表情识别技术

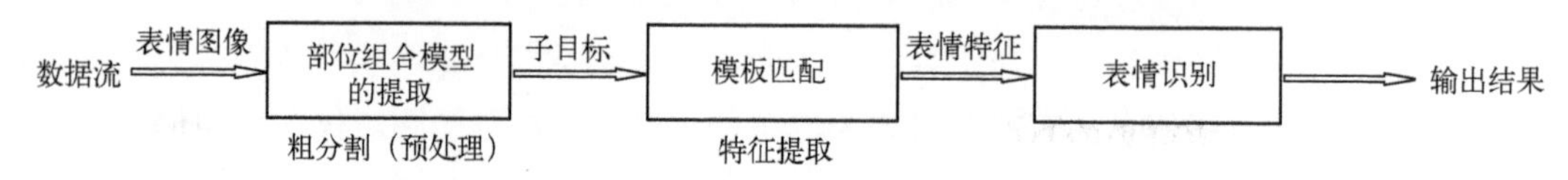

图 2-19　面部表情识别系统流程图

人脸图像的检测与定位就是在输入图像中找到人脸的确切位置，它是人脸表情识别的第一步。人脸检测的基本思想是建立人脸模型，比较输入图像中所有可能的待检测区域与人脸模型的匹配程度，从而得到可能存在人脸的区域。根据对人脸信息利用方式的不同，可以将人脸检测方法分为两大类：基于特征的人脸检测方法和基于图像的人脸检测方法。第一类方法直接利用人脸信息，例如，人脸肤色、人脸的几何结构等，这类方法大多采用模式识别的经典理论，应用较多。第二类方法并不直接利用人脸信息，而是将人脸检测问题看作一般模式识别问题，待检测图像被直接作为系统输入，中间不需要特征提取和分析，直接利用训练算法将学习样本分为人脸类和非人脸类，检测人脸时只要比较这两类与可能的人脸区域，即可判断检测区域是否为人脸。

表情特征提取是指从人脸图像或图像序列中提取能够表征表情本质的信息，例如，五官的相对位置、嘴角形态、眼角形态等。表情特征选择的依据包括尽可能多地携带人脸面部表情特征，即信息量丰富；尽可能容易提取；信息相对稳定，受光照变化等外界的影响小。

表情分类识别是指分析表情特征，将其分类到某个相应的类别。在这一步开始之前，系统需要为每一个要识别的目标表情建立一个模板。在识别过程中，将待测表情与各种表情模板进行匹配，匹配度越高，则待测表情与该种表情越相似。图 2-20 显示了一种简单的人脸表情分类模板，该模板的组织为二叉树结构。在表情识别过程中系统从根节点开始，逐级将待测表情和二叉树中的节点进行匹配，直到叶子节点，从而判断出目标表情。

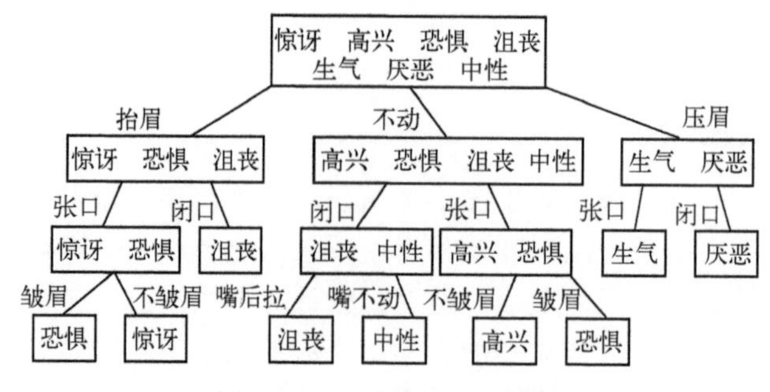

图 2-20　人类表情分类模板

在表情分类步骤中，除了模板匹配方法，人们还提出了基于神经网络的方法和基于概率模型的方法等。

2.4.3　眼动跟踪技术

在虚拟世界中，生成视觉的感知主要依赖于对人头部的跟踪，即当用户的头部发生运动时，生成虚拟环境中的场景将会随之改变，从而实现实时的视觉显示。但在现实世界中，人们可能经常在不转动头部的情况下，仅仅通过移动视线来观察一定范围内的环境或物体。在这一点上，单纯依靠头部跟踪是不全面的。为了弥补这一缺陷，在虚拟现实系统中引入眼动跟踪技术。目前眼动跟踪技术的相关产品如图 2-21 所示。

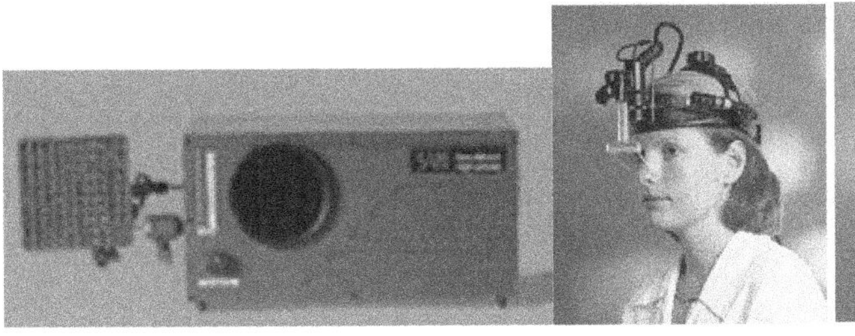
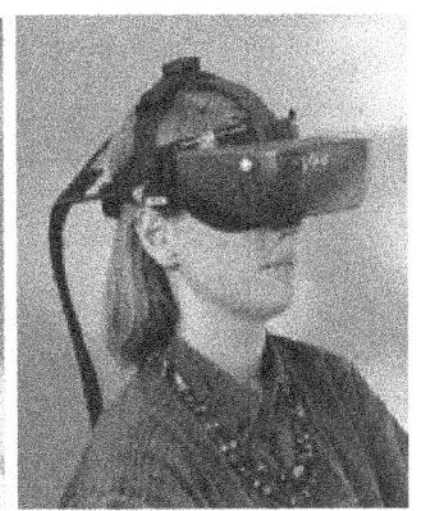

图 2-21　眼动跟踪技术相关产品

眼动跟踪技术的基本工作原理如图 2-22 所示，它利用图像处理技术，使用能锁定眼睛的特殊摄像机，通过摄入从人的眼角膜和瞳孔反射的红外线连续地记录视线变化，从而达到记录、分析视线追踪过程的目的。

图 2-22　眼动跟踪原理示意图

常见的视觉追踪方法有眼电图、虹膜-巩膜边缘、角膜反射、瞳孔-角膜反射、接触镜等。常见的几种视觉追踪方法的比较如表 2-1 所示。

表 2-1　常见视觉追踪方法的比较

视觉追踪方法	技术特点
眼电图	高带宽，精度低，对人干扰大
虹膜-巩膜边缘	高带宽，垂直精度低，对人干扰大，误差大
角膜反射	高带宽，误差大
瞳孔-角膜反射	低带宽，精度高，对人无干扰，误差小
接触镜	高带宽，精度最高，对人干扰大，不舒适

眼动跟踪技术可以弥补头部跟踪技术的不足之处，同时又可以简化传统交互过程中的步骤，使交互更为直接。因而，目前多被用于军事、阅读及帮助残疾人进行交互等领域。

目前眼动跟踪技术主要存在以下问题。

（1）数据提取问题

目前眼动跟踪技术的典型采样速率为 50～500 Hz，为采样点提供水平和垂直坐标。随着实验时间的延长，很快就产生了大量的数据，对大量采集的数据进行快速存储和分析是一个困难的问题。

（2）数据解释问题

目前，眼动跟踪数据的分析主要基于认知理论和模型的自上而下分析法和自下而上的数据观察法。由于眼动存在固有的抖动和眨动，导致从眼动数据中提取准确的信息较为困难。

（3）精度和自由度问题

以硬件为基础的眼动跟踪技术，其精度可以达到很高（0.1°），但所应用的设备却限制了人的自由，使用起来很不方便。相反，以软件为基础的眼动跟踪技术，对用户的限制大大降低，如用户的头部可以移动，但其精度相对来说低得多，只有 2° 左右，要想得到精确的注视焦点比较困难。

（4）米达斯接触（Midas Touch）问题

所谓米达斯接触问题指的是由于用户视线运动的随意性而造成计算机对用户意图识别的困难。用户可能希望随便看什么而不必非“意味着”什么，更不希望每次转移视线都可能引发一个动作。因此，眼动跟踪技术的挑战之一就是避免“米达斯接触”问题。

（5）算法问题

由于眼动跟踪技术还没有完全成熟，而且眼动本身的特点（如存在固有的抖动、眨眼等）造成数据中断，会存在许多干扰信号，因此人们把注视焦点与屏幕元素相关联时存在困难。另外，视觉通道只有和其他通道（如听觉等）配合才能发挥更大的作用，提出合理的通道整合模型和算法也是一个巨大的挑战。

2.4.4 其他感觉器官的反馈技术

目前，虚拟现实系统的反馈形式主要集中在视觉和听觉方面，对其他感觉器官的反馈技术还不够成熟。

在触觉方面，由于人的触觉相当敏感，一般精度的装置尚无法满足要求，所以对触觉的研究还不成熟。例如接触感，现在的系统已能够给身体提供很好的提示，但却不够真实；对于温度感，虽然可以利用微型电热泵在局部区域产生冷热感，但这类系统还很昂贵。

力反馈与力反馈设备是最近的研究热点，由于力反馈设备能够根据细腻实体的定义和用户行为的特殊性进行合理的运动限定，最终实现真实的用户感知，而不需要用户进行判断。因此通过它可以较完整地体现人们与环境真实的对话。通常力反馈设备的工作流程是：测量用户手指、手或手臂的运动并模拟其施力细节；计算手等对物体的作用力和物体对手等的反作用力；将反作用力施加到用户手指、手腕和手臂等肢体上。

在味觉、嗅觉和体感等感觉器官方面，人们至今仍然对它们知之甚少，有关产品相对较少，对这些方面的研究都还处于探索阶段。

2.5　虚拟现实引擎

虚拟现实系统是一个复杂的综合系统，其虚拟现实系统的核心部分应该是虚拟现实引擎，引擎控制管理整个系统中的数据、外围设备等资源。虚拟现实系统针对不同的应用选择不同的引擎或者说是虚拟现实的操作系统（Virtual Reality Operation System，VROS）。虚拟现实系统在虚拟现实引擎的组织下，才能形成虚拟现实系统。

2.5.1　虚拟现实引擎概述

虚拟现实引擎的实质就是以底层编程语言为基础的一种通用开发平台，它包括各种交互硬件接口、图形数据的管理和绘制模块、功能设计模块、消息响应机制以及网络接口等功能。基于这个平台，程序人员只需专注于虚拟现实系统的功能设计和开发，无须考虑程序底层的细节。

从虚拟现实引擎的作用来观察，其作为虚拟现实的核心，处于最重要的中心位置，组织和协调各个部分的运作。

目前，已经有很多虚拟现实引擎软件，它们的实现机制、功能特点和应用领域各不相同。但是从整体上来讲，一个完善的虚拟现实引擎应该具有以下特点。

（1）可视化管理界面

可视化管理界面不是在制作虚拟现实项目时所使用的工作界面，而是制作完以后提供给最终用户的那个界面。程序人员可以通过“所见即所得”的方式对虚拟场景进行设计和调整。例如，在数字城市中通过可视化客户端添加建筑物，并同时更新数据库系统的位置、面积和高度等数据。

（2）二次开发能力

没有二次开发能力的引擎系统的应用会有极大的局限性。所谓二次开发就是指引擎系统必须能够提供管理系统中所有资源的程序接口，即 API。通过这些程序接口，开发人员可以进行特定功能的开发。因为虚拟现实引擎一般是通用的，而虚拟现实的应用系统都面向特定需求，所以，虚拟现实引擎的功能并不能满足所有应用的需要。这就要求它提供一定的程序接口，允许开发人员能够针对特定的需求进行设计和添加功能模块。

（3）数据兼容性

兼容性就是指程序管理本系统以外数据的能力。这一点对于虚拟现实引擎来说很重要，因为虚拟现实引擎最终处理的是真实数据，而真实数据在人类活动过程中已经积累了很多，并以各式各样的数据格式真实存在，因此虚拟现实引擎就要至少处理比较主流的数据格式。例如，在数字城市建设过程中，一个中型城市的建筑物、街道、河流和商业区等，用手工做出来的可能永远是城市的一角。但是在测绘领域，这些数据已经非常完善了，这时就要通过引擎的数据处理模块把这些数据进行某种处理，以供本系统使用。而这些数据根据当初测绘、采集等方式和工具的不同而格式有所不同，这就要求认真对待数据兼容性。

（4）更快的数据处理功能

虚拟现实引擎的读取依赖于任务的用户输入，访问依赖于任务的数据库以及计算相应的帧。由于不可能预测所有的用户动作，也不可能在内存存储所有的相应帧。同时有研究表明，在 12 帧/秒的帧速率以下，画面刷新速率会使用户产生较大的不舒服感。为了进行平滑仿真，至少需要 24～30 帧/秒的速率。因而虚拟世界只有 33 ms 的生命周期（从生成到删除），这一过程导致需要由虚拟现实引擎处理更大的计算量。

对于虚拟现实交互性来说，最重要的是整个仿真延迟（用户工作与虚拟现实引擎反馈之间的时间）。整个延迟包括传感器处理延迟、传送延迟、计算与显示一帧的时间。如果整个延迟时间超过 100 ms，仿真质量便会急剧下降，使用户产生不舒服感。低延迟和快速刷新频率要求虚拟现实引擎有快速的 CPU 和强有力的图形加速能力。

当然，一个完善的虚拟现实引擎还需要诸如图形运算能力、外围设备的接口控制能力等。在选择虚拟现实引擎系统时，要根据应用方向，综合考虑其开放性、数据处理能力和后续开发的延续性。

2.5.2 虚拟现实引擎架构

虚拟现实引擎从其设计角度看，其层次结构可以分为 4 个部分：基本封装、虚拟现实引擎封装、可视化开发工具和软件辅助库。下面仅介绍前面两部分。

基本封装对图形渲染及 I/O 管理进行封装，这个中间平台为上层引擎开发屏蔽了下层算法的多样性问题，便于提供实时网络虚拟现实的优化，以便集中力量针对一些底层核心技术进行研究。平台技术在不断更新的基础上实现技术共享和发展，但为上层提供的始终是统一的标准。另一个对虚拟现实引擎封装有意义的是基于网络、高层应用的封装，该封装分为场景管理的引擎、物理模型引擎、虚拟现实人工智能引擎、网络引擎和虚拟现实特效引擎的封装。同时该封装直接面对虚拟现实开发者，提供一个完整的虚拟现实引擎中间件，此外，在虚拟现实引擎层上还将构建一个可视化的开发工具，该开发工具中嵌套了道具编辑器、角色编辑器和特效编辑器等，可以完成地形生成，并且还融合了物理元素、虚拟现实关卡和出入口信息等。

在基于虚拟现实引擎开发时，使用者可以通过两种方式使用引擎提供的功能，一种是直接在引擎层上通过调用引擎封装好的人工智能来创建自己的虚拟现实，另一种是通过场景编辑器来创建虚拟现实的基本框架。

虚拟现实引擎从功能上可以分为以下子系统。

（1）图形子系统

图形子系统将图像在屏幕上显示出来，通常用 OpenGL、Direct3D 来实现。

（2）输入子系统

输入子系统负责处理所有的输入，并把它们统一起来，允许控制的抽象化。

（3）资源子系统

资源子系统负责加载和输出各种资源文件。

（4）时间子系统

虚拟现实的动画功能都与时间有关，因此在时间子系统中必须实现对时间的管理和控制。

（5）配置子系统

配置子系统负责读取配置文件、命令行参数或者其他被用到的设置方式。其他子系统在初始化和运行的过程中会向它查询有关配置，使引擎效能可配置化或简化运作模式。

（6）支持子系统

支持子系统的内容将在其他引擎运行时被调用，包括全部的数学程序代码、内存管理和容器等。

（7）场景子系统

场景子系统中包含了虚拟现实系统虚拟环境的全部信息，因此场景图既包括了底层的数据，又包括了高层的信息。为了便于管理，场景子系统把信息组织成节点，分层次结构进行操作管理。

小结

本章主要介绍了虚拟现实系统的关键技术。虚拟现实技术主要包括模拟环境、感知、自然技能和传感等方面，其中关键技术包括立体高清显示技术、三维建模技术、三维虚拟声音技术和人机交互技术等。讲解了这些技术的基本概念、特性及基本原理。虚拟现实技术是集各种技术之大成者，需要了解更多技术详情还需要查阅更多的资料。

本章的学习要点是理解各种技术的基本原理和实现方法。

习题

一、填空题

1．虚拟现实技术应该具备的三个特征：__________、_____________、___________。

2．立体高清显示技术是虚拟现实系统的一种极为重要的支撑技术，现已有多种方法与手段实现，主要有__________、__________、__________、__________、__________。

3．正是由于人类两眼的__________，使人的大脑能将两眼所得到的细微差别的图像进行融合，从而在大脑中产生有空间感的立体物体视觉。

4．三维建模可分为_____________、________________、________________。

5．三维虚拟声音的主要特征：______________、______________、____________。

6．_____________是碰撞检测算法中广泛使用的一种方法，它是解决碰撞检测问题中固有时间复杂性的一种有效方法。

二、简答题

1．简述虚拟现实系统中有哪些关键技术。

2．简述虚拟现实系统中的立体高清显示技术。

3．简述虚拟现实中的三维建模技术。

4．三维虚拟声音应该具有哪些特征？

5．与虚拟现实相关的建模软件有哪些？

6．自然交互技术主要包括哪些内容？

7．评价虚拟现实建模的技术指标包括哪些？

8．什么是虚拟现实引擎？简述常见的虚拟现实引擎。

第3章 虚拟现实系统的硬件设备

教学目标

- 掌握虚拟现实系统的硬件组成
- 掌握虚拟现实系统输入设备的类型
- 了解常用的输入设备的特点
- 掌握虚拟现实系统输出设备的类型
- 了解常用的输出设备的特点

虚拟现实系统的硬件设备是系统实现的基础，要保证用户通过自然动作和虚拟世界进行真正地交互，传统的鼠标、键盘和显示器等设备已经不能满足要求，必须使用特殊的硬件设备才能让用户沉浸于虚拟环境中。虚拟现实系统的硬件设备主要分为生成设备、输入设备和输出设备。

3.1 虚拟现实系统的生成设备

虚拟现实系统的生成设备是用来创建虚拟环境、实时响应用户操作的计算机。计算机是虚拟现实系统的核心，决定了虚拟现实系统性能的优劣。虚拟现实系统要求计算机必须配置高速的 CPU 且具有强大的图形处理能力。根据 CPU 的处理速度和图形处理能力的不同，虚拟现实系统的生成设备可分为高性能个人计算机、高性能图形工作站、巨型机和分布式网络计算机。

3.1.1 高性能个人计算机

随着计算机技术的飞速发展，个人计算机的 CPU 和图形加速卡的处理速度也在不断地提高，高性能个人计算机的整体性能已经达到虚拟现实开发的要求。为了加快图形处理的速度，高性能个人计算机系统中可配置多个图形加速卡。

2016 年 8 月 17 日，联想发布两款符合虚拟现实配置的高性能个人计算机。这两款产品分别为 Win10 PC IdeaCentre Y710 Cube 和 Win10 一体机 IdeaCentre AIO Y910，分别如图 3-1 和图 3-2 所示。在内部配置上，Y710 Cube 顶配英伟达 GeForce GTX 1080 显卡，最高第六代英特尔酷睿 i7 处理器，最大可搭配 32GB RAM 和 2TB 的硬盘或 256GB 的固态硬盘，预装 Win10 家庭版操作系统。联想官方称这款计算机能够轻松运行 4K 游戏、虚拟现实应用和进行较为复杂的实时计算，同时其多任务处理能力也不容小觑。Y910 使用了一台 27 英寸[①] 无边框显示器，分辨率达到 2560×1440 像素，在处理器、显卡和存储方面，Y910 与 Y710

① 1 英寸=2.54 厘米

Cube 一样采用各种顶级配置。

图 3-1　联想 Y710 Cube

图 3-2　联想 Y910

3.1.2　高性能图形工作站

与个人计算机相比，工作站应具备强大的数据处理和图像处理能力，有直观的便于人机交换信息的用户接口，可以与计算机网络相连，在更大的范围内互通信息、共享资源。而图形工作站是一种专业从事图形、图像（静态）、图像（动态）与视频工作的高档次专用计算机的总称，如图 3-3 所示。其实，大部分工作站都可以胜任图形工作站的要求，图形工作站已被广泛地应用于专业平面设计、建筑及装潢设计、视频编辑、影视动画、视频监控/检测、虚拟现实和军事仿真等领域。

图 3-3　图形工作站

评判一台图形工作站图形性能的指标有如下 4 个方面。

（1）specfp95

specfp95 是系统浮点数运算能力的指标，一般说来，specfp 值越高，系统的 3D 图形能力越强。

（2）xmark93

xmark93 是系统运行 x-Windows 性能的度量。

（3）plb

plb（picture level benchmark）分为 plbwire93 和 plbsurf93，是由 specinogpc 分会制定的标准。plbwire93 表示几个常用 3D 线框操作的几何平均值，而 plbsurf93 表示几个常用的 3D 面操作的几何平均值。

（4）OpenGL

OpenGL（Open Graphics Library）是图形硬件的标准软件接口，允许编程人员创建交互式 3D 应用。OpenGL 常用的性能指标有 cdrs 和 dx。其中，cdrs 包含 7 种不同的测试，是关于 3D 建模和再现的度量，以 PTC（Parametric Technology Corporation）公司的 caid 应用为基准。dx 则基于 IBM 公司的通用软件包 visualization data explorer，用于科学数据可视化和分析的能力测定，它包含 10 种不同的测试，通过加权平均来得出最后的值。

影响图形工作站的主要因素有图形加速卡、CPU、内存、系统 I/O 和操作系统。

（1）图形加速卡

图形加速卡是决定一台图形工作站性能的主要因素。目前主要是丽台系列和 ATI 系列专用图形显卡。通常，图形卡的功能分为图形加速和帧缓冲两部分，形成从数据输入到输出至DAC 的管道。管道的前部运算可以由系统的主 CPU 完成，为了提高性能，也可由专门的硬件完成；后部的帧缓冲通过 RAM 来实现，容量从几兆字节到几十兆字节。

（2）CPU

CPU 也是决定图形工作站性能的主要因素。全新的英特尔 NEHALEM 架构，解放了主板北桥芯片，内存控制器直接通过 QPI 通道集成在 CPU 上，彻底解决了前端总线带宽瓶颈，与桌面机相比其性能提升巨大。在南桥芯片上也有了很大的改进，显卡插槽换成了超带宽 PCI-E X16 第二代插槽。

（3）内存

内存的速度和容量是决定系统图形处理性能的重要因素，常见的 3D 图形应用通常都要占据大量的内存，这也成了制约工作站向中高端市场发展的一个因素。目前，工作站和服务器上已经使用了 REG 内存，REG 内存既有 ECC（错误检查纠正）又有缓存功能，数据存取和纠错能力保证了工作站的性能和稳定性。

（4）系统 I/O

最终决定一个图形工作站性能高低的并非上述这些孤立的要素，它们之间的数据传递和协同工作至关重要。系统 I/O 作为各要素（CPU、内存、图形卡）间数据传递的通道，把图形加速卡插在专门的高速插槽上，而非一般的 PCI 插槽上，是解决系统性能瓶颈的重要手段。

（5）操作系统

操作系统也是一个不容忽视的因素，操作系统对于图形操作的优化以及 3D 图形应用对于操作系统的优化，都是影响最终性能的重要因素。作为世界标准的 OpenGL 提供 2D 和 3D 图形函数，包括建模、变换、着色、光照、平滑阴影以及高级特点（如纹理映射、nurbs、x 混合等）。使用 64 位的 OpenGL 库，并利用操作系统的 64 位寻址能力，可以大幅度提高 OpenGL 应用的性能。支持 4G 及以上内存和双屏以上显示的 WIN7-64 位系统，可以最大限度地发挥图形工作站的性能。

3.1.3 巨型机

巨型机又称为超级计算机，能够执行一般个人计算机无法处理的大量资料且高速运算，其基本组成组件与个人计算机无太大区别，但规格与性能则强大许多，是一种超大型电子计算机，具有很强的计算和处理数据的能力，主要特点表现为高速度和大容量，配有多种外围设备及丰富、功能强的软件系统。现有的超级计算机运算速度大都可以达到每秒一太（Trillion，万亿）次以上。随着虚拟现实技术的飞速发展，相关的数据量也逐渐变得异常庞大，因此需要使用超级计算机来处理。

作为高科技发展的要素，超级计算机早已成为世界各国经济和国防的竞争利器。经过我国科技工作者几十年不懈的努力，我国的高性能计算机研制水平显著提高，成为继美国、日本之后的第三大高性能计算机研制生产国。

截止到 2016 年 6 月，目前世界上运算速度最快的超级计算机是由国家并行计算机工程技术研究中心研制，使用中国自主芯片制造的“神威太湖之光”，它的浮点运算速度达到每秒 9.3 亿亿次，是之前在全球超级计算机 500 强榜单上连续六度称雄、由中国国防科技大学研制的“天河二号”超级计算机浮点运算速度的两倍。神威超级计算机如图 3-4 所示。

图 3-4　神威超级计算机

3.1.4　分布式网络计算机

分布式网络计算机是把任务分布到由 LAN 或 Internet 连接的多个工作站上，可以利用现有的计算机远程访问，多个用户参与工作，容易扩充。每个用户通过位于不同物理位置的联网计算机的交互设备与其他用户进行自然的人-机和人-人交互，每个用户通过网络可充分共享和高效访问虚拟环境的局部或全局数据信息，如图 3-5 所示。

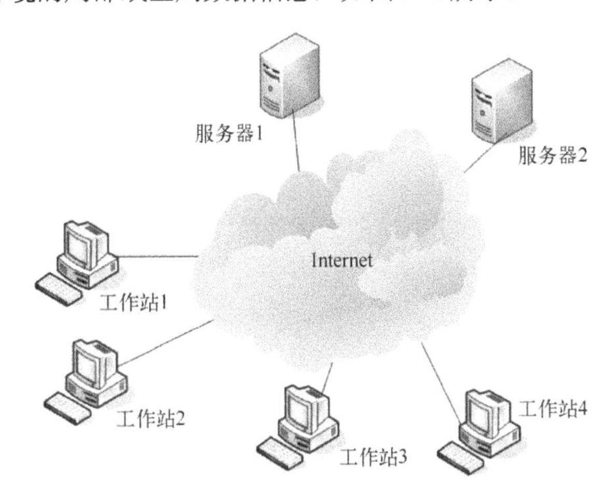

图 3-5　分布式网络计算机

分布式虚拟现实是一个综合应用计算机网络、分布式计算机、计算机仿真、数据库、计算机图形学和虚拟现实等多学科专业技术，用来研究多用户基于网络进行分布式交互、信息共享和仿真计算虚拟环境的技术领域。

在 20 世纪 80 年代初期，由计算机网络、分布式计算与仿真以及虚拟现实的技术发展驱动，由军事作战模拟和网络游戏的应用需求牵引，分布式虚拟现实开始出现并迅速发展。

1997 年美国国防部开始资助支持多兵种联合演练的大规模分布式虚拟战场环境（Joint Simulation System，JSIMS）项目，目的是为各兵种的训练和教学提供包括各种任务、各阶段的逼真联合训练支持，如图 3-6 所示。

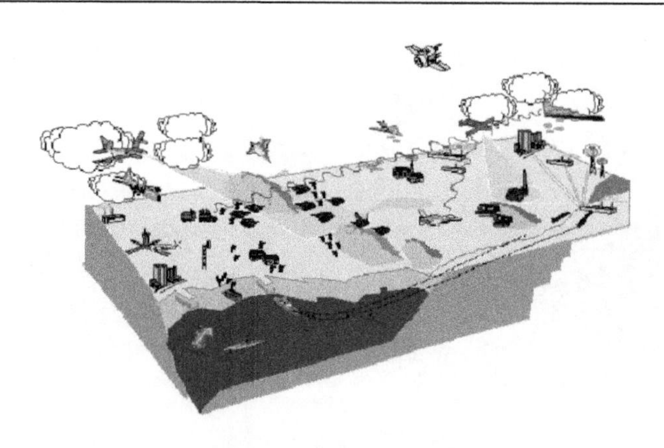

图 3-6　美国 JSIMS 系统

3.2　虚拟现实系统的输入设备

输入设备用来输入用户发出的动作，使用户可以驾驭一个虚拟场景，在与虚拟场景进行交互时，利用大量的传感器来管理用户的行为，并将场景中的物体状态反馈给用户。为了实现人与计算机之间的交互，需要使用特殊的接口把用户命令输入给计算机，同时把模拟过程中的反馈信息提供给用户。根据不同的功能和目的，目前有很多种虚拟现实接口，用来实现不同感觉通道的交互。

3.2.1　跟踪定位设备

跟踪定位设备是虚拟现实系统中，用来实现人机交互的重要设备之一。它的作用就是及时准确地获取人的动态位置和方向信息，并将位置和方向信息发送到实现虚拟现实的计算机控制系统中。典型的工作方式是：由固定发射器发射信号，该信号将被附在用户头部或身上的传感器截获，传感器接收到这些信号后进行解码并送入计算部件进行处理，最后确定发射器与接收器之间的相对位置及方位，数据最后被传送给三维图形环境处理系统，然后被该系统所识别，并发出相应的执行命令。

跟踪定位技术通常使用六自由度来描述对象在三维空间中的位置和方向。三维就是人们规定的互相垂直的三个方向，即坐标轴的 3 个轴，*X* 轴、*Y* 轴和 *Z* 轴。*X* 轴表示左右空间，*Y* 轴表示上下空间，*Z* 轴表示前后空间。利用三维坐标，可以确定世界上任意一点的位置。物体在三维空间运动时，具有 6 个自由度，其中，3 个用于平移运动，3 个用于旋转运动。平移就是物体进行上下、左右运动。旋转就是物体能够围绕任何一个坐标轴旋转。六自由度坐标系如图 3-7 所示。采用的跟踪定位技术主要有电磁波跟踪技术、超声波跟踪技术、光学跟踪技术和机械跟踪技术等。

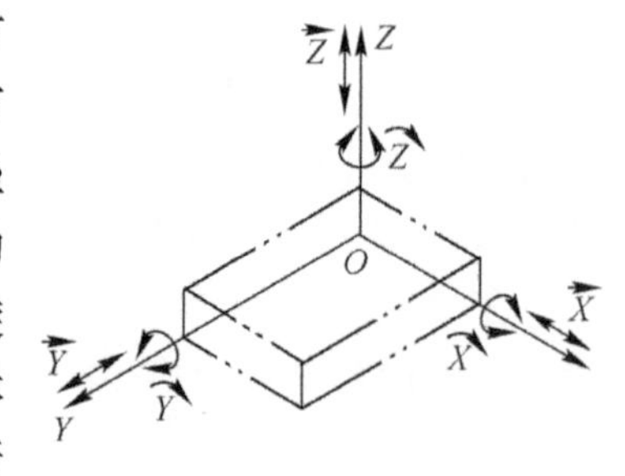

图 3-7　六自由度坐标系

1．相关性能参数

在虚拟现实系统中，对用户的实时跟踪和接受用户动作指令主要依靠各种跟踪定位设备，通常跟踪定位设备的性能参数有以下几个。

（1）精度和分辨率

精度和分辨率决定一种跟踪技术反馈其跟踪目标位置的能力。精度是指实际位置与测量位置之间的偏差，是系统所报告的目标位置的准确性或者误差范围。分辨率是指使用某种技术能检测的最小位置变化，小于这个距离和角度的变化将不能被系统检测到。

（2）响应时间

响应时间是对一种跟踪技术在时间上的要求，具有 4 个指标：采样率、数据率、更新率和延迟。

1）采样率是传感器测量目标位置的频率，目前大多数系统的采样率都比较高，这样可以防止丢失数据。

2）数据率是每秒钟所计算出的位置个数。在大多数系统中，高数据率是和高采样率、低延迟以及高抗干扰能力关联在一起的，所以高数据率是未来发展的趋势。

3）更新率是跟踪系统向主机报告位置数据的时间间隔。更新率决定系统的显示更新时间，因为只有接收到新的位置数据，虚拟现实系统才能决定显示的图像以及后续工作。高更新率对虚拟现实十分重要，较低更新率的虚拟现实系统缺乏真实感。

4）延迟表示从一个动作发生到主机收到反应这一动作的跟踪数据为止的时间间隔。虽然低延迟依赖于高数据率和高更新率，但两者都不是低延迟的决定因素。

（3）鲁棒性

鲁棒性是指一个系统在相对恶劣的条件下避免出错的能力。由于跟踪系统处在一个充满各种噪声和外部干扰的客观现实世界，所以跟踪系统必须具有一定的健壮性。外部干扰一般可以分为两种：一种称为阻挡，即一些物体挡在目标物和探测器中间所造成的跟踪困难；另一种称为畸变，即由于一些物体的存在而使得探测器所探测的目标定位发生改变。

（4）整合性

整合性是指系统的实际位置和检测位置的一致性。一个整合性能好的系统可以始终保持两者的一致性。它与精度和分辨率有所区别，精度和分辨率是指某一次测量中的正确性和跟踪能力，而整合性则注重在整个工作空间内一直保持位置对应正确。尽管高分辨率和高精度有助于获得好的整合性，但多次的累积误差则可能会影响系统的整合能力，使系统报告的位置逐渐远离正确的位置。

（5）多边作用

多边作用是指多个被跟踪物体共存情况下产生的相互影响，例如，一个被跟踪物体的运动也许会挡住另一个物体上的感受器，从而造成后者的跟踪误差。

（6）合群性

合群性反映虚拟现实跟踪技术对多用户系统的支持能力，主要包括两方面的内容：大范围的操作空间和多目标的跟踪能力。实际的跟踪定位系统不可能提供无限的跟踪范围，它只能在一定区域内跟踪和测量，这个区域被称为操作范围或工作区域。当然，操作范围越大，越有利于多用户的操作。大范围的工作区域是合群性的要素之一。多用户的系统必须有多目标跟踪能力，这种能力取决于一个系统的组成结构和对多边作用的抵抗能力。多边作用越小的系统，其合群性越好。系统结构有多种形式，既可以是将发射器安装在被跟踪物体上面（由外向里结构），也可以将感受器安装在被跟踪物体上（由里向外结构）。系统中可以用一个发射器，也可以用多个发射器。总之能独立地对多个目标进行定位的系统将具有较好的合群性。

（7）其他一些性能指标

跟踪系统的其他一些性能指标也是值得重视的，例如，重量和大小。由于虚拟现实的跟踪系统要求用户戴在头上或是套在手上，因此小巧而轻便的系统能够使用户更舒适地在虚拟环境中工作。

2．电磁波跟踪器

电磁波跟踪器是一种常见的非接触式的空间跟踪定位器，由一个控制部件、几个发射器和几个接收器组成。其工作原理就是发射器产生一个低频的空间稳定分布的电磁场，跟踪对象身上佩戴着若干个接收器在电磁场中运动，接收器切割磁感线完成模拟信号到电信号的转换，再将其传送给处理器，处理器则根据接收到的信号计算出每个接收器所处的空间方位。电磁波跟踪器的工作原理如图 3-8 所示。

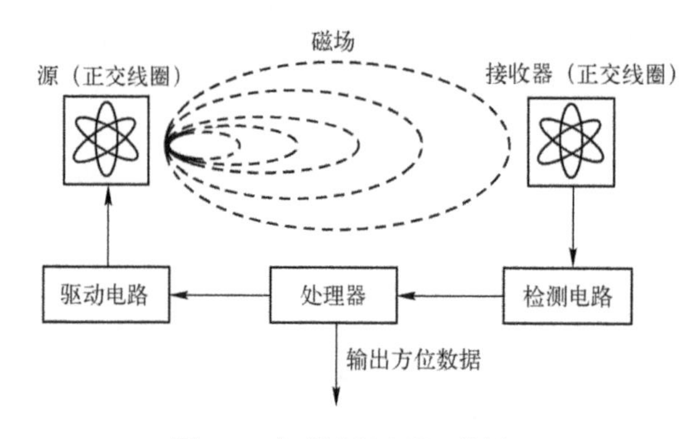

图 3-8　电磁波跟踪器工作原理

电磁波跟踪器的优点是其敏感性不依赖于跟踪方位，不受视线阻挡的限制，体积小、价格便宜和健壮性好，因此对于手部的跟踪采用电磁波跟踪器较多。电磁波跟踪器的缺点是延迟较长，容易受金属物体或其他磁场的影响，导致信号发生畸变，跟踪精度降低，所以只能适用于小范围的跟踪工作。

3．超声波跟踪器

超声波跟踪器是一种非接触式的位置测量设备，其工作原理是由发射器发出高频超声波脉冲（频率 20 kHz 以上），由接收器计算收到信号的时间差、相位差或声压差等，即可确定跟踪对象的距离和方位。

超声波跟踪器由发射器、接收器和控制单元构成，如图 3-9 所示。发射器由 3 个扬声器组成，安装在一个固定的三脚架上。接收器由 3 个麦克风构成，安装在一个小三脚架上。三脚架可以放置在头盔显示器的上面，接收麦克风也可以安装在三维鼠标、立体眼镜和其他输入设备上。超声跟踪器的测量是基于三角测量，周期性地激活每个扬声器，计算它到 3 个接收麦克风的距离，接下来控制器对麦克风进行采样，并根据校准常数将采样值转换成位置和方向，然后发送给计算机，用于渲染图形场景。

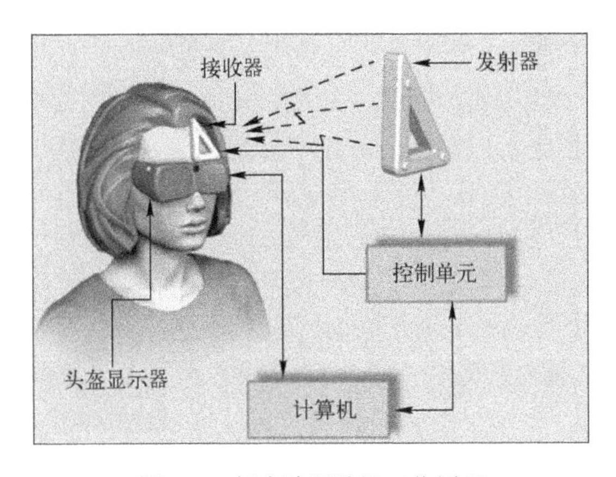

图 3-9 超声波跟踪器工作原理

超声波跟踪器的优点是不受环境磁场及铁磁物体的影响，不产生电磁辐射，价格便宜。缺点是更新率慢，超声波信号在空气中的传播衰减快，影响跟踪器工作的范围，发射器和接收器之间要求无阻挡。另外，背景噪声和其他超声源也会干扰跟踪器的信号。

4. 光学跟踪器

光学跟踪器也是一种非接触式的位置测量设备，通过使用光学感知来确定对象的实时位置和方向。光学跟踪器主要包括感光设备（接收器）、光源（发射器）以及用于信号处理的控制器。其工作原理也是基于三角测量。

光学跟踪器主要使用 3 种技术：标志系统、模式识别系统和激光测距系统。

1）标志系统分为“从外向里看”和“从里向外看”两种方式。

①“从外向里看”方式如图 3-10 所示。在被跟踪的运动物体上安装一个或几个发射器（如图 3-10 中的 LED 灯标），由固定的传感器（图 3-10 中的 CCD 照相机）从外面观测发射器的运动，从而得出被跟踪物体的位置与方向。

②“从里向外看”方式如图 3-11 所示。在被跟踪的对象上安装传感器，发射器是固定位置的，装在运动物体上的传感器从里面向外观测固定的发射器，来得出自身的运动情况。

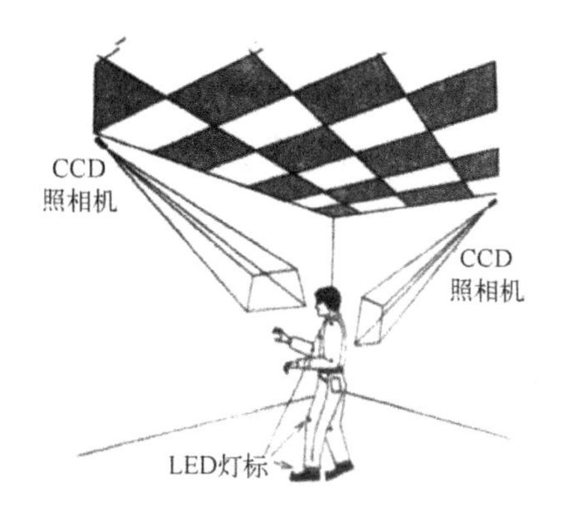

图 3-10 “从外向里看”方式

图 3-11 “从里向外看”方式

2）模式识别系统是把发光器件（如发光二极管）按照某一阵列排列，并将其固定在被跟踪对象身上，由摄像机记录运动阵列模式的变化，通过与已知的样本模式进行比较，从而确定物体的位置。

3）激光测距系统是把激光通过衍射光栅发射到被测对象，然后接收经物体表面反射的二维衍射图的传感器记录。由于衍射理论的畸变效应，根据这一畸变与距离的关系即可测量出距离。

光学跟踪器的优点是速度快、具有较高的更新率和较低的延迟，非常适合实时性要求高的场合。缺点是不能阻挡视线，在小范围内工作效果好，随着距离的增大，性能会逐渐变差。

5．其他类型跟踪器

（1）机械跟踪器

机械跟踪器是通过机械连杆上多个带有精密传感器的关节与被测物体相接触的方法来检测其位置的变化，对于一个六自由度的跟踪设备，机械连杆则有 6 个独立的连接部件，分别对应 6 个自由度，从而可将任何一种复杂的运动用几个简单的平动和转动组合来表示，如图 3-12 所示。

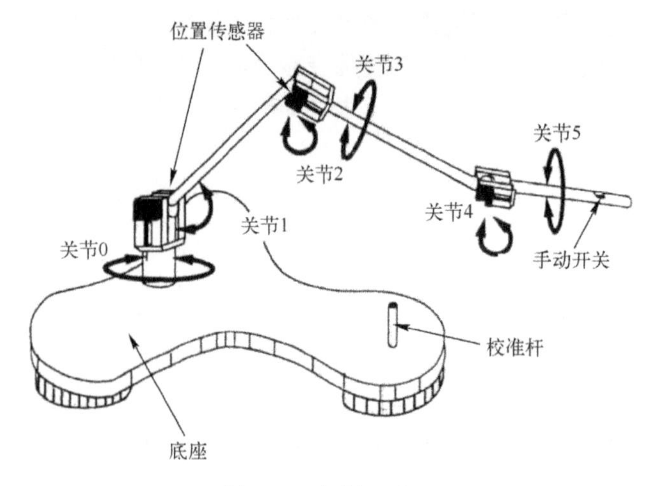

图 3-12　机械跟踪器

机械跟踪器分为两类：一类是“安装在身上”的跟踪器，此类跟踪器轻便、可移动；另一类是“安装在地面”的跟踪器，此类跟踪器比较笨重、不灵活、活动范围有限。机械跟踪器价格便宜、精确度高、响应时间短，不受声音、光和电磁波等外界的干扰。其缺点是比较笨重，不够灵活，由于机械连接的限制，工作空间受到影响。

（2）惯性跟踪器

惯性跟踪器是通过运动系统内部的推算，不涉及外部环境就可以得到位置信息，如图 3-13 所示。主要由定向陀螺和加速计组成，用定向陀螺来测量角速度，将 3 个陀螺仪安装在互相正交的轴上，可以测量出偏航角、俯仰角和滚动角速度，随时间的变化综合得出 3 个正交轴的方位角。加速计用来测量 3 个方向上平移速度的变化，即 X、Y、Z 方向的加速度。加速计的输出需要积分两次，得到位置。角速度需要积分一次，得到方位角。

图 3-13　惯性跟踪器

惯性跟踪器的优点是不存在发射源，不怕遮挡，没有外界的干扰，有无限大的工作区间；缺点是快速累积误差，由于积分的原因，陀螺仪的偏差会造成跟踪器的误差随时间呈平方关系增加。惯性跟踪器适用于虚拟现实与仿真、体育竞技训练、人体运动分析测量和 3D 虚拟互动体感交互感知等领域。

（3）GPS 跟踪器

GPS 跟踪器是目前应用最广泛的一种跟踪器，如图 3-14 所示。它是内置了 GPS 模块和移动通信模块的终端，用于将 GPS 模块获得的定位数据通过移动通信模块传至 Internet 上的一台服务器上，从而可以实现在计算机上查询终端位置。

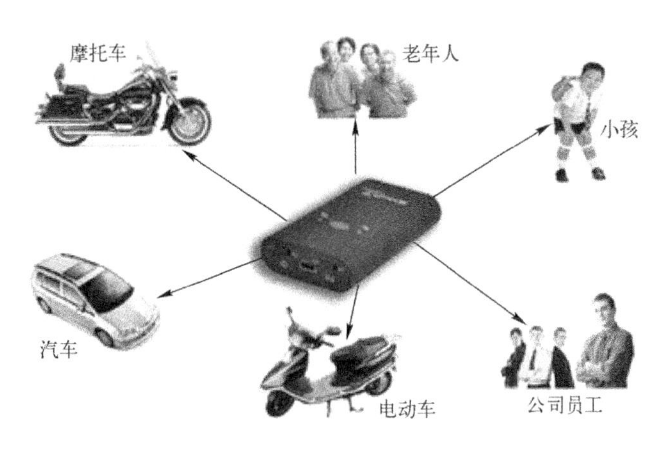

图 3-14　GPS 跟踪器

3.2.2　人机交互设备

交互性是虚拟现实系统的重要特征之一，目前所出现的交互设备各异、形式多样、功能迥异。

1．三维鼠标

常用的二维鼠标适于平面内的交互，但在三维场景中的交互必须使用三维鼠标才能胜任，如图 3-15 所示。三维鼠标是虚拟现实应用中重要的交互设备，可以从不同的角度和方位对物体进行观察、浏览和操作。其工作原理是在鼠标内部装有超声波或电磁发射器，利用相配套的接收设备可检测到鼠标在空间中的位置与方向。

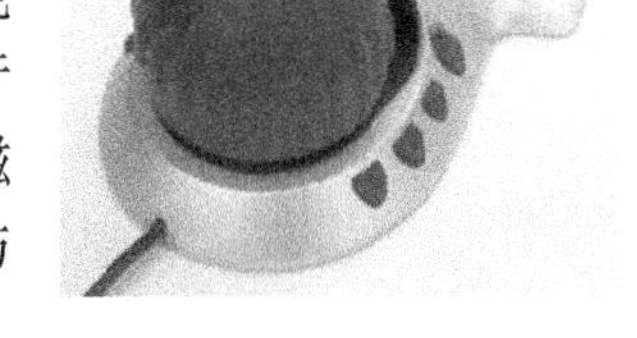

图 3-15　三维鼠标

2．数据手套

数据手套是一种戴在用户手上，用于检测用户手部活动的传感装置。通过它能够向计算机发送相应的电信号，从而驱动虚拟手模拟真实手的动作。在实际使用中，数据手套必须与位置跟踪设备连用。数据手套不仅可以把人手的姿态准确、实时地传递给虚拟环境，而且能够把与虚拟物体的接触信息反馈给操作者，使操作者可以更直接、更有效地与虚拟世界进行交互，极大地增强了互动性和沉浸感。

数据手套不仅能够跟踪手的位置和方位，还可以用于模拟触觉。操作者可以通过戴上手套的手去接触虚拟世界中的物体，当接触到物体时，不仅可以感觉到物体的温度、光滑度以及物体表面的纹理等特性，还能感觉到轻微的压力感。

目前已经有多种数据手套产品，区别主要在于采用了不同的传感器，如图 3-16 所示。

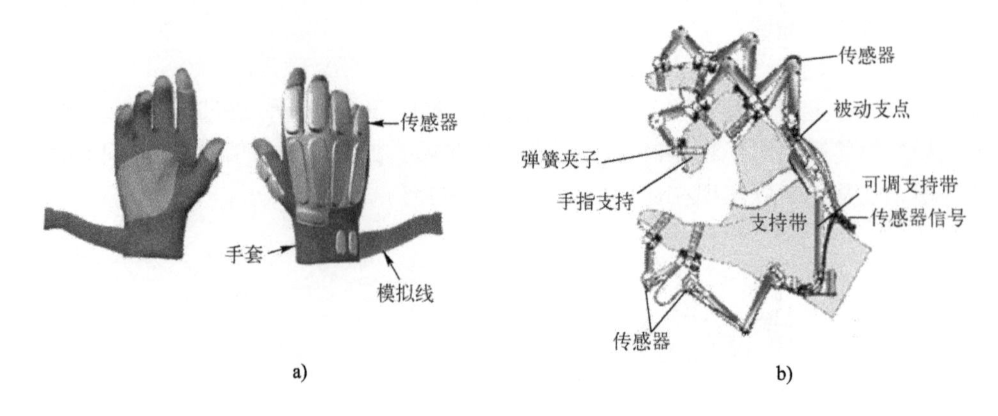

a) b)

图 3-16 数据手套

3．数据衣

数据衣是虚拟现实系统中比较常用的人体交互设备。数据衣是能够让虚拟现实系统识别全身运动的输入装置，如图 3-17 所示。数据衣上面安装有大量的触觉传感器，使用者穿上后，衣服里的传感器能够根据使用者身体的动作进行探测，并跟踪人体的所有动作。数据衣可以对人体大约 50 个关节进行测量，包括膝盖、手臂、躯干和脚。通过光电转换功能，身体的运动信息被计算机识别。同样，衣服也会反作用于身体而产生压力和摩擦力，使人的感觉更加逼真。

图 3-17 数据衣

数据衣的工作原理与数据手套相似，将大量的光纤、电极等传感器安装在紧身服上，可以根据需要检测出人的四肢、腰部的活动以及各关节的弯曲程度，然后把这些数据输入到计算机，用于控制三维重建的人体模型或者虚拟角色的运动。

数据衣的缺点是延迟大、分辨率低、作用范围小和使用不方便等，且如果要检测全身，不但要检测肢体的伸张状况，还要检测肢体的空间位置和方向，因此需要增加许多空间跟踪器，增加了成本。

3.2.3 快速建模设备

快速建模设备是一种可以快速建立仿真的 3D 模型辅助设备。这里主要介绍 3D 摄像机和扫描仪。

1．3D 摄像机

3D 摄像机是一种能够拍摄立体视频图像的虚拟现实设备，通过它拍摄的立体影像在具有立体显示功能的显示设备上播放时，能够产生超强立体感的视频图像效果。观众带上立体眼镜观看具有身临其境的沉浸感，如图 3-18 所示。3D 摄像机通常采用两个摄像镜头，同时以一定的间距和夹角来记录影像的变化效果，模拟人类的视觉生理现象，实现立体效果。播放时可以采用平面、环幕、背投等方式实现多种视觉效果。

2．3D 扫描仪

3D 扫描仪能快速、方便地将真实世界的立体彩色的物体信息转换为计算机能够直接处理的数字信号，为实物数字化提供了有效的手段，如图 3-19 所示。

图 3-18　3D 摄像机

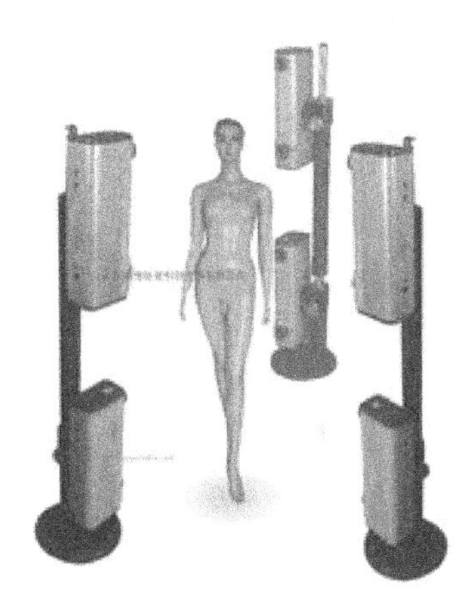

图 3-19　3D 人体扫描仪

3D 扫描仪可以分为两类：接触式扫描仪和非接触式扫描仪。

1）接触式扫描仪。接触式扫描仪通过实际触碰物体表面的方式计算深度，例如，坐标测量机便是典型的接触式扫描仪，它将一个探针安装在三自由度（或更多自由度）的伺服机构上，驱动探针沿这 3 个方向移动。当探针接触物体表面时，测量其在 3 个方向的移动，就可知道物体表面这一点的三维坐标。控制探针在物体表面移动和触碰，可以完成整个表面的三维测量，该方法相当精确，但由于其在扫描过程中必须接触到物体，则物体可能会遭到损坏，因此不适用于古文物、历史遗迹等高价值物体的重建。

2）非接触式扫描仪。非接触式扫描仪对物体表面不会造成损坏，且相比接触式扫描仪，具有速度快、容易操作等特点。按照工作原理的不同，主要分成激光式扫描仪和光学式扫描仪两种。

① 激光式扫描仪的工作原理是根据发射器发出的激光返回时间来测定物体形状，主要应用在 3D 媒体、文物保存、设计、逆向工程、模型及动画研究等诸多领域。3D 激光式扫描仪如图 3-20 所示。

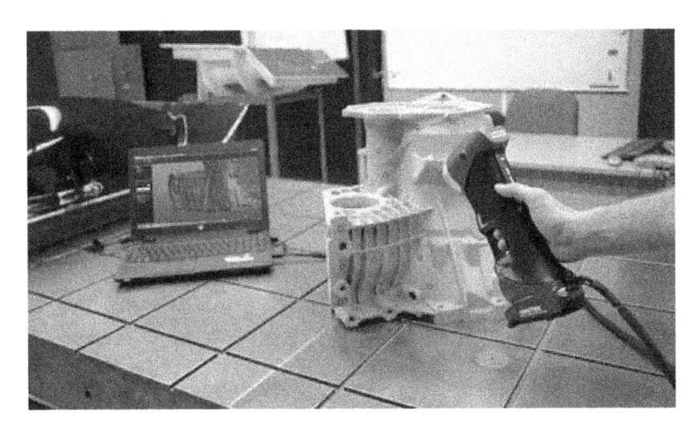

图 3-20　3D 激光式扫描仪

② 光学式扫描仪采用可见光将特定的光栅条纹投影到测量工作表面，借助两个高分辨率 CCD 数码相机对光栅条纹进行拍照，利用光学拍照定位技术和光栅测量原理，可以在极短的时间内获得复杂物体表面的完整点云。其高质量的完美扫描点云可用于虚拟现实中的环境以及人物建模过程，图 3-21 所示为 3D 光学式扫描仪扫描人体足部的场景。

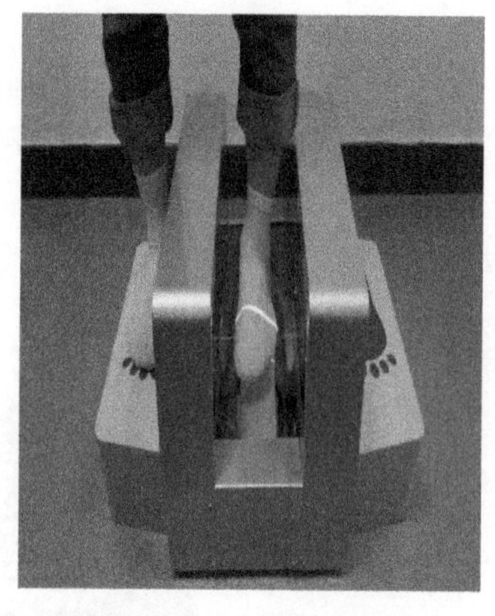

图 3-21　3D 光学式扫描仪

3.3　虚拟现实系统的输出设备

当用户与虚拟现实系统交互时，能否获得与真实世界相同或相似的感知，并产生“身临其境”的感受，将直接影响系统的真实感。为了实现虚拟现实系统的沉浸特性，输出设备必须能将虚拟世界中各种感知信号转变为人所能接受的视觉、听觉、触觉和味觉等多通道刺激信号。目前主要应用的输出设备包括视觉、听觉和触觉设备等。

3.3.1　视觉感知设备

据统计，人类对客观世界的感知信息 75%～80%来自视觉，所以视觉感知设备是虚拟现实系统中最重要的感知设备。在介绍视觉感知设备之前，首先需要了解视觉感知的相关概念。

1．视觉感知的相关概念

（1）视域

一个物体能否被观察者看到，取决于该物体的图像是否落在观察者的视网膜上以及落在视网膜上的什么位置。能够被眼睛看到的区域称为视域。在实际应用中，一只眼睛的水平视域大约为 150°，垂直视域大约为 120°，双眼的水平视域大约为 180°。

（2）视角

视角是对视觉感知中关于可视目标大小的测量。可视目标在视网膜上的投影大小能够决定视觉感知的质量。一般认为理想的目标大小为：在正常光照条件下视角不应该小于 15°，在较低光照条件下视角不应该小于 21°。这是视景生成和头盔显示过程中的重要参考系数，如图 3-22 所示。视角 θ 可由以下公式求出。

$$\theta = 2\arctan\frac{L}{2D}$$

（3）视觉生成

视觉生成是指外界景物发射或反射光线刺激视网膜感光细胞令视觉神经产生知觉。

（4）立体视觉

人的双眼之间相隔 58～72 mm，在观察物体时，两只眼睛所观察的位置和角度都存在一定的差异，因此每只眼睛所观察到的图像都有所区别，如图 3-23 所示。和眼睛相隔不同距离的物体所投射的图像在其水平位置上有差异，这就形成了所谓的视网膜像差或双眼视差。用两只眼睛同时观察一个物体时，物体上的每个点对两只眼睛都存在一个张角。物体离双眼越近，其上的每个点对双眼的张角就越大，所形成的双眼视差也越大。当然，人的大脑需要根据这种图像差异来判断物体的空间位置，从而使人产生立体视觉。

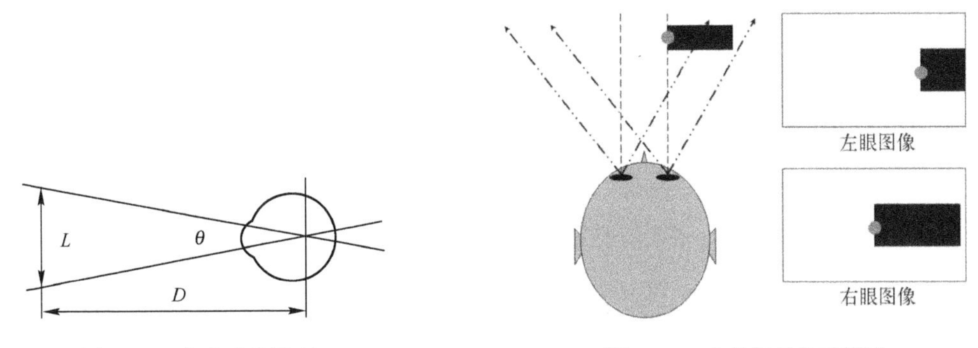

图 3-22　人眼成像原理

图 3-23　立体视觉生理模型

双眼视差可以区分物体的远近，并获得深度的立体感。对于距离遥远的物体，因为双眼的视线几乎平行，视差偏移接近于零，所以就很难判断物体的距离，更不可能产生立体的感觉。例如，当人们仰望星空时，会感觉天上的所有星星似乎都在同一个球面上，不分远近。

（5）屈光度

眼睛折射光线的作用叫屈光，用光焦度来表示屈光的能力叫作屈光度。屈光度是与眼的光学部分有关的一个度量。有 1 个屈光度的镜头，可以聚焦平行光线在 1m 距离。人眼的聚焦能力约 60 屈光度，这表明聚焦平行光在 17mm 距离，这就是晶状体和视网膜的距离。

人可以通过改变眼睛的屈光度来保证不同距离的物体能够在视网膜上正确成像，不同年龄的人可以改变屈光度的能力有很大差别，越年轻，调节能力越强。如果注视运动物体，则眼睛的屈光度可以自动调节。

（6）瞳孔的工作原理

瞳孔是晶状体前的孔。它对光线强弱的适应是自动完成的。通过瞳孔的调节，始终保持适量的光线进入眼睛，使落在视网膜上的物体图像既清晰，而又不会有过量的光线灼伤视网膜。瞳孔虽然不是眼球光学系统当中的屈光元件，但在眼球光学系统当中起着重要的作用。瞳孔不仅可以对明暗做出反应，调节进入眼睛的光线，也影响眼球光学系统的焦深和球差。

（7）分辨率

分辨率是人眼区分两个点的能力。当空间平面上两个黑点相互靠拢到一定程度时，离开黑点一定距离的观察者就无法区分它们，这意味着人眼分辨景物细节的能力是有限的，这个极限值就是分辨率。研究表明人眼的分辨率有如下一些特点。

① 当光照度太强、太弱时或当背景亮度太强时，人眼分辨率降低。

② 当视觉目标运动速度加快时，人眼分辨率降低。

③ 人眼对彩色细节的分辨率比对亮度细节的分辨率要差，如果黑白分辨率为 1，则黑红为 0.4，绿蓝为 0.19。

目前科学界公认的数据表明，人观看物体时，能够清晰看清视场区域对应的分辨率为 2169×1213 像素。再考虑上下左右比较模糊的区域，人眼分辨率是 6000×4000 像素。

（8）视觉暂留

视觉暂留即视觉暂停，又称“余晖效应”，1824 年由英国伦敦大学教授皮特·马克·罗葛特在他的研究报告《移动物体的视觉暂留现象》中最先提出。人眼观看物体时，成像于视网膜上，并由视神经输入人脑，感觉到物体的像。但当物体移去时，视神经对物体的印象不会立即消失，而要延续 0.1～0.4s 的时间，人眼的这种性质被称为视觉暂留。

视觉暂留现象首先被中国人运用，走马灯便是历史记载中最早的视觉暂留运用。随后法国人保罗·罗盖在 1828 年发明了留影盘，它是一个被绳子在两面穿过的圆盘。盘的一个面画了一只鸟，另一面画了一个空笼子。当圆盘旋转时，鸟在笼子里出现了，这证明了当眼睛看到一系列图像时，它一次保留一个图像。

2．头盔显示器

头盔显示器（Head-Mounted Display，HMD）是目前 3D 显示技术中起源最早、发展得最为完善的技术，也是现在应用最为广泛的 3D 显示技术。通常采用机械的方法固定在用户的头部，头与头盔之间不能有相对运动，当头部运动时，头盔显示器自然地随着头部运动而运动，如图 3-24 所示。头盔配有位置跟踪器，用于实时探测头部的位置和朝向，并反馈给计算机。计算机根据这些反馈数据生成反映当前位置和朝向的场景图像，并显示在头盔显示器的屏幕上。通常，头盔显示器的显示屏采用两个 LCD 或者 CRT 显示器分别向两只眼睛显示图像，这两个图像由计算机分别驱动，两个图像存在着微小的差别，类似于“双眼视差”。大脑将融合这两个图像获得深度感知，得到一个立体的图像。

因为头盔显示器的体积应尽量小，所以显示屏与观察者眼睛的距离很小，一般只有几十厘米。为了使眼睛能够看清楚如此近的显示图像且不易产生疲劳感，就需要有专门的光学镜头把显示屏的图像成像在观察者能看清的距离处，并且能够放大屏幕图像使其覆盖尽可能大的视场，使虚拟环境中的物体看起来和真实尺寸差不多。这种类型的透镜是 1989 年首次推出的，通常称为 LEEP 镜片，如图 3-25 所示。

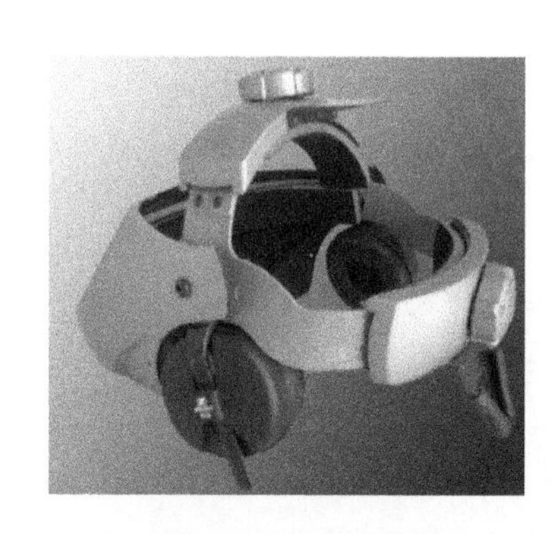

图 3-24　头盔显示器

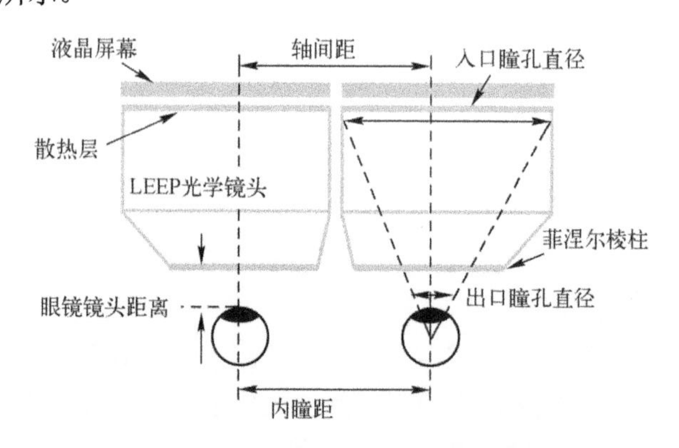

图 3-25　头盔显示器构成示意图

在头盔中 LEEP 光学系统实现立体视觉的基本原理如下。

（1）单眼视觉的原理

如图 3-26 所示，LCD 显示屏上的 A 像素的像是虚像显示屏上的 B 像素，因此可见虚像比屏幕距离眼睛更远。

（2）立体视觉的原理

如图 3-27 所示，图中的一个目标点，在两个屏幕上的像素分别为 A1 和 A2。它们在屏幕上的位置之差，称为立体视差。这两个像素的虚像分别为 B1 和 B2。双目视觉的融合，人就感到这个目标点在 C 点，就是感觉的点。

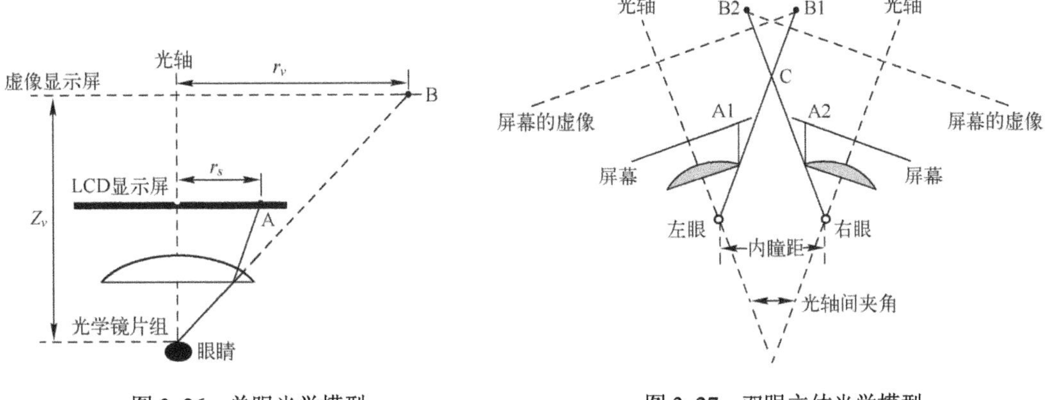

图 3-26 单眼光学模型　　　　图 3-27 双眼立体光学模型

对于头盔显示器系统，根据显示表面的不同，头盔显示器主要分为基于 LCD 的头盔显示器、基于 CRT 的头盔显示器和基于 VRD 的头盔显示器。

1）基于 LCD 的头盔显示器。以低电压产生彩色图像，但只具有很低的图像清晰度。在头盔显示中，通过采用笨重的光学设备形成高质量的图像。

2）基于 CRT 的头盔显示器。使用电子快门等技术实现双眼立体显示，提供小面积的高分辨率、高亮度的单色显示。但由于 CRT 较重，存有高电压，佩戴较危险，视场较小，缺乏沉浸感。

3）基于 VRD 的头盔显示器。基于 VRD 的头盔显示器是目前比较流行的头盔显示器。它是直接把调制的光线投射在人眼的视网膜上，产生光栅化的图像。观看者感到这个图像是在前方 2 英尺（约 0.6m）处的 14 英寸（36cm）监视器上。实际上，图像是在眼的视网膜上，所形成的图像质量高，有立体感，全彩色，宽视场，无闪烁。

HMD 可以使参与者暂时与现实世界相隔离，完全处于沉浸状态，其主要用于飞行模拟和电子游戏，不适合多用户协同工作的方式。

3．吊杆式显示器

吊杆式显示器也称为双目全方位显示器（Binocular Omni-Orientation Monitor，BOOM），如图 3-28 所示。它是一种可移动式显示器。将两个独立的 CRT 显示器捆绑在一起，且由两个互相垂直的机械臂支撑，可以让显示器在半径 2m 的球形空间内自由移动。吊杆上每个节点处都有三维定位跟踪装置，可以精确定位显示器在空间中的位置和朝向。

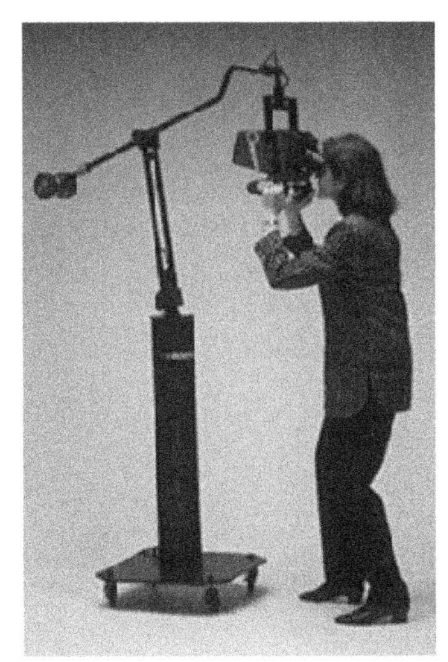

图 3-28 吊杆式显示器

与头盔显示器相比，吊杆式显示器采用了高分辨率的 CRT 显示器，因而其分辨率高于头盔显示器，且图像柔和，系统延迟小，不受磁场和超声波等噪声的影响。吊杆式显示器的主要缺点是机械臂对用户的运动有影响，在工作空间中心的支撑架会产生“死区”，所以，其工作区要去掉中心大约 $0.5m^2$ 的范围，且不能解决由于屏幕距离眼睛过近产生的不适感。

4. 洞穴式显示设备

洞穴式显示设备（Cave Automatic Virtual Environment，CAVE）是一种较理想的沉浸式虚拟现实环境，是基于多通道视景同步技术、三维空间整型校正算法和立体显示技术的房间式可视协同环境，如图 3-29 所示。CAVE 就是由投影显示屏包围而成的一个洞穴，分别有四面式、五面式和六面式 CAVE 系统。用户在洞穴空间中不仅可以感受到周围环境的影响，还可以获得高仿真的三维立体视听的声音，并且可以利用相应的跟踪器和交互设备实现 6 个自由度的交互感受。

图 3-29　洞穴式显示设备

CAVE 系统可以实时地与用户发生交互并做出响应。系统不仅能产生立体的全景图像，而且还有头部跟踪功能，可以准确测定头部位置，并能判断出用户正在向哪个方向观看。系统还可以根据用户的视线实时描绘出虚拟的场景。另外，CAVE 系统可以让多个用户同时参与到虚拟环境中，是一个比较理想的虚拟现实显示系统。

基于 CAVE 系统这种完全沉浸式显示环境特性，CAVE 为科学家带来了一种伟大而创新的思考方式，扩展了人类的思维。科学家能直接看到他们的创意和研究对象。例如，大气学家能“钻进”飓风的中心观看空气复杂而混乱无序的结构；生物学家能检查 DNA 规则排列的染色体链对结构并虚拟拆开基因染色体进行科学研究；理化学家能深入到物质的微细结构或广袤环境中进行试验探索。可以说，CAVE 可以应用于任何具有沉浸感需求的虚拟仿真应用领域，是一种全新的、高级的科学数据可视化手段。

CAVE 系统存在的主要问题是价格昂贵，需要较大的空间与很多的硬件，目前没有产品化与标准化，而且对实验的计算机系统的图形处理能力也有极高的要求，因此在一定程度上对它的普及产生了影响。

5. 响应工作台显示设备

响应工作台显示设备（Responsive Work Bench，RWB）由德国国家信息技术研究中心 GMD 于 1993 年发明，该系统是计算机通过多传感器交互通道向用户提供视觉、听觉、触觉等多模态信息，具有非沉浸式，支持多用户协同工作的立体显示装置。

工作台一般由 CRT 投影仪、反射镜和具有散射功能的显示屏（散射屏）组成，如图 3-30 所示。顶部的 CRT 投影仪把图像投影到竖直的散射屏。另外，底部的 CRT 投影仪对准反射镜，把图像投影到反射镜面上，再由反射镜将图像反射到倾斜的散射屏上。图像被两块散射屏同时通过漫散射向屏上反射。若多个用户佩戴立体眼镜坐在工作台周围，则可以同时在立体显示屏中看到三维对象浮在工作台上面，因此虚拟景象具有较强立体感。

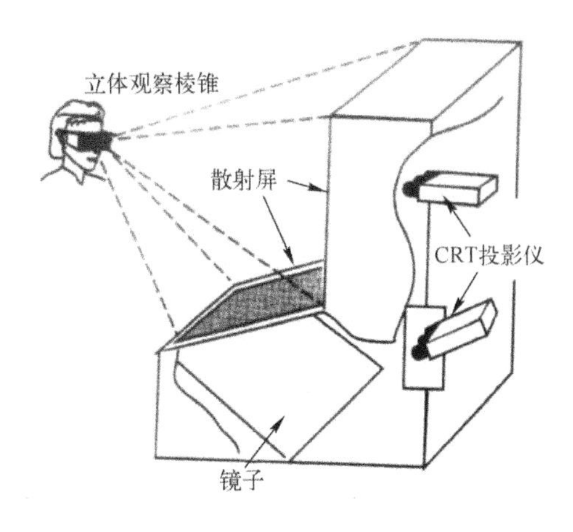

图 3-30　响应工作台显示设备

该系统所显示的立体视图只受控于观察者的视点位置和视线方向，而其他观察者可以通过各自的立体眼镜来观察虚拟对象，因此比较适合辅助教学和产品演示。如果有多台响应工作台则同时可对同一虚拟对象进行操控，并进行通信，实现真正的分布式协同工作。

6．墙式投影显示设备

墙式投影显示设备类似于放映电影形式的背投式显示设备，屏幕大，容纳的人数多，分为单通道立体投影系统和多通道立体投影系统，适用于教学和成果演示。

（1）单通道立体投影系统

该系统以一台图形工作站作为实时驱动平台，两台叠加的立体、专业 LCD 投影仪作为投影主体，可以在显示屏上显示一幅高分辨率的立体投影影像，如图 3-31 所示。

与传统的投影相比，单通道立体投影系统是一种成本低、操作简便、占用空间小、性价比非常好的小型虚拟三维投影显示系统，广泛应用于高等院校和科研院所的虚拟现实实验室中。

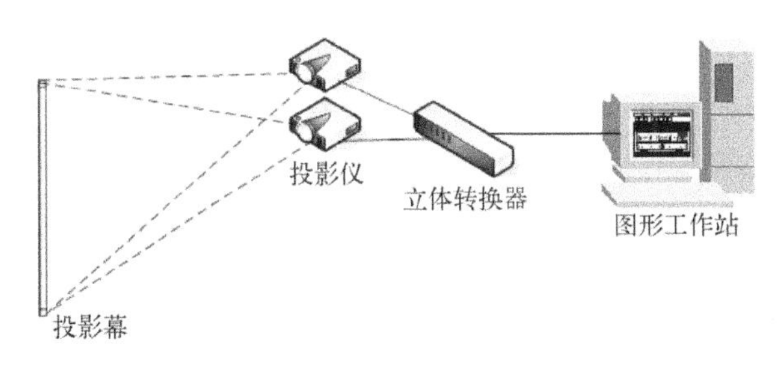

图 3-31　单通道立体投影系统

（2）多通道立体投影系统

多通道立体投影系统采用巨幅平面投影结构来增强沉浸感，配备了完善的多通道声响及多维感知性交互系统，充分满足虚拟显示技术的视、听、触等多感知应用需求，是理想的设计、协同和展示平台。它可根据场地空间的大小灵活地配置两三个甚至是若干个投影通道，无缝地拼接成一幅巨大的投影幅面、极高分辨率的二维或三维立体图像，形成一个更大的虚拟现实仿真系统环境，如图 3-32 所示。

多通道立体投影系统是目前非常流行的一种具有高度沉浸感的虚拟现实投影显示系统，

通常用于一些大型的虚拟仿真应用，例如，虚拟战场、数字城市规划、三维地理信息系统等大型的虚拟仿真环境，现在也逐渐开始应用于工业设计、教育培训和会议中心等领域。

（3）球面立体投影系统

球面立体投影系统是近年来最新出现的投影展示设备，弥补了传统直幕投影展示的缺陷，可以实现 360° 各个方位观看投影，展示画面视野宽广，不规则的投影形状，给人新奇的视觉感受，在参观者心里留下深刻印象，如图 3-33 所示。

图 3-32　多通道立体投影系统

图 3-33　球面立体投影系统

球面立体投影，顾名思义，是指通过投影机将投影画面投放至球形投影幕上。由于投影幕是球形，并不是传统意义上平面规则图形，因此更具新颖性，在众多展览展示行业展陈过程中获得了展出商的青睐，应用范围十分广阔。

根据投影机的摆放位置不同，可以把球面立体投影系统简单分为内投球和外投球。这种分类方式既简单直观，又便于大众理解与接受。

1）内投球根据球形投影幕材质的不同又分为硬质无缝内投球、内投半球和充气球幕。它们的成像原理基本上一致，都是采用了配置鱼眼镜头的高流明投影机放置在投影幕的内部底端，将投影机信号反射至球形投影幕上，使整个球幕表面形成浑然一体的立体画面。

① 硬质无缝内投球幕球体外形极符合宇宙天体的外形，在表现宇宙天体方面有很大的优势，只要用户把描述诸如行星、卫星、太阳等天体的片子用此内投球展示出来，就是一个活脱脱的天体，向人们逼真地展示宇宙的奥秘，如图 3-34 所示。可以把它固定在墙壁上、地面上和悬挂在空中，能够在计算机或投影机的配合下作为多媒体工作。硬质无缝内投球使用率较高，原因在于其直径较小，0.6m、0.8m、1.0m、1.2m、1.5m 不等，携带方便，能够很清晰地展示用户的内容，使观众有身临其境的感受。硬质无缝内投球可以广泛地运用在空间科学中心、娱乐场所、舞台、展馆、天文台、地震局，宇航局、学校和博物馆等场所，通过动画和图像等表现方式，展示有关地球、卫星、行星、地震、海洋、大气和太阳等内容。内投球的广泛应用将会在科学研究、教育领域和娱乐展示方面发挥出重要作用。

② 内投半球投影是一种新型的展示技术，如图 3-35 所示。利用特殊的光学镜头和高流明摄影机，通过先进的计算机视觉技术和投影显示技术，打破了以往投影图像是平面规则图

形的局限，将普通的平面影像进行特殊的变换，投影到球形幕内，形成一个内投的半球影像，整个产品成为炫目的影像半球，使球体看起来像一个科幻的水晶球，同时配合环绕立体声音音响设备，可给观众带来临场震撼、虚实结合的奇妙感觉，效果无与伦比，吸引参观者的眼球。

图 3-34　硬质无缝内投球

图 3-35　内投半球

③ 充气球幕其实是一个软质拼接型球幕，如图 3-36 所示。主要基材为高透光性的特种聚氯乙烯（PVC），利用高频焊合或车缝的工艺使 12～60 片的 PVC 组成一个整球幕，其展示原理是依靠充气原理，采用进出排风系统，使整个球幕像热气球一样吹胀起来，其成像原理与内投球成像原理相同，多被用在大型户外展览中心。球幕外的观众可同时欣赏到 360° 的无缝投影内容，为各大品牌公司产品上市活动、记者发布会、路演活动和会议活动等各种商业文化活动提供全方位的新媒体、超震撼的视觉解决方案。充气球幕应用也不局限于单个球幕，可以使用多个球幕形成队列，链状或者几个集合在一起。

由于充气球幕有较多的拼接缝隙，直径较大，制作成本相对较高，对场地要求也较多，远距离观赏效果更佳，一般应用于大型室外场景，普及范围远远没有硬质无缝内投球那样广泛。

2）外投球是指通过投影机在球形投影幕的外部进行投影，如图 3-37 所示。它是针对现有图像投影机平面投影的技术不足，而提出的一种在球形屏幕上显示图像的先进投影装置。

图 3-36　充气球幕

图 3-37　外投球

外投球由一个不透明球体的球幕和包围在球幕周围的呈放射状排列的 3 台及以上的投影

装置构成。外投球的尺寸一般是直径为 1200～2500mm，可采用调挂的方式悬挂在空中，也可采用支座的方式固定。这种产品可以广泛地运用在空间科学中心、天文台、地震局、宇航局、学校和博物馆等场所，通过动画和图像等表现方式，展示有关地球、卫星、行星、地震、海洋、大气和太阳等内容。另外，它还可以根据用户需要来展示所有内容。展品主体部分的球形影幕布外形极符合宇宙天体的外形，在表现宇宙天体及天体表面的自然现象（如大气、地震、台风等方面）有很大的优势。

由于外投球要使用到多台投影机，无形之中增加了成本，同时还要利用无缝融合拼接技术，也增加了制作难度与操作难度，对场地要求也就相应提高了。因此，与无缝内投球相比，外投球的使用率在逐渐降低。

综上所述，球面投影这种多媒体展示设备虽然根据它的材质、成像原理等不同可分为多种类型，但其中硬质无缝内投球的使用普及率最高，最受众多使用者喜爱。

7. 立体眼镜显示系统

立体眼镜显示系统包括立体图像显示器和立体眼镜。每个用户佩戴一副立体眼镜来观看显示器。立体图像显示器通过专门设计，以两倍于正常扫描的速度刷新屏幕，采用分时显示技术，计算机给显示器交替发送两幅有轻微偏差的图像。显示器采用两倍于 60Hz 的刷新率，保证了左右眼视图的刷新率保持在 60Hz，且图像稳定。由于使左、右眼画面连续互相交替显示在屏幕上，并同步配合立体眼镜，加上人眼视觉暂留的生理特性，就可以看到真正的立体图像，如图 3-38 所示。与 HMD 相比，立体眼镜成本较低，而且用户长时间佩戴不会感到疲劳。

8. 三维显示器

三维显示器是直接显示虚拟三维影像的显示设备，用户不需要通过立体眼镜、头盔等设备就能获得立体影像，如图 3-39 所示。具体来说，就是根据视差障碍原理，利用特定的算法，将需要显示的影像进行交叉排列，然后通过特定的视差屏障后为用户提供逼真的三维图像。

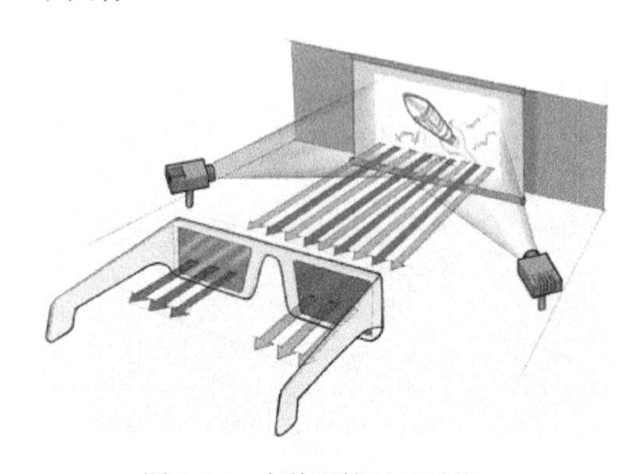

图 3-38　立体眼镜显示系统

图 3-39　三维显示器

人类天生的平行双眼在观察世界时，提供了两幅具有位差的图像，印入双眼后即形成了立体视觉所需的视差，这样经过视神经中枢的融合反射，以及视觉心理认同，便产生了三维立体感觉。利用这个原理，如果显示器将两幅具有位差的左图像和右图像分别呈现给左眼和右眼，就能获得三维立体的感觉。

从技术研究和实现方法来看，三维显示器具有代表性的新技术可分为以下几种。

（1）视差照明技术

视差照明技术是美国 DTI（Dimension Technologies Inc）公司的专利，它是自动立体显示技术中研究最早的一种技术。DTI 公司从 20 世纪 80 年代中期开始进行视差照明立体显示技术的研究，并在 1997 年推出第一款实用化的立体液晶显示器。从视差照明实现立体显示的实现原理看，它是在投射式的显示器（如液晶显示屏）后形成离散的、极细的照明亮线，将这些亮线以一定的间距分开，这样观察者的左眼通过液晶显示屏的偶像素列能够看到亮线，而他的右眼通过显示屏的偶像素列是不能够看到亮线的，反之亦然。因此，观察者的左眼只能看到显示屏的偶像素列显示的图像，而右眼只能看到显示屏的奇像素列显示的图像。于是，观察者就能够接收到视差立体图像对，产生深度感知。

（2）视差屏障技术

视差屏障技术也称为光屏障式 3D 技术或视差障栅技术，最早由日本夏普公司的欧洲实验室研究开发，属于一种可以在二维和三维模式间转换的自动立体液晶显示器。从实现原理来看，视差屏障技术的实现方法是使用一个开关液晶屏、一个偏振膜和一个高分子液晶层，利用液晶层和偏振膜制造出一系列旋光方向成 90° 的垂直条纹。这些条纹宽几十微米，通过这些条纹的光就形成了垂直的细条栅模式。夏普公司称之为“视差障栅”。在立体显示模式时，视差障栅可以控制显示的像素是给左眼看还是给右眼看。如果把液晶开关关掉，显示器就变成一个普通的二维显示器。

（3）微柱透镜投射技术

微柱透镜投射技术是飞利浦公司研发的立体显示技术，采用了基于传统的微柱透镜方法。从实现原理看，该技术是在液晶显示屏的前面加上一个微柱透镜，使液晶显示屏的像平面与微柱透镜的成像平面在一条水平线上，这样就能够使两个成像平面的焦点重合，透过微柱透镜的图像像素就会被分隔成很多个不同的子像素，并以不同的方向得到子像素。当观察者观看液晶显示屏的时候，就可以看到不同的子像素。该技术的优点是可以不与像素列保持平行，这样在观察图像时就形成了一定的角度。其优势就是可以观察到很多视差图像。

（4）微数字镜面投射技术

微数字镜面投射技术是牛津大学和麻省理工学院共同研究的三维显示技术，这项技术利用微数字镜面，将图像基元定向地反射到不同的观察范围内，在两眼之间形成视差。它可以使观察者在不同的位置观察不同的图像，这样就出现了运动视差。这种技术的优点是能够产生高分辨率、多维视差的图像，并能很好地控制色彩，但是这种立体显示技术的不足之处是要求长光路，因此实现小型化不太容易。

（5）指向光源技术

对指向光源技术投入较大精力的主要是 3M 公司。指向光源技术搭配两组 LED，配合快速反应的 LCD 面板和驱动方法，让 3D 内容以排序方式进入观察者的左右眼，互换影像产生视差，进而让人眼感受到 3D 效果。3M 公司还研发成功了 3D 光学膜，该产品实现了无须佩戴 3D 眼镜，就可以在手机、游戏机及其他手持设备中显示真正的三维立体影像，极大地增强了基于移动设备的交流和互动。

（6）多层显示技术

美国 Pure Depth 公司在 2009 年 4 月宣布研发出改进后的裸眼三维显示器，采用了多层显示（Multi-Layer Display，MLD）技术，这种技术能够通过一定间隔重叠的两块液晶面板，实现在不使用专用眼镜的情况下，观看文字及图像时呈现 3D 影像效果。

国内厂商欧亚宝龙旗下的 Bolod 裸眼 3D 显示器如今已经发展到第 4 代，产品也全部实现高清显示，在国内的 3D 显示行业处于领先位置。

（7）全息图像技术

全息图像技术由伦敦大学帝国理工学院的 Dennis Gabor 博士发明，他也因此获得了 1971 年的诺贝尔物理学奖。全息图像技术与前面所述的利用人体视差原理制造三维显示器的方式不同，它不是通过创建多幅平面图像再通过大脑“组装”成立体图像的，而是在真实空间内创造出一个完整的立体影像，观察者甚至可以在前后左右观看，是真正意义上的立体显示，因此，全息显示器是今后发展的主要方向。

一家名为 Looking Glass Factory 的公司生成的一款全息显示器，如图 3-40 所示。它的设备像个人计算机一样可以折叠，并在玻璃面板上方投影 3D 图像，它所呈现的图像每个视图的分辨率为 267×480 像素，并能同时显示 32 个不同的视图。另外，任何人都可以用手与图像进行交互。

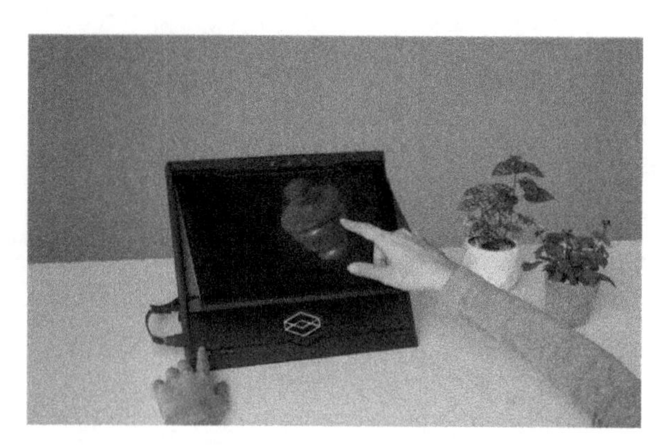

图 3-40　全息显示器

3.3.2　听觉感知设备

听觉也是人类感知世界重要的传感通道，研究表明有 15%的信息是通过听觉获得的。通过在虚拟现实系统中增加三维虚拟声音，可以增强用户在虚拟环境中的沉浸感和交互性。在介绍听觉感知设备之前，首先需要了解听觉感知的相关概念。

1．听觉感知的相关概念

（1）声音

声音是由物体振动产生的声波，通过介质（空气、固体或液体）传播并能被人或动物听觉器官所感知的波动现象。最初发出振动的物体叫声源。声音以波的形式振动传播。声波能够在所有物质（除真空外）中传播，其传播速度由传声介质的某些物理性质，主要是力学性质所决定。例如，音速与介质的密度和弹性性质有关，因此也随介质的温度、压强等状态参量而改变。气体中音速每秒约数百米，随温度升高而增大，0℃时空气中音速为 331.4m/s，15℃时为 340m/s，温度每升高 1℃，音速约增加 0.6m/s。通常，固体介质中音速最大，液体介质中音速较小，气体介质中音速最小。

（2）频率范围

人耳可以感知的频率范围为 20Hz～20kHz。随着年龄变大，频率范围逐渐缩小。另外，人耳分辨能力最灵敏的频段为 1～3kHz。

（3）直达声

直达声是指直接传播到听众左右耳的声音。

（4）反射声

反射声是指从室内表面上经过初次反射后，到达听众耳际的声音，比直达声晚十到几十毫秒。

（5）混响声

混响声是指声音在厅堂内经过各个边界面和障碍物多次无规则的反射后，形成漫无方向、弥漫整个空间的袅袅余音。

（6）声音定位

人们经常借助听觉来判定发音物体的位置。声音定位在人和动物的日常生活中有着重要意义。人类对声音的定位用来确定声源的方向和距离。经研究表明，一般情况下，人脑识别声源位置是利用经典的“双工理论”，即两耳收到声音的时间差异和强度差异。时间差异是指声音到达两个耳朵的时间之差。当一个声源放在头右侧测量声音到达两耳的时间时，声音会首先到达右耳，如果两耳的路径之差为 20cm，则时间差异约为 0.59ms。强度差异是指声音到达两耳强度上的差异。当人面对声源时，两耳的时间差异和强度差异均为 0。时间差异对低频率声音定位特别灵敏，而强度差异对高频率声音定位比较灵敏。因此，只要到达两耳的声音存在时间差异或者强度差异，人就能够判断出声源的方向。

（7）掩蔽效应

一种频率的声音阻碍听觉系统感受另一种频率的声音的现象称为掩蔽效应。前者称为掩蔽声音，后者称为被掩蔽声音。简单地说就是指人的耳朵只对最明显的声音反应敏感，而对于不敏感的声音，反应则不太敏感。例如，在声音的整个频率谱中，如果某一个频率段的声音比较强，则人就对其他频率段的声音不敏感了。应用此原理，人们发明了 Mp3 等压缩的数字音乐格式，在这些格式的文件里，只突出记录了人耳较为敏感的中频段声音，而对于较高和较低频率的声音则简略记录，从而大大压缩了所需的存储空间。掩蔽效应可分成频域掩蔽和时域掩蔽。

频域掩蔽指一个强纯音会掩蔽在其附近同时发声的弱纯音，也称同时掩蔽，如图 3-41 所示。从图中可以看到，声音频率在 300Hz 附近、声强约为 60dB 的声音掩蔽了声音频率在 150Hz 附近、声强约为 40dB 的声音和声音频率在 400Hz 附近、声强约为 30dB 的声音。例如，一个声强为 60dB、频率为 1000Hz 的纯音，另外还有一个声强为 42dB、1100Hz 的纯音，前者比后者高 18dB，在这种情况下耳朵就只能听到那个 1000Hz 的强音。如果有一个 1000Hz 的纯音和一个声强比它低 18dB 的 2000Hz 的纯音，那么耳朵将会同时听到这两个声音。要想让 2000Hz 的纯音也听不到，则需要把它降到比 1000Hz 的纯音低 45dB。一般来说，弱纯音离强纯音越近就越容易被掩蔽。

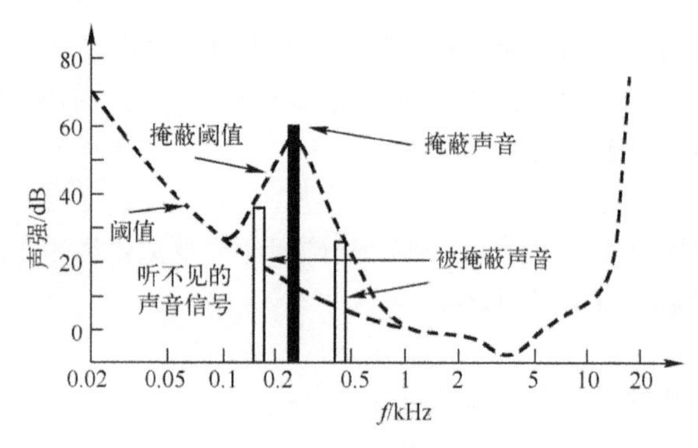

图 3-41　频域掩蔽

时域掩蔽指掩蔽效应发生在掩蔽声与被掩蔽声不同时出现的情况。时域掩蔽又分为超前掩蔽和滞后掩蔽。如果掩蔽声音出现之前的一段时间之内发生掩蔽效应，则成为超期掩蔽，否则称为滞后掩蔽。产生时域掩蔽的主要原因是人的大脑处理信息需要花费一定的时间。一般来说，超前掩蔽很短，只有 5～20ms，而滞后掩蔽可以持续 50～200ms。

（8）立体声

立体声就是指具有立体感的声音。立体声包括了直达声、反射声和混响声。自然界发出的声音是立体声，但如果把这些立体声经记录、放大等处理后重放时，所有的声音都从一个扬声器放出来，这种重放声（与原声源相比）就不是立体的了。这是由于各种声音都从同一个扬声器发出，原来的空间感（特别是声群的空间分布感）也消失了。这种重放声称为单声。如果从记录到重放整个系统能够在一定程度上恢复原发生的空间感（不可能完全恢复），那么，这种具有一定程度的方位层次感等空间分布特性的重放声，称为音响技术中的立体声。

2．扬声器

扬声器是一种十分常用的电声转换器件，是一种固定式的听觉感知设备，如图 3-42 所示，通过它能够让多个用户同时听到声音。扬声器的主要问题是在虚拟现实系统中，很难控制用户两个耳膜收到的信号，以及两个信号之差。当调节给定的虚拟现实系统时，对给定的用户头部位置提供适当的感知，如果用户头部离开该位置，这种感知就会很快消失。

扬声器一般在投影式虚拟系统中使用，但会造成与投影屏之间的互相影响。若扬声器放在屏幕前，会妨碍视觉效果；但放在屏幕后，则影响声音的输出。给扬声器选择一个合适的位置很关键。扬声器也可以在基于头部的视觉现实设备中使用，非常方便。

3．耳机

与扬声器相比，耳机尽管只能给一个用户使用，但使用更加方便灵活，移动性好，尤其适合在虚拟系统中经常发生移动的情境，如图 3-43 所示。

图 3-42　扬声器

图 3-43　耳机

与扬声器相比，耳机通常是双声道的，因此更容易实现立体声和三维虚拟声音的展现，能够提供高质量的沉浸感。但由于用户必须把耳机安装在头部，增加了负担，且发声功率低，只能刺激用户耳膜，不能刺激其他的身体器官，影响用户的真实感。

3.3.3 触觉感知设备

触觉同样是人类感知世界的重要通道之一，触觉是指分布于全身皮肤上的神经细胞接收来自外界的温度、湿度、疼痛、压力和振动等方面的感觉。触觉反馈由接触反馈和力反馈两部分组成。

接触反馈可以传送接触表面的几何结构、虚拟对象的表面硬度、滑度和温度等实时信息，接触反馈体现了作用在人皮肤上的力，反映了人类触摸的感觉，或者皮肤上受到的压力的感觉。

力反馈可以提供虚拟对象的表面柔软性、重量和惯性等实时信息。力反馈是作用在人的肌肉、关节和肌腱上的力。

接触反馈和力反馈是两种不同形式的力量感知，两者不可分割。当用户感觉到物体的表面纹理时，同时也感觉到了运动阻力。在虚拟环境中，这两种反馈都是使用户具有真实体验的交互手段，也是改善虚拟环境的一种重要方式。

人的大部分触觉来自于手、力臂、腿和脚，但是感受密度最高的应该是指尖。指尖能够区分出距离 2.5mm 的两个接触点。而人的手掌却很难区别出距离为 11mm 以内的两个点，用户的感觉就好像只存在一个点。

只有把触觉与视觉以及听觉进行结合，才可以提高虚拟仿真的真实感，没有触觉反馈就不可能与虚拟环境进行复杂、精确地交互。要求接触反馈和力反馈满足下面 3 个要求。

（1）实时性

为实现真实感，虚拟接触反馈和力反馈需要实时计算接触力、表面形状、平滑性和滑动等特性。

（2）安全性

安全问题是首要问题。接触反馈和力反馈设备需要对人手和人体的其他部位施加真实的力，一旦发生故障，就会对人体产生很大的力，很有可能会对人体造成伤害，因此既要求有足够的力能够让用户感觉到，同时力也不能太大。所以，通常要求这些设备具有“故障安全”性，即使计算机或设备出故障，也不能对用户造成伤害，保证整个系统安全。

（3）轻便舒适性

虚拟设备不能太大或者太笨重，否则用户很容易产生疲劳，还会增加系统的复杂性和价格。轻便舒适的设备非常便于用户使用和现场安装。

1．接触反馈设备

目前，由于技术的原因，成熟的接触反馈设备只能提供最基本的“接触”的感觉，还不能提供材质、纹理以及温度等感觉，并且接触反馈设备仅局限于手指接触反馈设备。常用的接触反馈设备有充气式接触手套和振动式接触反馈手套。

（1）充气式接触手套

美国莱斯大学工程专业的学生 2015 年制作一款充气式接触手套，原型包含一个控制电路板（固件）作为触觉设备和个人计算机之间的接口，可以用来控制和监测设备的性能，如

图 3-44 所示。

该手套的实际产品如图 3-45 所示。选择使用可充气气囊作用于手指产生触觉，该设备的空气供应气囊、手指气囊和它们之间 1/16 英寸的管道均由 3D 打印机打印。供应气囊借助伺服电动机和凸轮附件把空气输送至手指气囊，同样利用小型气阀直接让供应气囊输送空气到手指气囊。这样只使用一个伺服电动机便可为 5 个手指充气，同样也可以为独立的任何手指充气。整个装置可以安装在前臂上，并且是无线控制。手套的各个手指是独立的，由于小指在日常生活中的作用并不是很大，无名指和小指的压力触发来自于同一个信号。

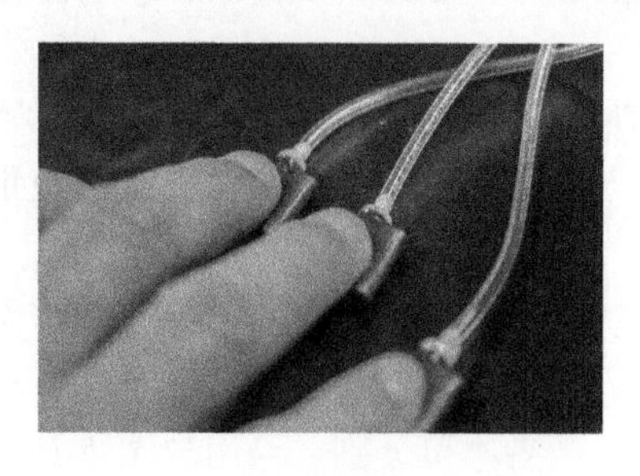

图 3-44　充气式接触手套原型

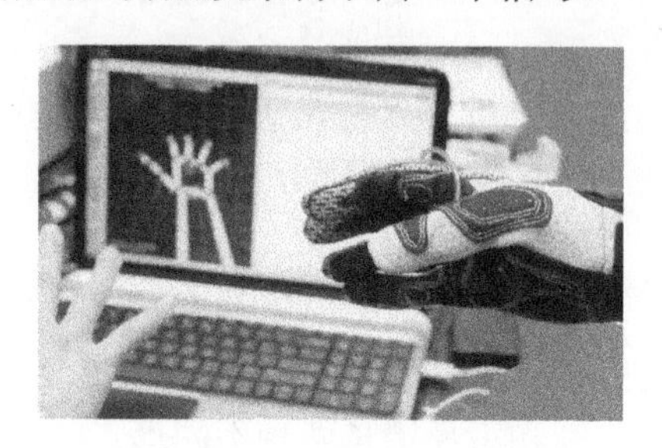

图 3-45　充气式接触手套产品

（2）振动式接触反馈手套

NeuroDigital 技术团队所发明的 Gloveone 手套就属于振动式接触反馈手套，如图 3-46 所示。它能让用户感受并触摸从屏幕上或是虚拟现实头盔中看到的任何虚拟对象。举个例子，如果屏幕上显示了一个虚拟苹果，只要带上 Gloveone 手套，就可以感受到它的形状和重量，以及其他所有物理特征，甚至还可以体验一下敲碎苹果的感觉。

图 3-46　振动式接触反馈手套

Gloveone 是把触觉转化成了震动感。在 Gloveone 手套上的手掌与指尖部位，安装了若干个制动器，它们可以按照不同的频率和强度独立震动，模拟出精准的触感。Gloveone 手套内置了 9 轴惯性测量单元传感器，因此用户可以利用相关数据进一步提升使用体验。此外，用户只需简单地触碰一下手指，就可以执行操作命令。在手掌、大拇指、食指以及中指上有 4 个传感器，可以监测彼此间的交互，所以用户只要戴上手套就能在虚拟现实环境中做很多操作，例如，在游戏中开枪，抓住掉落的花瓣，或是控制操作菜单。相对于手势操作，这种手指操控精准度更高。

Gloveone 手套只与触觉反馈相关，它目前无法提供空间追踪功能，因此需要依赖一些辅助传感器，例如，Leap Motion 或者英特尔 RealSense 来进行头部追踪工作，也可以将 Gloveone 手套与其他传感器或技术集成在一起，如微软的 Kinect 或者 OpenCV。

2. 力反馈设备

力反馈设备采用先进的技术跟踪用户身体的运动，将其在虚拟物体的空间运动转换成对周围物理设备的机械运动，使用户能够体验到真实的力度感和方向感。其工作原理是由计算机通过力反馈系统对用户的手、腕、臂等运动产生阻力，使得用户能够感受到作用力的方向和大小。目前常用的力反馈设备有力反馈鼠标、力反馈手臂和力反馈手套等。

（1）力反馈鼠标

力反馈鼠标是可以给用户提供力反馈信息的特殊鼠标，如图 3-47 所示。力反馈鼠标的使用方法和普通鼠标相似，区别在于当用户使用力反馈鼠标时，光标接触到任何物体的感觉就如同用手真正触摸到它一样逼真。力反馈鼠标能让用户感受到物体真实的表面纹理、弹性、质地、磁性和振动。力反馈鼠标仅提供了 2 个自由度，功能范围很有限，目前主要应用于娱乐领域。

（2）力反馈手臂

早期为了控制远程机器人，科技人员对力反馈手臂开展了研究。力反馈手臂可以用来仿真物体重量、惯性以及与刚性物体接触时对人手产生的力反馈。力反馈手臂使用不太方便，因此，目前被灵活方便的个人触觉接口（Persongal Haptic Interface Mechanism，PHANToM）所取代，如图 3-48 所示。

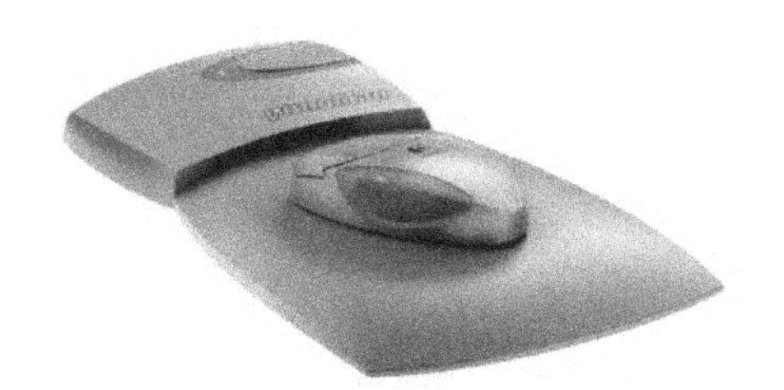

图 3-47　力反馈鼠标

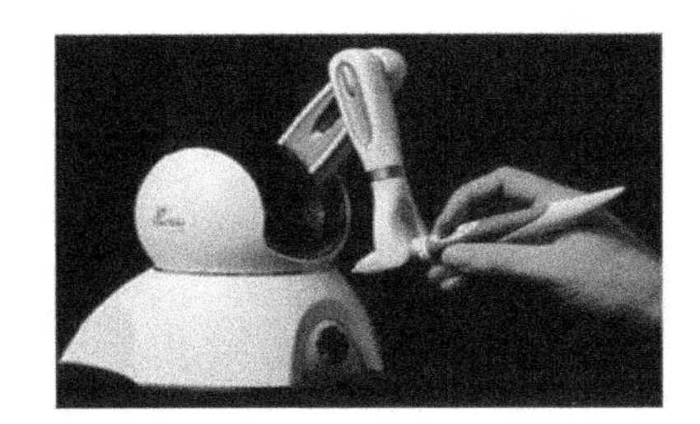

图 3-48　力反馈手臂

PHANToM 接口的主部件是一个末端带有铁笔的力反馈臂，有 6 个自由度，其中 3 个是活跃的，可以提供平移力反馈。铁笔的朝向是被动的，因此不会有转矩作用在用户手上。力反馈手臂的空间接近用户手腕的活动空间，非常灵活，用户的前臂放在一个支撑物上，其结构组成如图 3-49 所示。

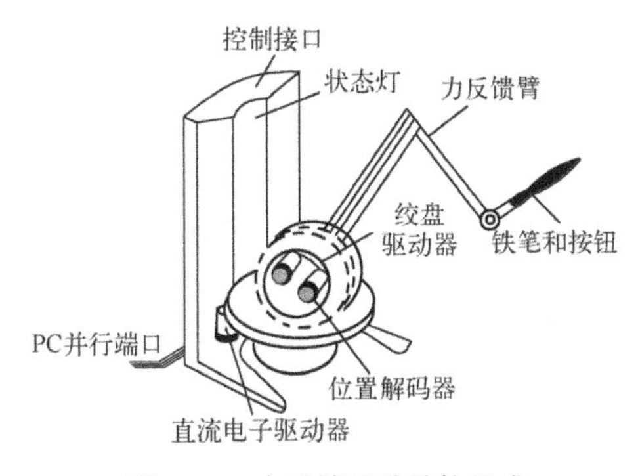

图 3-49　力反馈手臂结构组成

力反馈技术已经被应用于医学和军事领域，例如，VOXEL-MAN TempoSurg 岩骨手术模拟器就是一款专用的中耳手术训练工具，以高分辨率 CT 数据得出的颅底 3D 模型为基础研制而成，如图 3-50 所示，力反馈手臂在该模拟器下方。医生可通过镜子看到立体模式显示图像，使用镜子下方的力反馈手臂，可以让钻针在手术区域内自由移动。由于模拟程序与真实的患者方向、医生观察方向以及手部方向几乎相同，所以力反馈手臂可模拟与真实手术相近的触觉效果。

（3）力反馈手套

力反馈手套是一款最接近人手的机械手，它借助数据手套的触觉反馈功能，使用户能够用手体验虚拟世界，并在与虚拟的三维物体进行交互的过程中感受到物体的移动和反应，如图 3-51 所示。

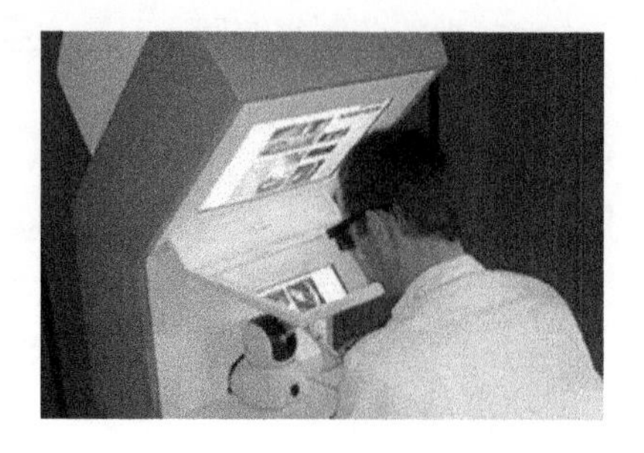

图 3-50　力反馈手臂的应用

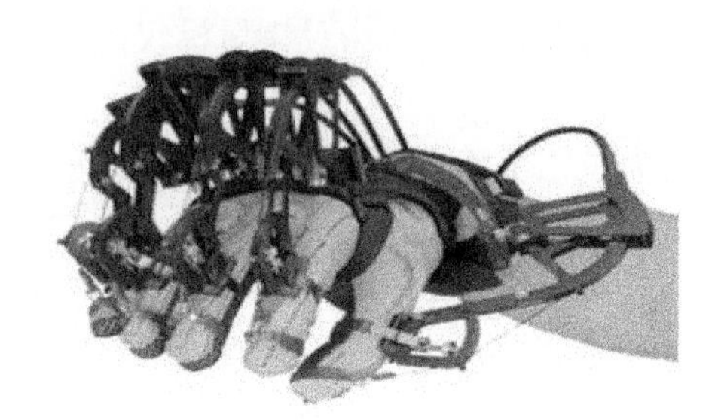

图 3-51　力反馈手套

3.3.4　肌肉/神经交互设备

如图 3-52 所示的MYO臂环是一种肌肉神经交互设备，是由加拿大 Thalmic Labs 公司于 2013 年初推出的一款控制终端设备。MYO 臂环的基本原理是：臂带上的感应器可以捕捉到用户手臂肌肉运动时产生的生物电变化，从而判断佩戴者的意图，再将计算机处理的结果通过蓝牙发送至受控设备。

创始人之一兼首席执行官史蒂芬·雷克表示，他们一直在研究如何运用科技来增强人类的能力，与医疗电极不同的是，MYO 臂环并不直接与皮肤进行接触，用户只需将臂环随意套在手臂上即可。MYO 臂环可以识别出 20 种手势，甚至手指的轻微敲击动作也能被识别。用户可以利用手势来进行一些常用的触屏操作，如对页面进行放大缩小和上下滚动等，甚至还能操控无人机，如图 3-53 所示。另外，MYO 臂环还能对他人产生的不规则噪声自动予以屏蔽。MYO 臂环可以通过蓝牙与智能设备连接，支持 Mac OS 和 Windows 操作系统。截至 2013 年 3 月，官方已经发布了 API，并邀请了开发者。

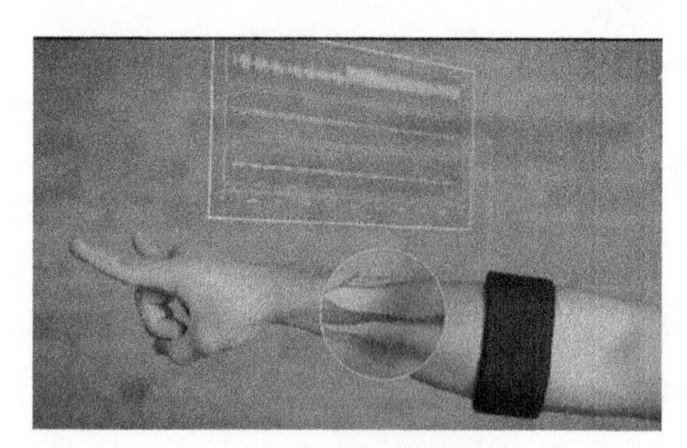

图 3-52　MYO 臂环

图 3-53　通过 MYO 臂环控制无人机

3.3.5 语言交互设备

不用打开手机，只要几个简单的语音指令，就能叫外卖、充话费，甚至在淘宝上“剁”上几单。阿里人工智能实验室推出首款智能语音终端设备天猫精灵 X1，如图 3-54 所示。该设备就是典型的语言交互设备，它集合了语音识别、自然语言处理和人机交互等技术，拉近了普通消费者和 AI（人工智能）的距离。

图 3-54 天猫精灵 X1

天猫精灵 X1 内置第一代中文人机交流系统 AliGenie。它的一大特点是使用了第一个商用化的声纹识别及购物系统，能够识别每个人的身份。

“声纹识别技术会根据声音条件识别出不同的使用者，以此保证使用的安全性和私密性。”阿里人工智能实验室负责人表示，基于声纹识别技术，X1 还具有了声纹购物功能，“这是第一个商用的声纹购物系统，可以通过声纹完成支付，当你发起购物、充值等行为时，只需要说出声纹密码，声音识别系统确认是本人后才会完成交易。”

除了放音乐、讲故事、管理家庭智能设备、缴费和购物，天猫精灵 X1 还具有很多的交互功能，例如，管理行程、查天气、找手机、问百科、设闹钟、查食物热量、查快递和查价格等，还全面接入了 KEEP 健身课程。天猫精灵 X1 采用了专门为智能语音行业开发的芯片，在解码、降噪、声音处理和多声道的协同等方面做了优化处理。针对需要进行大量音频处理、声音合成的工作环境，定制芯片加入了独立的 NEON 处理单元，NEON 技术可加速音频和语音处理、电话和声音合成等，从而带来更优秀的语音识别及音频处理效果。

在收音方案上采用了六麦克风收音阵列技术，有助于收集到来自不同方向的声音，从而更容易在周围的噪声中识别出有用的信息，来达到更好的远场交互效果。

天猫精灵 X1 背后的团队在降噪技术上做了大量研究，在厨房、客厅、卧室和书房等环境里面，对玻璃、木材、混凝土、金属以及石材等各种材质和环境进行了上千次实验，并专门针对家庭使用场景做了优化，即使在有噪音的环境中也能正常唤醒和使用。天猫精灵 X1 还具备一定的学习功能，可以根据环境噪声进行学习和进化，适应不同家庭环境噪声，经过 7 天左右优化，会更加适应所在家庭环境。

此外，天猫精灵 X1 还使用了回声对消和远近场拾音等技术，即使在播放音乐的同时也能正常接收语音指令。

3.3.6 意念控制设备

意念控制设备是在人的思想集中在某件物品上时，戴在头部的传感器能够测量出他的脑电波，与传感器相连接的微型计算机就能够向咖啡机等设备发出信号使之启动，如图 3-55 所示。

BBC 声称，人们佩戴一款名为 BBC iPlayer 的新耳机时，集中注意力就可以换台，该耳机如图 3-56 所示。不过目前耳机正在接受测试中，用户需要保持专注 10s 才能完成意念控制。BBC 业务发展部主管赛勒斯• 赛罕说：“可以想象，人们不必从沙发上起来或者找遥控器，只要想着看某一频道，电视就会为你换台。”

图 3-55　意念控制设备

图 3-56　BBC iPlayer

同样，新一代假肢变得更智能，拥有更多关节，可承受更大的重量，还能实现意念控制，甚至让使用者感觉到假肢所接触的物品。约翰• 霍普金斯大学应用物理实验室的工程师们研制的机械手臂拥有 26 个关节，能够拿起大约 20.4kg 的物品，且可通过人的意念进行控制，如图 3-57 所示。

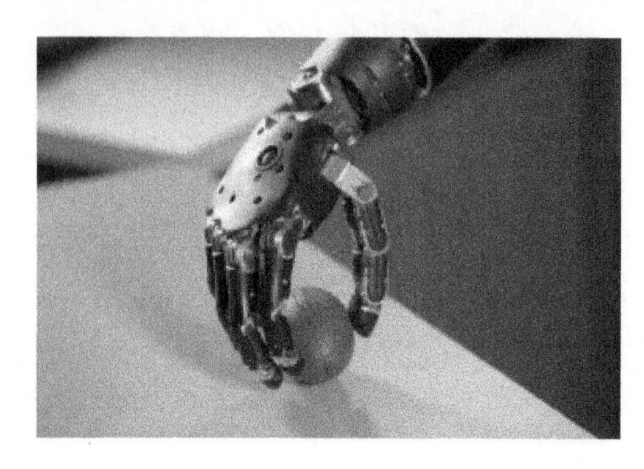

图 3-57　机械手臂

这款机械手臂名为模块化假肢（(Modular Prosthetic Limb，MPL)，能够识别大脑信号，使用者只需在脑中想着要做什么动作，这款假肢就能做出相应动作。不过，这款假肢还未得到食品和药物管理局的批准，而且还需把当前 50 万美元的售价降至普通民众能接受的水平。首席工程师迈克• 麦克洛克林表示“我们希望这款假肢尽可能地复杂，从而提升设计工艺，让使用者享受到更实用的功能。但最终若要商业化，则需降低成本”。

3.3.7　三维打印机

除了以上介绍的视觉、听觉、触觉等感知设备外，三维打印机是近年来非常流行的一种输出设备，如图 3-58 所示。打印机的产量以及销量在 21 世纪以来就已经得到了极大的增长，其价格也正逐年下降。

图 3-58　三维打印机备

3D 打印技术出现在 20 世纪 90 年代中期，是一种以数字模型文件为基础，运用粉末状金属或塑料等可黏合材料，通过逐层打印的方式来构造物体的技术。该技术在珠宝、鞋类、工业设计、建筑、工程、施工、汽车、航空航天、医疗产业、教育、地理信息系统、土木工程、枪支以及其他领域都有所应用。通过三维立体打印制造的汽车模型和枪械模型分别如图 3-59 和图 3-60 所示。

图 3-59　3D 打印汽车模型

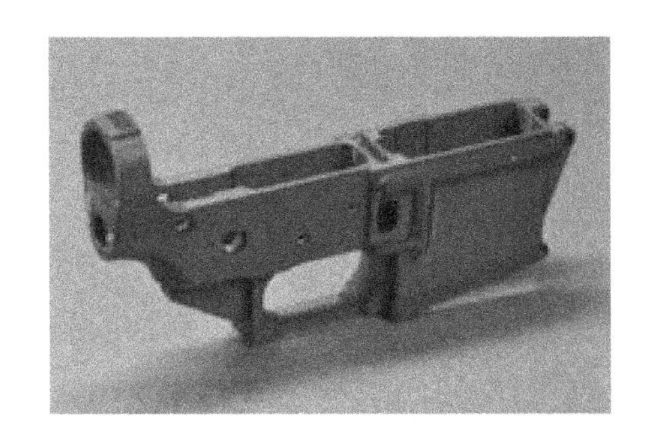

图 3-60　3D 打印枪械模型

2014 年 8 月 28 日，西安市周至县的胡伟（化名）在盖房时不幸被电弧击中头部，由 3 层楼房高空处坠落，被送到医院紧急手术后虽然保住了性命，但还是导致半个“脑盖”缺失，严重毁容。第四军医大学西京医院通过 3D 打印技术辅助，成功地为他实施手术，使其成功恢复外观。

小结

本章主要介绍了虚拟现实系统的硬件设备：虚拟现实系统的生成设备、虚拟现实系统的输入设备和虚拟现实系统的输出设备。虚拟现实系统的生成设备包括高性能个人计算机、高性能图形工作站、巨型机和分布式网络计算机。虚拟现实系统的输入设备包括跟踪定位设备、人机交互设备和快速建模设备。虚拟现实系统的输出设备包括视觉感知设备、听觉感知设备和触觉感知设备。

虚拟现实系统的硬件设备是虚拟现实系统的基础，通过本章的学习要求掌握相关设备的基本概念、配置和基本原理。

习题

一、填空

1. 虚拟现实系统的硬件设备主要包括________、________和________。
2. 影响图形工作站的主要因素有________、________、________、________、________。
3. 光学跟踪器使用的技术有________、________和________。
4. 常用的人机交互设备有________、________和________。
5. 快速建模设备包括________和________。
6. 头盔显示器主要分为________、________和________。
7. 墙式投影显示设备分为________和________。

8．听觉感知设备主要有________和________。

9．触觉反馈由________和________两部分组成。

10．常用的接触反馈设备有________和________。

二、简答

1．图形工作站与个人计算机相比有何区别？

2．跟踪定位设备的作用是什么？包括哪些种类？

3．机械跟踪器与惯性跟踪器相比有何区别？

4．数据衣的工作原理是什么？

5．3D 扫描仪可以分成哪几类？各具有哪些特点？

6．视域和视角有何区别?

7．吊杆式显示器有何特点?

8．洞穴式显示设备有何特点?

9．墙式投影显示设备可以分成哪几类？各具有哪些特点？

10．3D 打印技术的应用领域有哪些？

第4章　虚拟现实开发软件和语言

学习目标

- 了解三维建模软件
- 了解虚拟现实开发平台
- 了解虚拟现实常用开发语言
- 了解各软件的应用领域及发展趋势

虚拟现实的相关开发软件，在虚拟现实开发过程中承担着建立三维场景、实现交互以及开发应用功能等方面的任务。相关软件有多种，而且三维建模软件、虚拟现实开发平台以及虚拟现实开发语言是其中不可或缺的部分。

4.1　三维设计软件

虚拟现实注重的是真实感和沉浸感，真实感需要通过 3D 设计软件将现实世界和环境真实再现，常用的 3D 设计软件有 3ds Max、Maya、Softimage、ZBrush、Lumion 3D、Cinema 4D 等，本节主要介绍 3ds Max 和 Lumion 3D。

4.1.1　3ds Max

3ds Max 是由 Autodesk 公司旗下的 Discreet 子公司推出的三维设计软件，广泛应用于建筑设计表现、游戏开发、虚拟现实、影视动画广告、模拟仿真、辅助教学和工程可视化等领域。

1．3ds Max 简介

3ds Max 系列产品有着悠久的历史，在 DOS 时代 3D Studio 就拥有庞大的用户群体，1996 年发布 Windows 平台下的 3D Studio Max 1.0，该软件在 3D Studio 的基础上有了质的飞跃，成为集建模、渲染和动画为一体的，突破性的三维设计软件。伴随着计算机硬件的发展，3ds Max 相继推出了 2.5、3.0、4.0、5.0 等版本。目前，3ds Max 已经发展到 2017 版本，该版本提供了迄今为止功能最强大、种类最丰富的工具集，可自定义工具，更高效地跨团队协作。

3ds Max 有多种建模方法：基本几何体建模、2D 转 3D 建模、修改器建模、网格（Mesh）建模、多边形（Polygon）建模、面片（Patch）建模和 Nurbs 建模等。目前，最常用的是以多边形建模方法为主，配合其他建模方法。

3ds Max 的渲染功能十分强大，自带扫描线（Scanline）渲染器，3ds Max 6.0 版本内置了 Mental Ray 渲染器，还可以连接渲染器插件 Vray、Finalrender、Brazil 和 Lightscape 等，目前 Vray 渲染器使用得最多。

3ds Max 的动画功能也相当强大，支持关键帧动画、层次动画和角色动画等。关键帧动画可以为所有属性设置动画，可以实现物体移动、旋转和缩放等基础变换动画，还可以通过设置属性和参数，实现材质、灯光以及编辑修改器动画。通过具有层次关系父子物体的层次动画设置，可以实现父物体带动子物体运动，或者通过反向动力学实现子物体带动父物体运动。3ds Max 提供了角色动画系统和群组动画，可以创建人体骨骼系统 Biped，通过 Physique 修改器蒙皮，从而实现通过骨骼控制人物网格的运动。角色动画系统可以通过关键帧动画设计和叠加角色多个动作，还可以直接加载通过动作捕捉系统生成的 bip 等格式动作文件，方便快捷。

2．3ds Max 的操作界面

3ds Max 的界面主要由菜单栏、主工具栏、命令面板、工作视图、视图控制区、动画控制区、关键帧控制区、轨迹栏、坐标显示、状态栏和脚本语言等组成，如图 4-1 所示。

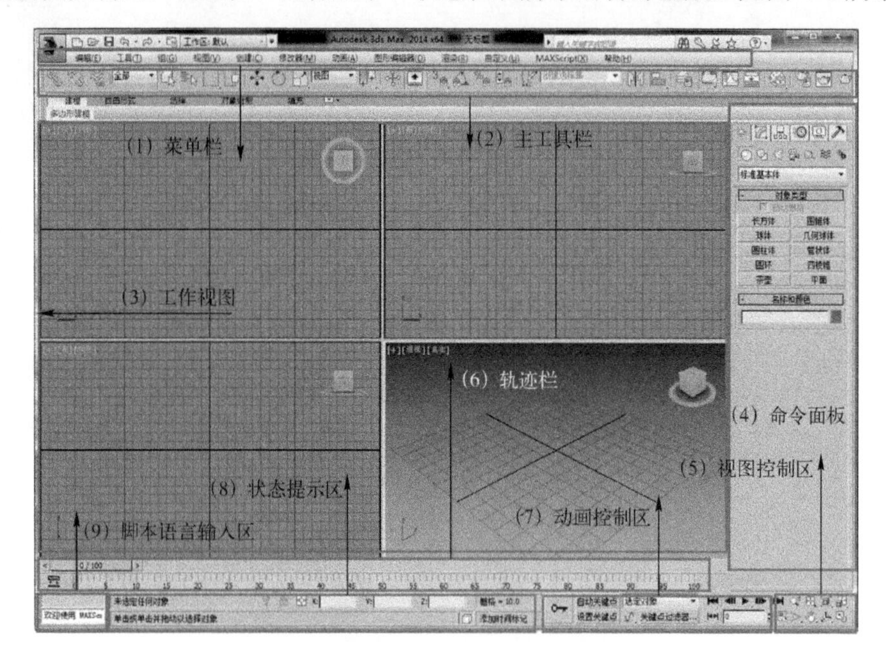

图 4-1　3ds Max 的界面

（1）菜单栏

菜单栏位于屏幕上方，共有 13 个菜单项。

1）文件。该菜单项中的命令主要完成文件的打开、新建、存储、导入、导出和合并等操作。

2）编辑。该菜单中的命令主要完成对场景中的物体进行复制、克隆、删除和通过多种方式选择物体等功能，并能撤销或重复用户的操作。

3）工具。该菜单中的命令主要完成对场景中的物体进行镜像、阵列、对齐、快照和设置高光点等操作。

4）组。用于组合场景中选定的物体，然后作为一个整体进行编辑。其中包括成组、解组、打开组、关闭组、附加、分离和炸开等操作。

5）视图。用来控制 3ds Max 工作视图区的各种特性，包括视图的布局、背景、栅格显示设定、视图显示设定和单位设定等功能。

6）创建。用于在场景中创建各种物体，包括三维标准基本几何体、三维扩展基本几何体、AEC 建筑元件物体、复合物体、粒子系统、NURBS 曲面、二维平面曲线、灯光、摄影机、辅助物体和空间扭曲等。

7）修改器。提供对场景中的物体进行修改、加工的工具，其中包括选择修改器、面片/曲线修改器、网格修改器、运动修改器、NURBS 曲面修改器和贴图坐标修改器等。

8）动画。提供制作动画的一些基本设置工具，包括 IK 节点的设定、移动控制器、旋转控制器、缩放控制器和动画的预览等。

9）图表编辑器。该菜单提供用于管理场景及其层次和动画的轨迹视图，包括编辑运动曲线的曲线编辑器和编辑关键帧的摄影表。

10）渲染。主要提供渲染、环境设置、效果设定、后期编辑、材质编辑和光线追踪器设定等功能，且新增若干关于预览和内存管理的功能。

11）自定义。该菜单提供定制用户界面、自定界面的加载、保存、锁定和转换等操作，还可以完成视图、路径、单元和栅格的设置功能。

12）MaxScript（脚本）。主要提供在 3ds Max 中进行脚本编程的功能，包括脚本的新建、打开、保存、运行和监测等，6.0 版本以后新增了 Visual MaxScript 可视化脚本编程功能。

13）帮助。该菜单提供帮助信息，包括 3ds Max 的使用方法、MaxScript 脚本语言的参考帮助和附带的实例教程等。

（2）主工具栏

主工具栏的按钮分类如图 4-2 所示，包括历史记录、物体链接、选择控制、变换修改、操作控制、捕捉开关、常用工具、常用编辑器和渲染等。由于工具栏的按钮较多，屏幕显示不完，可以将鼠标指针放在主工具栏的空白处，此时鼠标指针变为小手形状，拖动鼠标就可以移动工具栏。

图 4-2　3ds Max 的主工具栏

（3）工作视图

工作视图是 3ds Max 的工作和显示区域，默认由 4 个视图组成，依次为顶视图、左视图、前视图和透视图，用户可以根据需要设置工作视图布局和显示的视图类型。视图分为 6 个二维正视图（Front、Back、Left、Right、Top、Bottom）和 2 个三维视图（Perspective、Use）。

（4）命令面板

命令面板是 3ds Max 中最重要的部分，实现物体的创建、修改和层级动画的编辑等操作。命令面板一共由 6 个子面板组成，依次是“创建”面板、“修改”面板、“层级”面板、“运动”面板、“显示”面板和“实用工具”面板，并且以选项卡的形式组织，通过单击这些选项卡可以进入相应的命令面板，有的面板还包括子面板。

（5）视图控制区

视图控制区共由 8 个按钮组成，用来调整观察角度和观察位置，以便从最佳的角度观察物体。

（6）轨迹栏

在 3ds Max 中制作动画以帧为单位，但在制作时并不需要将每一帧都制作出来，而是将决定动画内容的几个主要帧确定下来，然后由系统在这几个帧的中间进行插值运算，自动得到物体在其他帧中的状态，从而得到连续的动画，将这几个主要的帧称为关键帧。

轨迹栏位于工作视图的下方，包括上下两个部分。上面的部分称为时间滑块，在拖动时间滑块时，其上可以指示出当前的帧数，这样就可以方便地进行帧的定位，单击时间滑块两边的按钮可以一帧一帧地移动滑块；下面的部分称为关键帧指示条，可以清楚地知道关键帧的总数和每一个关键帧的位置，最右面的数字代表当前动画的总帧数，如果在第 20 帧的位置上定义一个关键帧，那么在关键帧指示条中第 20 帧的位置上就会出现一个深色的标记，代表这一帧是关键帧。

（7）动画控制区

动画控制区在视图控制区的左边，主要提供动画记录开关按钮以及播放动画的一些控制工具，并可以完成对动画时间、播放特性的设定。

（8）状态提示区

如图 4-3 所示，状态栏位于界面的下方，X、Y、Z 三个显示框提供当前物体的位置信息，当进行物体编辑时，还可以提供相应的编辑参数。此外，在下面的状态提示栏中还实时地提供下一步可进行的操作。

图 4-3 状态提示区

（9）脚本语言输入区

位于界面的左下角，用于输入简单的 MaxScript 脚本语句并编译执行，而复杂的语句则要通过脚本编辑器来完成。

4.1.2 Lumion

1. Lumion 概述

荷兰 ACT-3D 公司于 2010 年 12 月正式发布了实时 3D 可视化软件 Lumion，主要用于建筑、景观和规划的效果图制作，也应用于动画的设计制作、虚拟现实场景制作等，最新版本是 Lumion 8.0。

Lumion 可以简单快速地设计出逼真的模型，渲染速度快、效率高，由于使用了 GPU 渲染技术，可以快速响应用户的编辑操作，实时渲染编辑修改后的场景画面。软件操作简单，易学易用，可以调和设计师在时间与设计质量之间的矛盾。支持从 Sketchup 以及 Autodesk 等产品中导入模型。

2. Lumion 界面

Lumion 主界面和 3ds Max、Maya 的传统界面不同，没有很多的菜单、工具按钮和命令面板，如图 4-4 所示。Lumion 主界面的右侧是系统命令工具栏，左侧是主工具栏，包含 4 个功能按钮：太阳与天空、地形与水域、模型与材质和添加配景。当鼠标移动到工具栏上，

4 个工具按钮都显示，鼠标移开，只显示选中的工具按钮，其他 3 个按钮会自动隐藏。如果切换到剧场模式，界面上的工具栏会全部隐藏，可以实时、全方位地观察场景。

图 4-4 Lumion 的界面

Lumion 提供了类似虚拟漫游和游戏的环境界面，可以使用跟游戏中一样的操作方式与场景互动，编辑场景中的 3D 模型、纹理和动画等都可以实现实时渲染。

3．Lumion 功能

（1）模板

Lumion 提供了 9 个场景模板（Coastline 海岸线、River bed 河床、Mountain range 远山平原、Dry desert 沙漠、Flat terrain 平原、Flat terrain foggy 雾气平原、Large Mountain 山脉、Red Rock 红岩石、Sunset 日落等），方便用户快速创建项目。

（2）太阳与天空

可以设置和调节场景中的云、雾效果，太阳的位置、高度等，提供预设功能，可以直接使用。

（3）地形与水域

可以设置和调整山的形状、材质等特性和水的特性。

（4）模型与材质

导入外部模型，Lumion 支持 SKP、DAE、FBX、MAX、3DS、OBJ、DXF 等导入格式；可以编辑和修改导入模型的材质。

（5）添加配景

Lumion 提供了一个庞大而丰富的资源库，包括建筑、交通工具、人物、动物、街道、街饰、地表、石头、树木和城建附属设备等。很多资源又有详细子类划分，十分丰富，可以快速创建环境配景，营造整体氛围。Lumion 每次推出新版本都会增加和丰富资源内容。

（6）拍照和录制影片

Lumion 能够渲染单帧图片，也可以录制影片，并可以编辑录制的多段影片，为影片添加特效和过渡效果，这些功能对于制作建筑漫游动画和虚拟现实漫游作品十分方便高效。

4．Sketchup、3ds Max 和 Lumion 比较

Sketchup 是一个轻量化的三维建模软件，通过简单的推拉就可以快速创建模型，在建筑设计方面应用最广。3ds Max 建模复杂但精细，可以创建复杂模型、插件很多，历史悠久，在建模、材质、动画等各方面表现不错。Lumion 是新兴的一款快速表达软件，对 Sketchup 支持良好，基于 GPU 渲染图像，速度快，实时效果好，但相比 Vray 等专业渲染软件画质效果还有差距，随着硬件发展，这种差距会越来越小。

4.2 虚拟现实开发平台

虚拟现实开发平台具有对建模软件制作的模型进行组织显示，并实现交互等功能。目前较为常用的开发平台包括 Unity、虚幻 4、VRP、Virtools 和 Vizard 等。

虚拟现实开发平台可以实现逼真的三位立体影像，实现虚拟的实时交互、场景漫游和物体碰撞检测等。因此，虚拟现实开发平台一般具有以下基本功能。

（1）实时渲染

实时渲染的本质就是图形数据的实时计算和输出。一般情况下，虚拟场景实现漫游时需要实时渲染。

（2）实时碰撞检测

在虚拟场景漫游时，当人或物在前进方向被阻挡时，人或物应该沿着合理的方向滑动，而不是被迫停下，同时还要做到足够的精确和稳定，防止人或物穿墙而掉出场景。因此，虚拟现实开发平台必须具备实时碰撞检测功能才能设计出更加真实的虚拟世界。

（3）交互性强

交互性的设计也是虚拟现实开发平台必备的功能。用户可以通过键盘或鼠标完成虚拟场景的控制，例如，可以随时改变在虚拟场景中漫游的方向和速度、抓起和放下对象等。

（4）兼容性强

软件的兼容性是现代软件必备的特性。大多数的多媒体工具、开发工具和 Web 浏览器等，都需要将其他软件产生的文件导入。例如，将 3ds Max 设计的模型导入到相关的开发平台，导入后，能够对相应的模型添加交互控制等。

（5）模拟品质佳

虚拟现实开发平台可以提供环境贴图、明暗度微调等特效功能，使得设计的虚拟场景具有逼真的视觉效果，从而达到极佳的模拟品质。

（6）实用性强

实用性强即开发平台功能强大。可以对一些文件进行简单的修改，如对图像和图形的修改；能够实现内容网络版的发布，创建立体网页与网站；支持 OpenGL 以及 Direct3D；对文件进行压缩；可调整物体表面的贴图材质或透明度；支持 360° 旋转背景；可将模拟资料导出成文档并保存；合成声音、图像等。

（7）支持多种虚拟现实外部设备

虚拟现实开发平台应支持多种外部硬件设备，包括键盘、鼠标、操纵杆、方向盘、数据手套、六自由度位置跟踪器以及轨迹球等，从而让用户充分体验到虚拟现实技术带来的乐趣。

4.2.1　Unity

1．Unity 简介

Unity 是由 Unity Technologies 开发的一个多平台的综合型游戏开发工具，是全面整合的专业游戏引擎，如图 4-5 所示。它可以让玩家轻松创建如三维视频游戏、建筑可视化和实时三维动画等类型的互动内容。其编辑器运行在 Windows 和 Mac 下，可发布游戏至 Windows、Mac、iOS、Windows Phone、Android、PlayStation、XBOX 和 Wii 等平台。也可以利用 Unity Web Player Development 插件发布网页游戏，支持 Mac 和 Windows 的网页浏览。

据不完全统计，目前国内有 80%的 Android、iPhone 手机游戏使用 Unity 进行开发。例如，著名的手机游戏《神庙逃亡》就是使用 Unity 开发的，运行效果如图 4-6 所示。《纵横时空》《将魂三国》《争锋 Online》《萌战记》《绝代双骄》《蒸汽之城》《星际陆战队》《新仙剑奇侠传 Online》《武士复仇 2》《UDog》等上百款游戏也是使用 Unity 开发的。

图 4-5　游戏开发引擎 Unity

图 4-6　《神庙逃亡》游戏界面

Unity 不仅限于游戏行业，在虚拟现实、增强现实、工程模拟、3D 设计和建筑设计展示等方面也有着广泛的应用。国内使用 Unity 进行虚拟仿真教学平台、房地产三维展示等项目开发的公司非常多，例如，绿地地产、保利地产、中海地产和招商地产等大型房地产公司的三维数字楼盘展示系统，很多都是使用 Unity 进行开发的，较典型的如《飞思翼家装设计》《状元府楼盘展示》等。郑州升达经贸管理学院信息工程学院学生使用 Unity 开发的《升达信工实验室》项目如图 4-7 所示。

a)

b)

图 4-7　Unity 开发的《升达信工实验室》项目

a) 启动界面　b) Windows 平台运行效果

c)

图 4-7　Unity 开发的《升达信工实验室》项目（续）

c) Android 平台运行效果

Unity 提供强大的关卡编辑器，支持大部分主流的 3D 软件格式，使用 C#或 JavaScript 等高级语言实现脚本功能，使开发者无须了解底层复杂的技术，快速地开发出具有高性能、高品质的交互式产品。

随着 iOS、Android 等移动设备的大量普及和虚拟现实在国内的兴起，Unity 因其强大的功能、良好的可移植性，在移动设备和虚拟现实领域得到了广泛的应用和传播。

2．Unity 界面及菜单介绍

（1）Unity 界面布局

如图 4-8 所示为 Unity 经典 2 by 3 布局界面，界面显示了 Unity 最为常用的几个面板，下面是各个面板的详细说明。

图 4-8　Unity 界面布局

1）Scene（场景面板）。该面板为 Unity 的编辑面板，可以将所有的模型、灯光、摄像机以及其他对象拖放到该场景中，并可以在该面板中选择、复制、移动、旋转和缩放对象。

2）Game（游戏面板）。与场景面板不同，该面板不能编辑，主要用来预览和测试场景运行效果和交互效果。

3）Hierarchy（层次面板）。该面板的主要功能是创建、显示和编辑场景面板中创建的所有物体对象。

4）Project（项目面板）。该面板的主要功能是显示该项目文件中的所有资源，除了模型、材质、图片、音频、预制对象和 UI 对象等，还包括该项目的所有场景文件。

5）Inspector（监视面板）。该面板用来显示和编辑场景对象所包含的组件和属性，包括三维坐标、旋转量、缩放大小、脚本的变量和组件信息等。

6）“场景调整工具” Center Global。可改变用户在编辑过程中的场景视角、物体世界坐标和本地坐标的更换、物体法线中心的位置，以及物体在场景中的坐标位置和缩放大小等。

7）“播放、暂停、逐帧”按钮。用于运行游戏、暂停游戏和逐帧调试程序。

8）“层级显示”按钮 Layers。选择或取消选择该下拉框中对应层的名字，就能决定该层中所有物体是否在场景面板中被显示。

9）“版面布局”按钮 Layout。调整该下拉框中的选项，即可改变编辑面板的布局。

除了 Unity 初始化的这些面板以外，还可以通过“Add Tab”按钮和菜单栏中的 Window 下拉菜单，增添其他面板和删减现有面板。还有用于制作动画文件的 Animation（动画面板）、用于观测性能指数的 Profiler（分析器面板）、用于购买产品和发布产品的 Asset Store（资源商店）、用于控制项目版本的 Asset Server（资源服务器），以及用于观测和调试错误的 Console（控制台面板）。

（2）Unity 菜单介绍

“菜单栏” File Edit Assets GameObject Component Window Help 和其他软件一样，包含了软件几乎所有要用到的工具下拉菜单。当导入某些 unityPackage 包，会在菜单栏增加菜单项或子菜单项。

在“菜单栏”中包含 7 个菜单选项，分别是 File（文件）、Edit（编辑）、Assets（资源）、GameObject（游戏对象）、Component（组件）、Window（窗口）、Help（帮助）。这些是 Unity 中标准的菜单选项，其各自又有自己的子菜单。

4.2.2　VRP

1．VRP 简介

虚拟现实平台（Virtual Reality Platform，VRP）是一款由中视典数字科技有限公司独立开发的、具有完全自主知识产权、简单易用的一款虚拟现实软件，目前使用已经比较少。如图 4-9 所示为 VRP 的操作界面。

VRP 适用性强、操作简单、功能强大、高度可视化、所见即所得。VRP 所有的操作都是以美工可以理解的方式进行，不需要程序员参与。如果使用者有良好的 3ds Max 建模和渲染基础，那么只要对 VRP 稍加学习和研究就可以很快制作出自己的虚拟现实项目。郑州升达经贸管理学院信息工程学院学生早期使用 VRP 开发的《漫游升达园》项目如图 4-10 所示。

VRP 可广泛地应用于城市规划、室内设计、工业仿真、古迹复原、桥梁道路设计、房地产销售、旅游教学、水利电力和地质灾害等众多领域，提供切实可行的解决方案。

VRP 以 VRP 引擎为核心，衍生出 VRP-Builder（虚拟现实编辑器）、VRPIE3D（互联网平台，又称 VRPIE）、VRP-Physics（物理模拟系统）、VRP-Digicity（数字城市平台）、

VRP-Indusim（工业仿真平台）、VRP-Travel（虚拟旅游平台）、VRP-Museum（网络三维虚拟展馆）、VRP-SDK（三维仿真系统开发包）和 VRP-Mystory（故事编辑器）9 个与三维产品相关的软件平台。VRP 产品体系如图 4-11 所示。

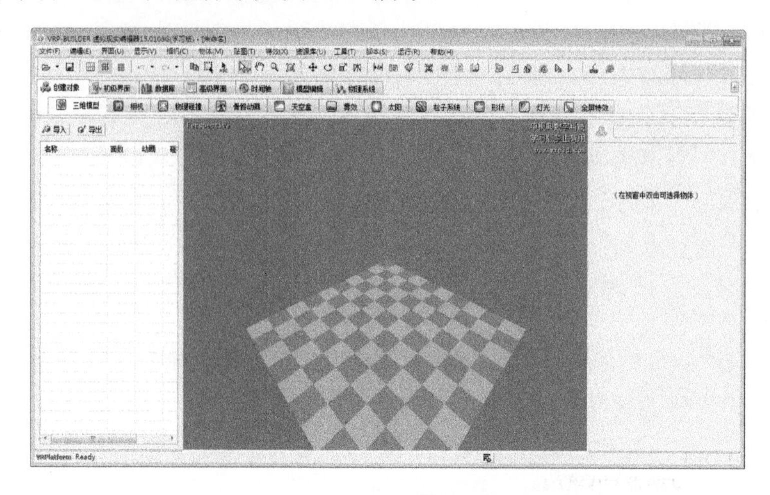

图 4-9　VRP 的操作界面

图 4-10　VRP 开发的《漫游升达园》项目

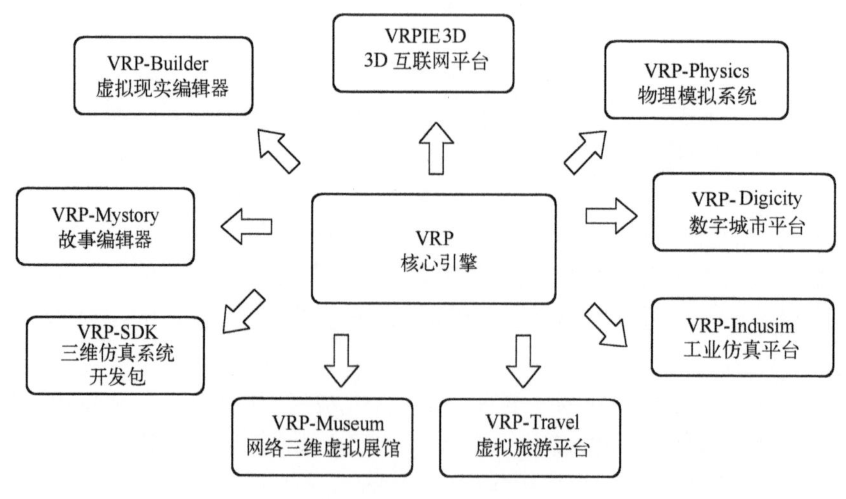

图 4-11　VRP 产品体系

（1）VRP-Builder

VRP-Builder（虚拟现实编辑器）是 VRP 的核心部分，可以实现三维场景的模型导入、后期编辑、交互制作、特效制作、界面设计和打包发布等功能。VRP-Builder 的关键特性包括友好的图形编辑界面；高效快捷的工作流程；强大的 3D 图形处理能力；任意角度、实时的 3D 显示；支持导航图显示功能；高效、高精度物理碰撞模拟；支持模型的导入/导出；支持动画相机，可方便录制各种动画；强大的界面编辑器，可灵活设计播放界面；支持距离触发动作；支持行走相机、飞行相机、绕物旋转相机等；可直接生成 EXE 独立可执行文件等。

（2）VRPIE3D

VRPIE3D（互联网平台）是用来将 VRP-Builder 的编辑成果发布到因特网，并且可以实现用户通过因特网对三维场景的浏览与互动。其特点是无须编程，快速构筑 3D 互联网世界；支持嵌入 Flash 及音视频；支持 Access、MS SQL 以及 Oracle 等多种数据库；高压缩比；支持物理引擎，动画效果更为逼真；全自动无缝升级以及与 3ds Max 无缝连接；支持 95%的格式文件导入等。

（3）VRP-Physics

VRP-Physics（物理模拟系统），简单地说就是计算 3D 场景中物体与场景之间、物体与角色之间、物体与物体之间的运动交互和动力学特性。在物理引擎的支持下，虚拟现实场景中的模型有了实体，一个物体可以具有质量，可以受到重力落在地面上，可以和别的物体发生碰撞，可以受到用户施加的推力，可以因为压力而变形，可以有液体在表面上流动。

（4）VRP-Digicity

VRP-Digicity（数字城市平台）是结合“数字城市”的需求特点，针对城市规划与城市管理工作而研发的一款三维数字城市仿真平台软件。其特点是建立在高精度的三维场景上；承载海量数据；运行效率高；网络发布功能强大；让城市规划摆脱生硬复杂的二维图纸，使设计和决策更加准确；辅助于城市规划领域的全生命周期，从概念设计、方案征集，到详细设计、审批，直至公示、监督、社会服务等。

（5）VRP-Indusim

VRP-Indusim（工业仿真平台）是集工业逻辑仿真、三维可视化虚拟表现、虚拟外设交互等功能于一体的应用于工业仿真领域的虚拟现实软件，包括虚拟装配、虚拟设计、虚拟仿真和员工培训 4 个子系统。

（6）VRP-Travel

VRP-Travel（虚拟旅游平台）是为了解决旅游和导游专业教学过程中实习资源匮乏，而实地参观成本又高的问题。同时，专为导游、旅游规划等专业量身定制，开发出适用于导游实训、旅游模拟、旅游规划的功能和模块。方便师生进行交互式的导游模拟体验，大幅度提高旅游教学的质量和效果，改善传统教学模式中的弊端，使学生产生学习兴趣，增加学生实践操作机会。

（7）VRP-Museum

VRP-Museum（网络三维虚拟展馆）是一款针对各类科技馆、体验中心和大型展会等行业，将其展馆、陈列品以及临时展品移植到互联网上进行展示、宣传与教育的三维互动体验解决方案。网络三维虚拟展馆将成为未来最具有价值的展示手段。

(8) VRP-SDK

VRP-SDK（三维仿真系统开发包），简单地说，有了 VRP-SDK，用户可以根据自己的需要来设置软件界面、软件的运行逻辑、外部控件对 VRP 窗口的响应等，从而将 VRP 的功能提高到一个更高的程度，满足用户对三维仿真各方面的专业需求。

(9) VRP-Mystory

VRP-Mystory（故事编辑器）是一款全中文的 3D 应用制作虚拟现实软件。其特点是操作灵活、界面友好、使用方便，就像在玩电脑游戏一样简单；易学易会、无须编程，也无须美术设计能力，就可以进行 3D 制作。VRP-Mystory 支持用户保存预先制作的场景、人物和道具等素材，以便需要时立即调用；支持导入用户自己制作的素材等。用户直接调用各种素材，就可以快速构建出一个动态的事件并发布成视频。

2. VRP 高级模块

VRP 高级模块主要包括 VRP-多通道环幕模块、VRP-立体投影模块、VRP-多 PC 级联网络计算模块、VRP-游戏外设模块、VRP-多媒体插件模块等 5 个模块。

(1) VRP-多通道环幕模块

VRP-多通道环幕模块由 3 部分组成：边缘融合模块、几何矫正模块和帧同步模块。可基于软件实现对图像的分屏、融合与矫正，使得一般用融合机来实现多通道环幕投影的过程基于一台 PC 机器即可全部实现。

(2) VRP-立体投影模块

VRP-立体投影模块采用被动式立体原理，通过软件技术分离出图像的左、右眼信息。相比于主动式立体投影方式的显示刷新提高一倍以上，且运算能力比主动式立体投影方式更高。

(3) VRP-多 PC 级联网络计算模块

采用多主机联网方式，避免了多头显卡进行多通道计算的弊端，而且三维运算能力相比多头显卡方式提高了 5 倍以上，而 PC 机事件的延迟不超过 0.1ms。

(4) VRP-游戏外设模块

Logitech 方向盘、Xbox 手柄，甚至数据头盔、数据手套等都是虚拟现实的外围设备，通过 VRP-游戏外设板块就可以轻松实现利用这些设备对场景进行浏览操作，并且该模块还能自定义扩展，可自由映射。

(5) VRP-多媒体插件模块

VRP-多媒体插件模块可将制作好的 VRP 文件嵌入到 Neobook、Director 等多媒体软件中，能够极大地扩展虚拟现实的表现途径和传播方式。

4.2.3 Virtools

Virtools 是法国达索（Dassault system）公司开发的一款虚拟现实和游戏引擎，也是最早应用比较广泛的虚拟现实开发平台，上海的网上世博会就是达索中标并开发的。我国台湾地区也有很多的 Virtools 用户。随着 Unity 和虚幻引擎的广泛使用，Virtools 用户已经大大缩减。

Virtools 可以将现有常用文档整合在一起，如 3D 模型、2D 图形或音效等，可以让没有程序基础的美术人员利用内置的行为模块快速制作出许多不同用途的 3D 产品，如因特网 3D 应用、游戏开发、多媒体、建筑设计、交互式电视、教育训练、虚拟仿真和产品展示等。

1．Virtools 构成

Virtools 是 3D 虚拟和互动技术的集成。Virtools 由 5 部分构成，分别是创作应用程序、交互引擎、渲染引擎、Web 播放器和 SDK。

（1）创作应用程序

Virtools Dev 是一个创作应用程序，允许快速、容易地生成对话式的 3D 作品。通过 Virtools 的行为技术，给符合工业标准的模型、动画、图像和声音等媒体带来活力。

Virtools Dev 不能产生模型。Virtools Dev 不是一个建模工具，然而，简单媒体如摄像机、灯光、曲线、接口元件和 3D 帧（在大多数 3D 应用中叫作哑元和补间）能简单地通过单击图标创建。

（2）交互引擎

Virtools 是一个交互引擎，即 Virtools 对行为进行处理。行为是某个元件如何在环境中行动的描述。Virtools 提供了许多可再用的行为模块，图解式的界面几乎可以产生任何类型交互内容，而不用写一行程序代码。对于习惯于编程的人而言，Virtools 提供了 VSL 语言，通过存取 SDK，作为对图形编辑器的补充。

Virtools 也有许多管理器，它帮助交互引擎完成它的任务。某些管理器（如 Sound Manager）对于动作引擎是外部的，另一些管理器（如 TimeManager）对于动作引擎是内部的。

（3）渲染引擎

Virtools 的渲染引擎在 Virtools Dev 的三维观察窗口中可以使用户所见即所得地查看图像。Virtools 的渲染引擎通过 SDK 可以由自己或者订制的渲染引擎来取代。注意，存取 Virtools 渲染引擎的源码受制于一个附加的授权协议书。

（4）Web 播放器

Virtools 提供一个能自由下载的 Web 播放器，而且下载量少于 1MB。Web 播放器包含回放交互引擎和完全渲染引擎。

（5）SDK

Virtools Dev 包括一个 SDK，提供对行为和渲染的处理。借助于 SDK 可以产生新的交互行为（动态链接库方式）；可以修改已存在交互行为的操作；可以写新的文件导入或导出插件来支持选择的建模文件格式；还可以替换、修改或扩充 Virtools Dev 渲染引擎（需要服从授权协议）。

Virtools 脚本语言（Virtools Scripting Language，VSL）在 Dev 内具有 SDK 接口，因此可以在不用运行自定义动态链接库（DLL）的情况下，能容易快速地测试新的概念，执行自定义编码。

2．Virtools 的执行流程

Virtools 的执行流程包含以下步骤。

（1）动态计算（Calculating Animations）

关键帧动画、变形动画在一开始执行时会先行计算，也就是当使用“角色控制器”时，其他所有的行为将在它之后才会开始处理。例如，一个有走路动态数据的主角，将会先计算此主角在该帧中所应该移动的动作后，才会开始处理此主角的移动位置。

（2）处理行为模块（Proccessing the Behaviors）

所有可执行的行为会在这阶段处理，但是无法得知哪一个行为将会优先执行。如果必须强迫某一个脚本较其他脚本先行执行，可以在 Level View 中设定 Priority。

（3）信息传递处理（Handling the Message Passing）

所有的信息在这个阶段才可以做传送与接收的动作，所以在“处理行为模块”阶段并不会处理信息数据。例如，当在第 N 帧使用行为模块“传递信息”时，“等待信息”将在第 N+1 帧接收到此信息，所以信息的传送不可能在同一帧完成。

（4）声音（Sound）

所有的声音将在此阶段处理。

（5）场景着色（Rendering Scene）

此阶段最为耗费 CPU 的资源。

4.2.4 Unreal Engine

1．Unreal Engine 概述

虚幻引擎（Unreal Engine，UE）是数字游戏和图形交互技术开发商 Epic Games 公司，开发的一款极为出色和流行的 3D 游戏引擎和虚拟现实开发工具，可用于开发游戏、虚拟现实、教育、建筑和电影等各种项目。

从 Unreal Engine 4 版本开始对用户免费开放，用户可以免费使用该引擎开发产品，在开发的产品有一定的盈利后，才开始支付较低的版权费用。

Unreal Engine 开发的作品具有电影级画面质量、很真实、很有沉浸感。虚幻引擎开发了很多著名的产品，如《质量效应》《生化奇兵》《战争机器》《无尽之剑》《镜之边缘》《虚幻竞技场》（如图 4-12 所示）等。在美国和欧洲，Unreal Engine 主要用于主机游戏的开发，在亚洲主要用于次世代网游的开发，如《剑灵》《TERA》《战地之王》《一舞成名》等。在 iPhone 上开发的游戏有《无尽之剑》（1、2、3）、《蝙蝠侠》等。

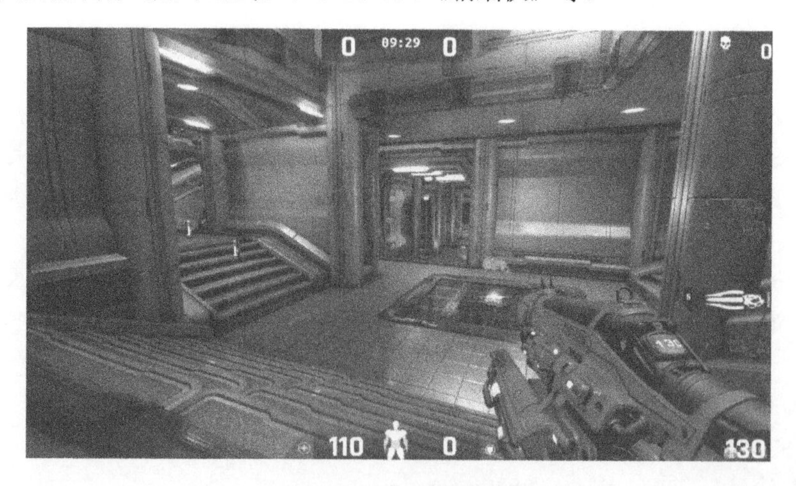

图 4-12　虚幻竞技场

虚幻商城提供了丰富的游戏内容、资源包、文档、范例项目、教程和演示，让开发者方便获得高质量、适用于不同艺术风格和游戏类型的素材，并应用到虚幻引擎开发的游戏和作品中。

2．Unreal Engine 发展历史

1998 年，UE1 发布，包含了基本的游戏引擎功能，如渲染、碰撞检测、AI、网络、文件管理等，加入了脚本系统 UnrealScript。UE1 支持的平台有 Windows、Macintosh 和 Sony 的 PS2 等。

2001 年，UE2 发布，重写了渲染部分，画面质量好了很多，增加了关卡编辑器和对微软 Xbox 的支持。

2004 年，UE3 发布，画面质量大大提升，视觉效果相当震撼，UE3 生命周期比较长，2010 年增加了对 iOS 和 Android 的支持，可以开发手机游戏。

2009 年，UDK（Unreal Development Kit）发布，UDK 是 UE3 的免费版本，包含了开发基于 UE3 游戏的所有工具，还附带了几个原本极其昂贵的中间件。在非商业应用和教育应用方面完全免费，促进了虚幻引擎的普及。UDK 在美国发布后，已经有超过一百所学院或大学开设了虚幻技术相关课程。

2012 年，UE4 发布，UE4 从 2003 年开始研发，经历了将近 10 年时间发布，有两大变化：去掉了 Unreal Script，增加了蓝图，蓝图是一种可视化的编程方式，使得策划和美术也可以编程了；2015 年 UE4 开始免费开源，促进了 UE4 的普及和流行。

3．虚幻编辑器（Unreal Editor）

虚幻编辑器是一个以“所见即所得”为设计理念的操作工具。在可视化的编辑窗口中开发者可以直接对物体进行自由的摆放和属性的设置，并且全部是实时响应和真实感渲染。

虚幻编辑器主要包括以下几部分，如图 4-13 所示。

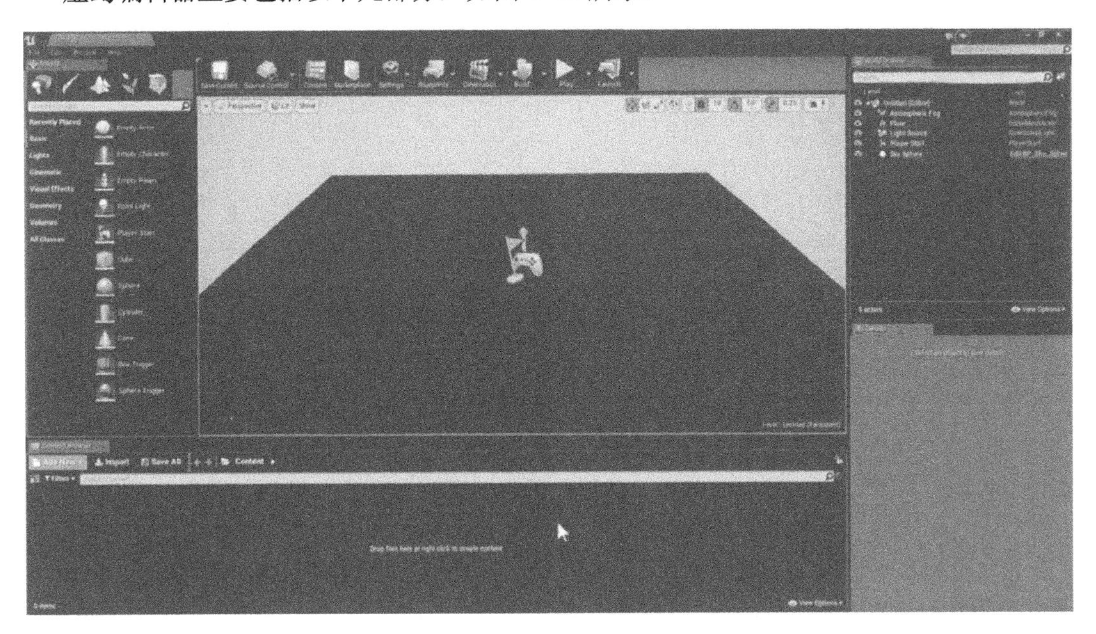

图 4-13　Unreal Enginer 编辑器

1）Modes（模式选项）可以选择使用位移模式、画笔模式等，还有一些引擎提供的预制对象可以使用。

2）Content Browser（内容浏览器）主要用来管理项目资源，例如模型、材质、粒子和蓝图等。

3）World Outliner（世界大纲视图）就是软件地图上所有的东西都在这上面。

4）Detail（详细信息）作用就是给选中的对象设置属性。

4．蓝图（Blueprint）

Unreal Engine4 版本增加了可视化编程蓝图（Blueprint）功能，降低了设计开发门槛，使得没有程序设计基础的策划和美术人员也能参与到项目开发中来。蓝图可以实现大部分C++的功能，甚至小型游戏可以完全通过蓝图来实现，但大中型游戏不建议完全通过蓝图开发。蓝图之前也出现在 UDK 版本中，当时称为 kismet。

蓝图跟 C++等面向对象编程语言在概念上是非常类似的，在蓝图中可以定义变量、函数、宏等，还可以实现继承、多态等高级功能。蓝图基于节点工作，使用连线把节点、事件、函数及变量等连接在一起，从而创建复杂的游戏性元素实现各种行为和功能，如图 4-14 所示。基本上 C++可以做的，蓝图也可以做到，而且是所见即所得，拖拽操作，即时编译，即时生效。

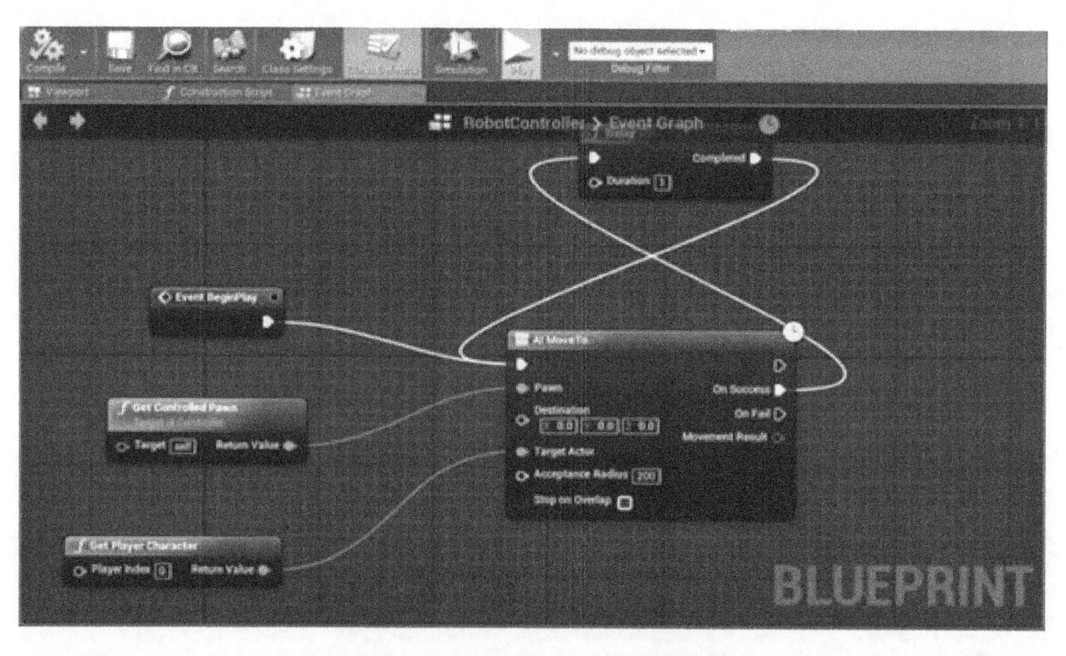

图 4-14　Unreal Engine4 中的蓝图

蓝图有以下几种常见类型。

（1）关卡蓝图（Level Blueprint）

关卡蓝图是一种特殊类型的蓝图，是作用于整个关卡的全局事件图表。

（2）类蓝图 （Blueprint Class）

类蓝图是一种允许内容创建者轻松地基于现有游戏性类添加功能的资源。

（3）蓝图父类（Blueprint SuperClass）

创建不同类型的蓝图，需要指定继承父类，可以调用父类创建的属性。

最常见的蓝图父类如下。

- Actor：可以在场景中创建编辑的 Actor。
- Pawn：可以从控制器获得输入信息处理的 Actor。
- Character：一个包含了行走、跑步、跳跃以及更多动作的 Pawn。
- Controller：没有物理表现的 Actor，可以控制一个 Pawn。
- Player Controller：角色控制器，交互式控制 Character。
- AI Controller：用于控制非玩家角色（Non-Player Character，NPC）。
- Game Mode Base：定义了项目是如何被执行的、项目规则和如何得分等。

（4）仅包含数据的蓝图（Data-Only Blueprint）

仅包含数据的蓝图是指仅包含代码（以节点图表的形式）、变量及从父类继承的组件的蓝图。

（5）蓝图接口（Blueprint Interface）

蓝图接口是一个函数或多个函数的集合，相当于 C++中的一个纯虚基类，仅有函数名称，没有实现，该接口可以添加到其他蓝图中。

采用蓝图开发的优势如下。

1）容易上手，有效降低了引擎的学习成本。

2）面向组件，开发方便，热更新。

3）有效地提高了项目开发效率，复杂的功能用 C++封装成模块，在蓝图中直接调用，调整方便。

采用蓝图开发的缺点如下。

1）可读性差，拿到非自己开发项目的蓝图通常要读很久才能弄清楚逻辑。

2）不易交流，讨论蓝图算法时，只有通过截图，无法像程序一样贴代码，如何把复杂的程序通过截图的形式表达出来也是一件让人很头疼的事。用蓝图编程，常常会把蓝图搞成一团乱麻，线飞过去飞过来，用连线做循环跟用 goto 语句一样。

3）对于大型项目维护困难复杂。

蓝图功能非常强大，效率很高，简单的功能用蓝图几分钟就能完成，可用于快速原型设计、简单事件驱动小型项目的开发，但是如果需要耗费非常多的 CPU 性能，最好把设计师的蓝图设计翻译成原生的 C++代码，例如，物理模拟等需要每帧更新又特别耗时的部分需要使用 C++来进行开发。同时蓝图布线管理也十分重要，逻辑清晰的蓝图对整个项目维护至关重要，通常项目开发使用蓝图实现游戏业务逻辑，配合 C++实现核心游戏逻辑和复杂底层功能。

4.3 虚拟现实开发语言

虚拟现实项目需要借助底层的图形接口（API），使用高级编程语言和脚本语言进行开发。脚本语言（Script Language）是一种以组件为基础的无类型、简单高效的解释型语言。目前，许多脚本语言超越了计算机简单任务自动化的领域，可以编写复杂而精巧的程序。在许多应用中，高级编程语言和脚本语言之间互相交叉，二者之间没有明确的界限。本节将对虚拟现实开发中常用的图形库和编程语言进行介绍。

4.3.1 OpenGL

1．OpenGL 概述

OpenGL（Open Graphics Library）是一个跨语言、跨平台的2D/3D图形程序接口，是一个功能强大、调用方便的底层图形库，广泛应用于Linux、UNIX、Mac OS X和Windows等桌面平台。OpenGL自诞生至今已催生了各种计算机平台及设备上的数千款优秀应用程序。

OpenGL的前身是SGI公司的IRIS GL，它最初是个2D图形函数库，后来逐渐演化为由这家公司的高端图形工作站所使用的3D编程API。IRIS GL功能虽然强大但是移植性不好，于是SGI公司便在IRIS GL的基础上开发了OpenGL。OpenGL后来由Khronos组织管理，Khronos组织创立于2000年1月，专注于创建开发标准和无版税API。

2．OpenGL 和 Direct3D

Direct3D是微软推出的图形标准，广泛应用于Windows平台、Xbox游戏平台和Windows移动设备上。Direct3D发展初期低效不好用，经过不断改进，已经成为Windows平台图形开发标准，与软硬件提供商合作多年，赢得了良好口碑，对于只对微软平台感兴趣的开发设计人员非常流行。

在专业高端绘图领域，OpenGL是不能被取代的主角。OpenGL支持跨平台，在研究领域应用广泛。

3．OpenGL 家族

OpenGL是最广泛部署的3D API家族，包括桌面OpenGL、OpenGL ES和WebGL。

（1）桌面OpenGL

桌面OpenGL就是传统的OpenGL。

（2）OpenGL ES

OpenGL ES（OpenGL for Embedded Systems）由Khronos组织研发，是OpenGL的一个子集，是在具有可编程3D硬件的手持设备和嵌入式设备上渲染复杂3D图形的应用程序接口，大大提高了移动电子设备的3D图形渲染速度。

OpenGL ES是智能移动终端设备中占据统治地位的3D图形API，支持的平台有iOS、Android、BlackBerry和Baba等，其应用范围已经扩展到桌面，是基于浏览器的3D图形标准WebGL的基础。

目前，Khronos发布了4种OpenGL ES规范，分别是OpenGL ES 1.0、OpenGL ES 1.1、OpenGL ES 2.0和OpenGL ES 3.0。

1）OpenGL ES 1.0和OpenGL ES 1.1规范使用固定功能管线，分别从OpenGL 1.3和1.5规范衍生而来。

2）OpenGL ES 2.0规范采用了可编程图形管线，从OpenGL 2.0规范衍生而来，成功地在智能移动终端设备中引入了类似于DirectX9和Microsoft Xbox 360的功能。

3）OpenGL ES 3.0规范。随着GPU图形能力的发展，桌面3D引入了阴影贴图、体渲染、基于GPU的粒子动画、纹理压缩和伽马矫正等技术。OpenGL ES 3.0将这些技术成功引入智能移动终端设备，同时继续适应嵌入系统局限性。

当前，随着智能移动终端设备配备大尺寸高分辨率屏幕、高性能多核CPU和大容量内存等硬件，在开发OpenGL ES时，重点已经从应付设备有限能力转向提高性能功能和合适市场时机。

（3）WebGL

WebGL（Web Graphics Library）是一种3D图形协议，WebGL的加入将OpenGL ES的能力带给了全球的Web内容，使HTML5开发人员能够直接从真正可移植的3D应用中利用最新GPU的能力。

WebGL把JavaScript和OpenGL ES结合在一起，通过增加OpenGL ES的一个JavaScript绑定，为HTML5“画布”提供硬件3D加速渲染，这样Web开发人员就可以借助系统显卡和GPU并行计算能力，在浏览器里流畅地展示3D场景和模型，创建复杂的导航和数据可视化，设计3D网页游戏和复杂3D结构网站页面等。

WebGL解决了原有Web交互式3D应用的两个问题。

1）通过HTML脚本实现Web交互式3D应用的制作，无须任何浏览器插件支持。

2）通过统一的、标准的和跨平台的OpenGL接口，利用底层的图形硬件加速功能进行图形渲染。

WebGL标准已出现在Mozilla Firefox、Apple Safari、Google Chrome和Microsoft Internet Explorer等浏览器中。

4.3.2 VRML

1．VRML概述

网络三维技术的出现最早可追溯到虚拟现实建模语言（Virtual Reality Modeling Language，VRML）。

虚拟现实建模语言是第二代万维网的标准语言，是一项与多媒体、因特网和虚拟现实等领域密切相关的新技术。熟悉万维网的人们都知道，由于HTML语言的局限性，VRML之前的网页只能是简单的平面结构。尽管借助Java技术可以实现一些三维的效果，可是要完全构造出一个三维的环境是不可能的，而VRML的诞生恰恰弥补了这一缺陷。VRML是一种基于文本的通用语言，是HTML的三维模型。它定义了当今3D应用中绝大多数常见的概念，如变换层级、光源、视点、几何、动画、雾、材质属性和纹理映射等。一个VRML的三维立体场景一般是由成千上万个多边形组成，这些多边形是构建计算机三维场景的基本材料。

2．VRML规范

VRML规范是1994年在瑞士日内瓦召开的万维网（WWW）会议上，由Mark Pesce和Tony Parisi首先提出。VRML 1.0版本只允许建立一个可以探索的环境，不能提供交互功能，也没有声音和动画。VRML 2.0规范于1996年8月通过，在1.0的基础上进行了很大的补充和完善。VRML2.0改变了1.0版本中只能创建静态3D景物的限制，增加了行为，可以让物体旋转、行走、滚动、改变颜色和大小；提供了梯度和纹理映射背景、与地点相关的声音以及可以将MPEG–II视频映射到任意对象上的节点；还提供了带轮廓的地形、突出、碰撞检测、模糊效果以及常见的文本，其制作效果如图4-15所示。

VRML规范支持纹理映射、全景背景、雾、视频、音频、对象运动和碰撞检测，一切用于建立虚拟世界所具有的东西。但是VRML并没有得到预期的推广运用，不过这不是VRML的错，主要受调制解调器的数据传输速率影响。VRML是几乎没有得到压缩的脚本代码，加上庞大的纹理贴图等数据，要在当时的互联网上传输简直是场噩梦。

图 4-15　VRML 制作的虚拟巴黎 3D 场景（可用鼠标实时 3D 漫游）

1998 年VRML组织改名为Web3D（Web 3D Consortium）组织，同时制订了一个新的标准——可扩展的 3D（Extensible 3D，X3D）。到了 2000 年，Web3D 组织完成了 VRML 到 X3D 的转换。X3D 整合了正在发展的 XML、Java 和流媒体技术等先进技术，具有更强大、更高效的 3D 计算能力、渲染质量和传输速度。

X3D 标准使更多的 Internet 设备实现生成、传输和浏览 3D 对象成为可能，无论是 Web 客户端还是高性能的广播级工作站用户，都能够享受基于 X3D 所带来的技术优势。而且，在 X3D 基本框架下，保证了不同厂家所开发软件的互操作性，结束了互联网 3D 图形标准混乱的局面。

自 2011 年以来，HTML5 和 WebGL 变成极热门的词语，3D 网页来势汹汹。主流的浏览器 Google Chrome 以及 Mozilla Firefox 均致力于 HTML5+WebGL 的 3D 网页技术方案的发展，各种实验性项目层出不穷。这是一个重要的转折，互联网最重要的门户浏览器正在从主流支持 2D 平面网页内容到支持 3D 物体形象的展示。

4.3.3　C#

1．C#概述

虚拟现实开发平台 Unity 最初提供了 3 种可以选择的脚本编程语言：JavaScript、C# 以及 Boo。Unity 从 5.0 版开始放弃对 Boo 的技术支持，削弱了对 JavaScript 的支持，加强对 C#的支持，但是原有 Unity 项目中的 Boo 和 JavaScript 仍然可以跟以前一样正常工作。

C#是微软公司设计的一种面向对象编程语言，是从 C 和 C++派生来的一种简单、现代和类型安全的编程语言。作为一种现代编程语言，在类、名字空间、方法重载和异常处理等方面，去掉了 C++中的许多复杂性，借鉴和修改了 Java 的许多特性，使其更加易于使用，不易出错，并且能够与.NET 框架完美结合，近几年 C#呈现上升趋势。

2．C#特点

（1）简单性

语法简洁，不允许直接操作内存，去掉了指针操作。在 C#中不再需要记住那些源于不同处理器结构的数据类型，如可变长的整数类型；C#统一了数据类型，使得.NET 上的不同语言具有相同的类型系统。可以将每种类型看作一个对象，不管它是初始数据类型还是完全的类。整型和布尔型数据是完全不同的类型，这意味着 if 判别式的结果只能是布尔数据，如果是别的类型则编译器会报错，使得搞混了比较和赋值运算的错误不会再发生。

（2）现代性

许多在传统语言中必须由用户自己来实现的或者干脆没有的特征，都成为基础 C#实现的一个部分。金融类型对于企业级编程语言来说是很受欢迎的一个附加类型。用户可以使用一个新的 decimal 数据类型进行货币计算。

（3）面向对象

彻底的面向对象设计，C#具有面向对象语言所应有的一切关键特性：封装、继承和多态。整个 C#的类模型是建立在.NET 虚拟对象系统之上的，这个对象模型是基础架构的一部分，而不再是编程语言的一部分——它们是跨语言的。

C#中没有全局函数、变量或常数。每组内容必须封装在一个类中，或者作为一个实例成员（通过类的一个实例对象来访问），或者作为一个静态成员（通过类名来访问），这会使用户的 C#代码具有更好的可读性，并且减少了发生命名冲突的可能性。

（4）类型安全

安全性是现代应用的头等要求，C#通过代码访问安全机制来保证安全性，根据代码的身份来源，可以分为不同的安全级别，不同级别的代码在被调用时会受到不同的限制。

当用户在 C/C++中定义了一个指针后，就可以自由地把它指向任意一个类型，包括做一些相当危险的事，如将一个整型指针指向双精度型数据。只要内存支持这一操作，它就会勉强工作，这当然不是用户所设想的企业级编程语言类型的安全性。与此相反，C#实施了最严格的类型安全机制来保护它自身及其垃圾收集器。因此，程序员必须遵守关于变量的一些规定，如不能使用未初始化的变量，对于对象的成员变量，编译器负责将它们置为默认值，局部变量用户自己负责。如果使用了未经初始化的变量，编译器会提醒用户。为保证类型安全，需做以下检查。

- 边界检查。当数组实际上只有 n-1 个元素时，不可能访问到它的“额外”的数据元素 n，这使重写未经分配的内存成为不可能。
- 算术运算溢出检查。C#允许在应用级或语句级检查这类操作中的溢出，当溢出发生时会出现一个异常。

（5）版本处理技术

C#语言本身内置了版本控制功能，使开发人员更加容易地开发和维护。

在过去的几年中，几乎所有的程序员都和所谓的“DLL 地狱”打过交道，产生这个问题的原因是许多计算机上安装了同一 DLL 的不同版本。DLL 是一种编译为二进制机器代码的函数库。DLL 在调用程序运行时才被调入内存执行，而不是在编译时链接到可执行程序内部，这样可以使程序代码在二进制级别实现共享，而不必在每个应用程序中编译一个副本，如果 DLL 中的代码更新了，只需要替换 DLL 文件即可更新所有使用该 DLL 的程序。然而，这同时也带来了 DLL 文件版本的问题，不同版本的 DLL 可能与不同调用程序不兼容，同一版本 DLL 也不能同时为不同的调用程序服务，结果造成应用程序出现无法预料的错误，或者在用户计算机中不得不更换文件名来保存同一 DLL 的多个版本。这种混乱的状态被称为“DLL 地狱”。

C#则尽其所能支持这种版本处理功能，虽然 C#自己并不能保证提供正确的版本处理结果，但它为程序员提供了这种版本处理的可能性。有了这个适当的支持，开发者可以确保当开发的类库升级时，会与已有的客户应用保持二进制级别上的兼容性。

3．Unity 中的 C#

Unity 中的 C#脚本的运行环境使用了 Mono 技术，可以在 Unity 脚本中使用.NET 所有的相关类，Unity 自带 MonoDevelop 编辑器，如图 4-16 所示。Mono 技术是一个由 Novell 公司领导的项目，旨在开发一个开放源代码的 Linux 版的 Microsfot.NET 开发平台，包括 C#编译器、公用语言运行时的环境和相关的一整套类库。Mono 项目使开发者开发的.NET 应用程序不仅能在 Windows 平台上运行，也能在任何支持 Mono 的平台上运行，包括 Linux、UNIX 等。

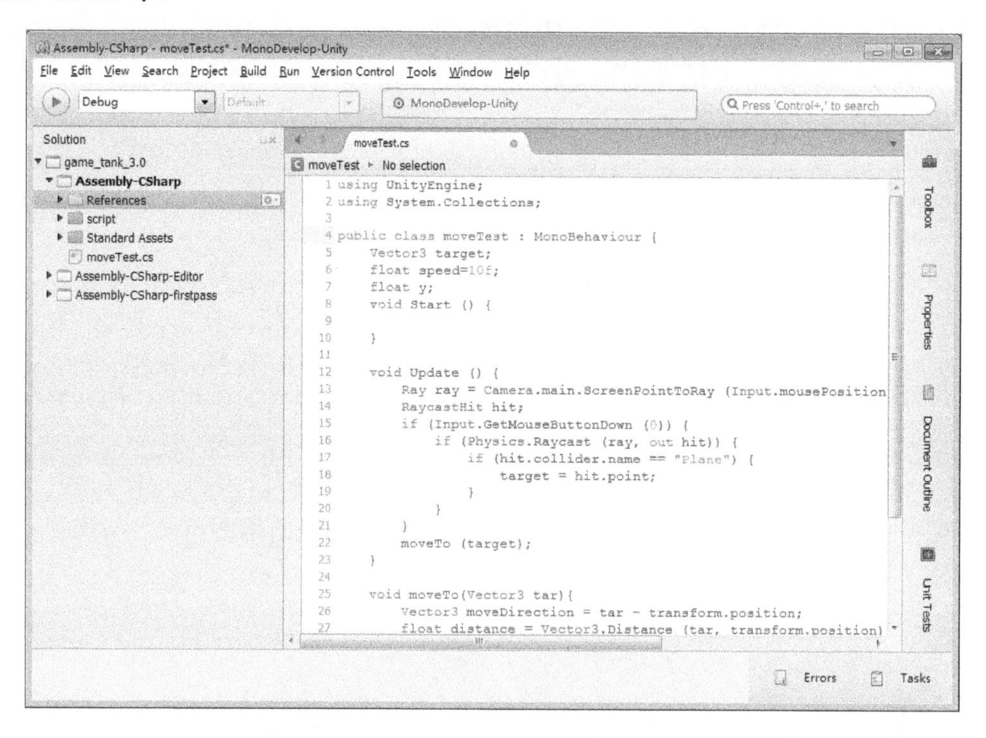

图 4-16　MonoDevelop 编辑器

Unity 中 C#的使用和传统的 C#有一些不同，Unity 中所有挂载到对象上的脚本都必须继承 MonoBehavior 类，MonoBehavior 类定义了各种回调方法，如 Awake、OnEnable、Start、Update、FixedUpdate、OnDisable 和 OnDestroy 等。Unity 自带了完善的调试功能，控制台（Console）中包含了当前全部错误，每一个错误信息明确指明了代码出错的原因和位置，如果是脚本错误，双击可以自动跳转到脚本编辑器进行修改。

4.3.4　C++

1．C++概述

C++由美国 AT&T 贝尔实验室的 Bjarne Stroustrup 博士在 20 世纪 80 年代初期发明并实

现（最初这种语言被称作“C with Classes”带类的 C）。开始，C++是作为 C 语言的增强版出现的，从给 C 语言增加类开始，不断地增加新特性，虚函数（virtual function）、运算符重载（operator overloading）、多重继承（multiple inheritance）、模板（template）、异常（exception）、RTTI 等逐渐被加入标准。C++进一步扩充和完善了 C 语言，成为一种面向对象的程序设计语言。早期游戏开发，很多选择 C++语言。

2．Unreal Engine 中的 C++

（1）蓝图和 C++

UE4 工程有两种类型：蓝图和 C++。这两种类型的工程没有任何实质性的区别，C++类型的工程在创建的时候，会自动弹出 Visual Studio 打开这个工程，进行编程设计。蓝图支持的功能涵盖了 C++支持的几乎所有特性，即蓝图几乎等价于 C++，然而某些场合蓝图的性能比原生 C++代码要慢。从开发效率上来看，蓝图占绝对优势，尤其对新手来讲，写 C++代码不知道有哪些类和功能可以调用，更别谈写高效的 C++代码了。对初学者来说学习蓝图能快速掌握引擎在代码层面提供的功能。

（2）UnrealScript 和 C++

前三代 Unreal Engine 都包含了 UnrealScript 脚本语言，使用方便简单。但是随着引擎的发展，脚本接口不断扩充，用于函数调用和类型转换的通信中间层变得越来越复杂和低效，迫使 UE4 版本转移到了一个纯 C++架构。

（3）UE4 中的 C++特性

UE4 直接使用 C++作为逻辑层语言，这样引擎层与逻辑层语言统一，不需要胶水代码去转发，消除了逻辑层和引擎层的交互成本。为了便于开发，UE4 对 C++做了一些包装，例如，反射、序列化、热重载和垃圾回收等，大大减轻 C++开发的难度。

UE4 在 C++编译开始前，使用工具 Unreal Header Tool，对 C++代码进行预处理，收集类型和成员等信息，自动生成相关序列化代码，然后再调用真正的 C++编译器，将自动生成的代码与原始代码一并进行编译，生成最终的可执行文件。这个过程类似于 Qt 的 qmake 预处理机制。反射机制使 UE4 能够知道哪些类型是指针类型以及哪些变量需要被垃圾收集系统管理，被垃圾收集系统管理的对象，不需要手动调用 delete，只需要正确地维持变量的引用即可。

在编辑器模式下，UE4 将工程代码编译成动态链接库，这样编辑器可以动态地加载和卸载某个动态链接库。UE4 为工程自动生成一个 cpp 文件，cpp 文件包含了当前工程中所有需要反射的类信息，以及类成员列表和每个成员的类型信息，在动态链接库被编辑器加载的时候，自动将类信息注册到编辑器中。当编译完工程，UE4 编辑器会自动检测动态链接库的变化，然后自动热重载这些动态链接库中的类信息。

小结

虚拟现实技术离不开相关软件的支持与实现，本章主要介绍了常见的三维建模软件、虚拟现实开发平台和虚拟现实开发常用脚本编程语言。学习本章内容时要及时了解相关的前沿技术，对于相关的软件可进行实践操作以便掌握更多的方法和技术来实现虚拟现实。

习题

一、简答题

1．简述 3ds Max 的界面由哪几大部分组成，各自功能是什么。

2．简述 Lumion 的应用领域和主要特点。

3．简述 Unity 的界面布局及各部分功能。

4．试述 Unreal Engine 蓝图和 C++开发的各自特点。

5．试述 OpenGL、VRML、C#、C++在虚拟现实开发中的作用、区别和特点。

6．查阅资料，了解 Unity 和 Unreal Engine 的发展历程、最新动态和发展趋势。

二、体验论述题（不少于 1000 字）

1．观看由虚幻引擎技术制作的影视作品一部以上，并对其特点进行论述。

2．体验利用 Unity 技术开发的游戏或应用软件一个以上，并对其特点进行论述。

三、程序题

选择一种语言或开发工具，完成一个虚拟现实相关综合作业。

第5章　三维全景技术

学习目标

- 掌握三维全景的基本概念
- 了解三维全景图拍摄的一般流程及注意事项
- 了解三维全景视频制作的流程
- 掌握三维全景图的编辑技巧

三维全景技术是目前迅速发展并逐步流行的一个虚拟现实分支。三维全景技术是一种桌面虚拟现实技术，并不是真正意义上的3D图形技术。三维全景技术具有以下几个特点。

1）实地拍摄，有照片级的真实感，是真实场景的三维展现。

2）有一定的交互性，用户可以通过鼠标选择自己的视觉，任意放大和缩小，如亲临现场般环视、俯瞰和仰视。

3）不需要单独下载插件，下载后就可以在计算机上或手机上观看全景照片，或者使用Quick Time等播放器直接观看，而且，全景图片文件采用先进的图像压缩与还原算法，文件较小，利于网络传输。

4）素材的准备工作简单，制作容易，适于普通用户。

5.1　三维全景概述

5.1.1　三维全景的概念

1．三维全景

全景图（又称全景照片或全景 Panorama）是指大于人的双眼正常有效视角（大约水平90°，垂直 70°）或双眼余光视角（大约水平 180°，垂直 90°）以上，乃至 360°完整场景范围拍摄的照片。

三维全景（Three-dimensional Panorama）是基于全景图像的真实场景虚拟现实技术，把相机环 360°拍摄的一组或多组照片拼接成一个全景图像，通过计算机技术实现全方位真实场景还原展示，并具有较强的互动性，能用鼠标控制环视的方向，可左可右，可上可下，可近可远，可大可小，使人有身临其境的感觉。

根据全景图外在的表现形式，通常可以分为柱形全景、球形全景、立方体全景和物体全景几类。

1）柱形全景。是最简单的全景，即通常所说的“环视”。在柱形全景中，可以环水平360°观看四周的景色，但是如果用鼠标上下拖动时，上下的视野将受到限制，上看不到天，下看不到地。

2）球形全景。可以达到水平 360°，上下 180° 的效果，在观察球形全景时，观察者位于球的中心，通过鼠标、键盘的操作，可以观察到任何一个角度，完全融入虚拟环境之中。

3）立方体全景，是由前、后、左、右、上、下 6 张照片拼接而成。相机位于立方体的中心，也是全视角。目前拍摄的方式有以下两种。

① 用常规片幅相机，以接片形式将拍摄对象，以及前、后、左、右、上、下所有周围场景都拍摄下来。展示时须将照片逐幅拼接起来，形成空心球形，画面朝内，然后观赏者在球内观看。

② 利用鱼眼镜头或常规镜头拍摄，然后利用专用软件拼接合成，这种形式所形成的影像只能借助计算机来观赏和演示。这两种拍摄手法均称作内球球形全景。

4）物体全景。拍摄时围绕拍摄对象进行等距的多维旋转拍摄，直至将整个球体拍摄遍。展示时，将图片逐一拼接起来形成球形，朝外观看画面，这种拍摄手法称作外球球形全景。物体全景是瞄准互联网上的电子商务，与风景全景的主要区别是：观察者在物体的外面。物体全景也有很广的应用范围，例如，商品和玩具展示、文物观赏、艺术和工艺品展示等。

三维全景和以往的建模、图片等表现形式相比，其优势主要体现在以下几方面：

1）真实感强。基于对真实图片的制作生成，相比其他建模生成对象更真实可信。

2）比平面图片能表达更多的图像信息，并可以任意控制，交互性能好。

3）经过对图像的透视处理模拟真实三维实景，沉浸感强烈，给观赏者带来身临其境的感觉。

4）生成方便，制作周期短，制作成本低。

5）文件小，传输方便，适合网络使用，发布格式多样，适合各种形式的应用。

2．全景视频

全景视频是一种用 3D 摄像机进行全方位 360° 拍摄的视频，用户在观看视频时，可以随意调节视频上下左右进行观看。

全景视频可以在拍摄角度左右上下 360° 任意观看动态视频，让人有一种真正意义上身临其境的感觉。全景视频不受时间、空间和地域的限制，不再是单一的静态全景图片形式，而是具有景深、动态图像和声音等，包罗万象，同时具备声画对位、声画同步和全景视频，表现出让传统的 720° 全景望尘莫及的效果。全景视频比起传统意义上的全景有了质、量、形式和内容的巨大飞跃。目前全景视频大多运用于旅游展览或者城市介绍等。

3．VR 视频

很多人把 360° 全景视频和 VR 视频等同起来，这其实是一个概念上的误解。用一张图来说明 360° 全景视频和 VR 视频的不同，如图 5-1 所示。

全景视频很好理解，就是有别于传统视频单一的观看视角，让人们可以 360° 自由观看。而 VR 视频在此基础上，还允许人们在视频里自由移动观看（提供场景中任意位置的 360° 自由视角）。

全景视频可以是 3D 的也可以不是，可以通过屏幕观看，也可以带上眼镜观看。而 VR 视频必须带上头显观看，且必须是 3D 的。

全景视频是线性播放的，也就是按照时间轴进行回放。而 VR 视频可以允许用户在同一时间，站在不同的位置观看（有点类似科幻电影里时间暂停了，然后观察者在定格的时间和空间里任意移动，观看周围的人物和景物）。

所以，全景视频和 VR 视频最大区别就是 VR 视频允许观看者在场景里自由地走动观察，但全景视频不行，拍摄的机位在哪儿，观看者就必须在哪儿，顶多只能原地 360° 观看，如图 5-2 所示。如果是一部 VR 电影，那么传统的“镜头运动、场景切换、Zoom In or Zoom Out”可能都将被取代，由观众来决定镜头位置，可以把 VR 视频看成是“3D 全景视频+自由移动”。

图 5-1　360° 全景视频与 VR 视频的区别

图 5-2　固定位置的全景视频

5.1.2　三维全景应用领域

三维全景具有广阔的应用领域，例如，旅游景点、酒店宾馆、建筑房地产、装修展示等。在建筑设计、房地产或装潢领域，可以通过全景技术来完成。全景图既弥补了效果图角度单一的缺憾，又比三维动画来得经济实用，可谓是设计师的最佳选择。

三维全景的主要应用领域如下。

1）旅游景点虚拟导览展示。高清晰度全景三维展示景区的优美环境，给观众一个身临其境的体验，结合景区游览图导览，可以让观众自由穿梭于各景点之间，是旅游景区、旅游产品宣传推广的最佳、创新手法。虚拟导览展示可以用来制作风景区的介绍光盘、名片光盘和旅游纪念品等。

2）酒店网上三维全景虚拟展示应用。在互联网订房已经普及的时代，在网站上用全景展示酒店、宾馆的各种餐饮和住宿设施，是吸引顾客的好办法。利用网络，远程虚拟浏览宾馆的外形、大厅、客房和会议厅等各项服务场所，展现宾馆舒适的环境，给客户以实在感受，促进客户预定客房。

3）房产三维全景虚拟展示应用。房产开发销售公司可以利用虚拟全景浏览技术，展示楼盘的外观、房屋的结构和布局以及室内设计，置于网络终端，购房者在家中通过网络即可仔细查看房屋的各个方面，提高潜在客户购买的欲望。

4）公司企业展示宣传。

5）商业空间展示宣传。

6）娱乐休闲空间三维全景虚拟展示应用。美容会所、健身会所、咖啡、酒吧和餐饮等环境的展示，借助全新的虚拟展示推广手法，把环境优势清晰地传达给顾客，营造超越竞争对手的有利条件。

7）汽车三维全景虚拟展示应用。汽车内景的高质量全景展示，展现汽车内饰和局部细节。汽车外部的全景展示，从每个角度观看汽车外观，可以在网上构建不落幕的车展，还可以制作多媒体光盘发放给客户，让更多的人实现轻松看车、买车，使汽车销售更轻松有效。

8）博物馆、展览馆、剧院和特色场馆三维全景虚拟展示应用。

9）虚拟校园三维全景虚拟展示应用。告别过去单一的图片、文字展示校园环境和设备，让学生如身临其境一样从大门进入学校，任意参观教学大楼、体育场、校园文化广场、教学设备和师资力量等。

10）政府开发区环境展示。将政府开发区投资环境做成虚拟导览展示，可发布到网上或做成光盘，把开发区装到口袋带到世界各地变成了现实，使客商一目了然，说服力强，可信度高。若发布到网上，则变成 24 小时不间断地在线展示窗口。

11）装潢设计公司装修样板展示应用。装修公司面对客户，如何充分展示公司的实力和优势以赢得客户呢？通过三维实景照片，便可以轻松地带客户参观装修样板房，把公司最经典的装修作品展现给客户。

5.2 全景照片的拍摄硬件

5.2.1 全景制作常见硬件

全景摄影使用的相机、三脚架与一般摄影没有太大的区别。从实现全景摄影的功能来说，所有相机、家用数码相机，甚至手机都能进行全景摄影。但是最为方便且效果又好的就是鱼眼镜头或广角镜头加单反相机拍摄，再用全景拼合软件拼合。因此，全景摄影采用的设备通常有数码相机、鱼眼镜头或广角镜头、全景云台和三角架，如图 5-3 所示。

图 5-3 相机、鱼眼镜头和全景云台

鱼眼镜头是一种特殊的超广角镜头，焦距一般在 6～16mm，其极短的焦距和特殊的结构使其具有接近 180°，甚至超过 180° 的广阔视角。

广角镜头，特别是焦距小于 20mm 的超广角镜头，也是全景摄影中常用的镜头。相对于鱼眼镜头，广角镜头没有那么严重的透视变形，水平视角也小于鱼眼镜头，但成像质量好，拼接出的全景图片分辨率较高，更适合于对影像质量要求较高的全景摄影。

鱼眼镜头一般只需要拍摄 4～6 张照片，如图 5-4 所示。其他镜头视角不够广，就需要多拍几张甚至几十张照片。重点是相机参数调好后保持不变，要固定在一个点拍摄，在水平视角 360° 拍摄一周，且每张照片要有 25%以上的重合。然后再下俯 45° 拍摄和上仰 45° 拍摄，最后补天补地各拍摄一张。

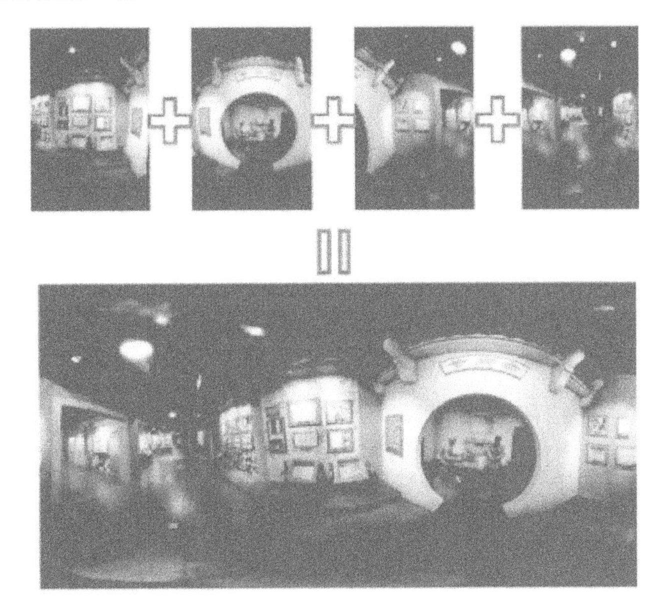

图 5-4　单反相机+鱼眼镜头全景拼合仅需要拍 4 张照片

全景摄影必须使用三脚架。但也不是说手持相机不能进行全景摄影，而是不可能拍出高质量的全景摄影作品。全景摄影最好使用专用的全景云台拍摄，另外，快门线和遥控器也是一种常用的附件。

5.2.2　VR 全景视频设备

1．光场摄像机

要拍摄真正意义上的 VR 视频，需要光场摄像机，如 Lytro 公司的 Immerge，如图 5-5 所示。

光场摄像机的工作原理就是通过矩阵式摄像头（非常多的微型摄像头），捕捉和记录周围不同角度射入的光线信号，再利用计算机后期合成出任意位置的图像，如图 5-6 所示。

光场摄像机 Immerge 的数百个镜头和图像传感器分为 5 个“层”（每层都是 20 部 GoPro 相机组合在一起），除此之外还配套专用的服务器和编辑工具等。服务器如图 5-7 所示。

与传统摄像机不同的是，光场摄像机除了记录色彩和光线强度信息外，还会记录光线的射入方向——这就是“光场”技术的由来，如图 5-8 所示。

光场摄像机捕捉“光场”信息的原理如图 5-9 所示，光场摄像机捕捉真实场景（如图 5-10 所示）中从四面八方射入的光的方向信息（如图 5-11 所示），再利用算法，对真实环境进行分析，逆向建模，从而还原出一个三维的环境模型。这和计算机建模（CG）的结果是相似的，只不过 CG 是人为主观“虚构”模型，而光场摄像机是逆向方式“客观”还原模型。

图 5-5　Lytro 公司的专业光场摄像机

图 5-6　Immerge 光场摄像机工作示意

图 5-7　Immerge 光场摄像机配套服务器

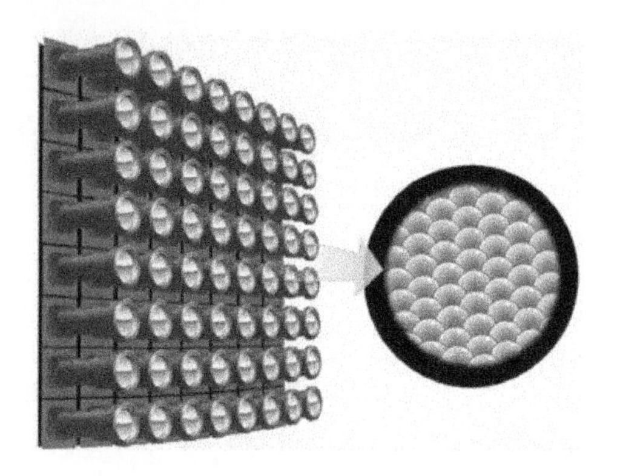

图 5-8　Immerge 光场摄像机感光矩阵

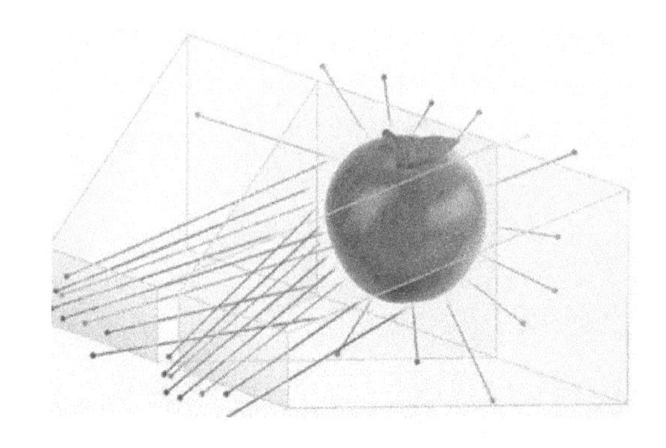

图 5-9　Immerge 光场摄像机捕捉“光场”信息示意

图 5-10　Immerge 光场摄像机实景图

有了三维模型，计算机便可以实时计算出任意位置的视觉图像，3D+360° 全景也没有问题。这就是说，光场摄像机所在的位置拍摄到的景象是真实的，而自由移动位置后看到的景象是通过计算机后期合成的。不过，光场摄像机现在只是概念产品，Lytro 公司也坦言目前他们只能做到视角在一定范围的左右和前后移动，要想“看到”物体背面的样子还不行（也许要对反射光进行计算和建模）。所以要实现真正意义上的 VR 视频，还是计算机建模然后实时渲染输出最简单。

2. 电影级的全景（VR）拍摄装备及团队

所谓的电影级摄像机，除了大家熟悉的分辨率、色彩等参数指标非常优秀以外，还配备有大尺寸的感光元件（CCD/CMOS），具有高感、低噪（高宽容度）等特性，此外还必须能够拍摄高帧率视频（甚至超过 1000 帧/秒），输出 RAW 格式，并满足长时间、苛刻环境拍摄等一系列要求。例如，常见的 RED 的 ONE 系列（如图 5-12 所示）和 ARRI 的 Alexa 系列，还有 SONY 的 F 系列摄影机等。

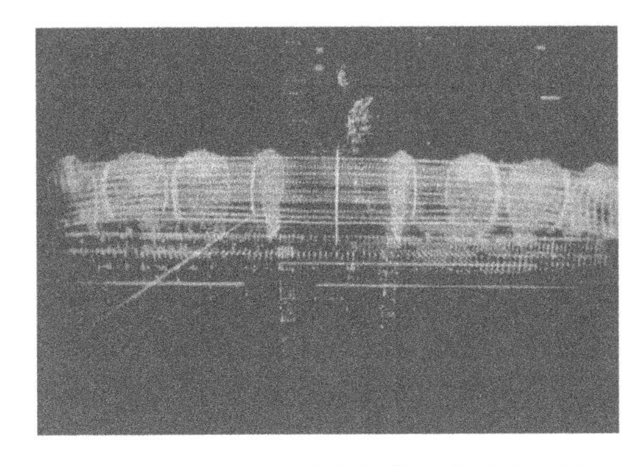

图 5-11　Immerge 光场摄像机光场信息图

图 5-12　RED Dragen 全景摄像机

如何把这些昂贵、体积巨大、使用复杂的专业摄像机小型化，并集成在一个“球/盒子”里，形成 360° 全景摄像机，还是一个世界难题。然而即便如此，全世界依然有很多天才团队开发出了令人惊讶的设备，下面一起来看一下。

（1）HypeVR 团队

Hype 采用将 14 个 RED Dragon 拼合的方式实现了能达到电影级 VR 设备的方案，如图 5-13 所示。RED Dragon 单机的最高分辨率是 6K，最终视频拼接完成后可以达到 16K@90fps，并且还是 3D 格式，这个指标相当震撼。

除此之外，机器上方银色的、类似话筒的东西是 Velodyne 公司的激光雷达扫描仪，开机后会快速自旋以反馈摄像机集群与周围物体的距离。

Velodyne 激光雷达扫描仪能够捕捉三维深度信息（宣称环境范围内可多达 70 万～1 亿个点），利用深度信息，HypeVR 的深度信息处理系统（后期处理）可以让观众拉近或拉远与主体（如赛场）之间的距离，提供一定范围内的自由移动。与前面提到的光场相机类似，这是目前看来最接近真正 VR 效果的摄像系统。

（2）NextVR 团队

NextVR 成立于 2009 年，拥有从拍摄、压缩、传输到内容播放等几十项 VR 领域的专利。其主要业务涵盖体育赛事、美国总统辩论和摇滚演唱会等方面的 VR 直播。跟 HypeVR 类似，NextVR 也采用 RED Dragon 6K，只选择了 6 台拼接方案，三个方位，每个方位安放两台，也支持 3D 功能，如图 5-14 所示。虽然只有 6 台摄像机，但是代价依然不菲，RED Dragon 3 万美元一台，佳能 8-15mm f/4L 鱼眼镜头 1400 美元一支，监视器 Red Pro 1600 美元一个，等等。对于直播来说，分辨率要求没那么高，RED 的机器可以轻松实现。

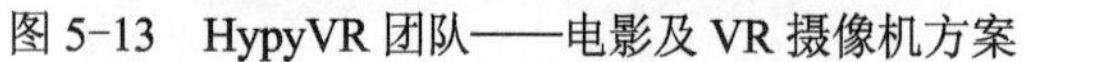
图 5-13　HypyVR 团队——电影及 VR 摄像机方案　　图 5-14　NextVR 团队——电影级 VR 摄像机方案

（3）HeadcaseVR

HeadcaseVR 团队来自好莱坞，专门从事 VR 电影拍摄工作。主要采用 17 目 Codex Action Cameras，如图 5-15 所示。Codex Cam 有 12 位 RAW 的记录体系和 13.5 档的高动态，采用 2 / 3 英寸的 CCD 传感器，单相机分辨率 1920×1080 像素，最高 60fps。

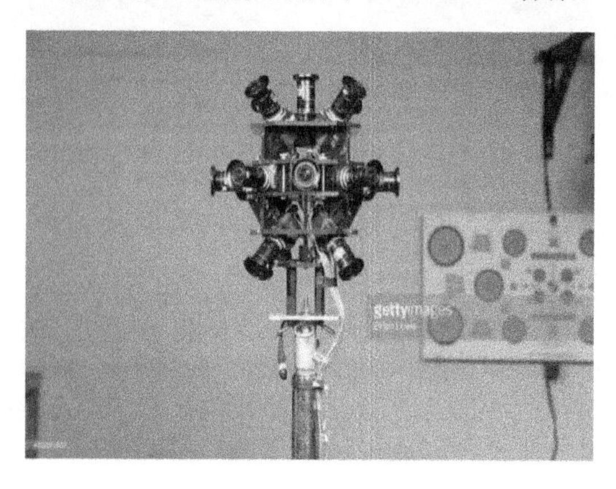

图 5-15　HeadcaseVR 团队——电影级 VR 摄像机方案

HeadcaseVR 团队摄像机方案的镜头的优势是尺寸较小，只有 45mm×42mm×53mm，同时配备专业的采集设备来实现录制。HeadcaseVR 团队还定制了适合移动 VR 视频拍摄的移动工具，虽然看上去像一台布满电池和采集器以及供电元件的轮椅，臃肿而复杂，但是这台移动设备解决了在 VR 视频拍摄中由移动产生的位移偏差及抖动问题。

（4）强氧科技

来自国内自主研发的强氧 360° 全景拍摄系统能支持 4K 分辨率、30fps 节目录制及输出，并且能够不间断、无限连续录制。强氧第二代系统由 10 台 Drift Foream Ghost-S 拼接而成，上两台，下两台，中间 6 台，如图 5-16 所示。

Drift Foream Ghost-S 在长期运行、直播、散热、耗电量和稳定性等方面较 GoPro 有一定优势。缺点在于成像方面不及 GoPro 清晰，同时依旧没有同步控制，开关机时会有些繁琐。

目前强氧已经推出第三代 VR 拍摄系统，采用基于奥林巴斯 M4/3 成像系统的 4K 相机，针对不同的应用场景分为三目、九目及 3D 三款不同形式的摄影机，并搭配 4K@60fps 实时 VR 全景缝合工作站，如图 5-17 所示。

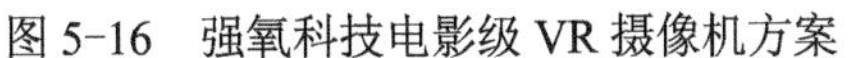

图 5-16　强氧科技电影级 VR 摄像机方案

图 5-17　强氧科技全景缝合工作站

（5）J2VR–极图全景

来自中国的团队，采用 4 台 RED Dragon 分别对 4 个方向进行拍摄采集，最终达到 24K@100fps 的输出画质，如图 5-18 所示。

图 5-18　J2VR–极图全景电影级 VR 摄像机

5.3　全景图的制作

5.3.1　制作流程

全景相片制作的过程主要有三大步骤。

1．拍摄图像

只要有一部照相机就能拍出全景照片，所需要做的，就是尽量把照相机端平，对准需要拍摄的场景，拍下一系列照片。需要注意的是，每张照片应该和前面的一张重叠大约达 50%，如果每次重叠度不同也无所谓。当然一定要转满 360° 拍摄，同时别忘了最后一张照片一定要和第一张重叠。

（1）手持拍摄全景

为了不用三脚架拍摄出更好的效果，要确保站在一个点，当转身拍每张照片的时候，都让照相机非常靠近身体。另外，在拍摄期间不要移动地方。为了在拍摄期间不向前、向后移动，尽量站得平稳。拍摄时要做的就是竭力去模仿有三脚架的环境，尽量把照相机端平端稳，绕着一个点旋转。这些都有助于拍出一套好的照片直至生成一张全景照片。

（2）使用三脚架拍摄全景

当拍摄全景照片时，在一个水平面上旋转照相机很重要。最简单的方法就是使用三脚架，用一个小酒精水准器检测。如果用全景镜头或者其他设备，请尽可能地让三脚架的顶部保持水平。

接片的拍摄看似很简单，只需要转动相机拍摄场景里的不同区域就可以了。但如果拍摄时不注意一些细节的话，照片很有可能在后期无法拼合起来。在前期拍摄时应注意以下几点。

1）照片的重合度。相邻的照片之间应该有33%～66%的重合部分，这样后期软件才能正确地把两张照片合并起来。一般来说长焦镜头需要的重合度较小，一般33%就够了。超广角焦段的接片（如银河拱桥接片），则需要50%左右的重合度。

当然重合度也不是越高越好，过高的重合度（超过66%）反而会造成软件难以识别两张图片之间的差别，造成融合失败。

两张照片的重叠处，最好不要有运动的物体，如车、人、云等，或者变形非常明显的物体，如畸变的建筑，以免后期拼接困难。

2）视差（parallax）。视差是很多全景接片融合失败的罪魁祸首。

大家可以做一个很简单的实验。只睁开一只眼睛，然后伸出你的一根手指，让手指正好遮住远处的一个物体，如图5-19所示的茶壶。转动脖子，会发现原来和手指在一条垂直线上的茶壶，竟然发生了偏移，也就是物体间的相对位置发生了变化，这种现象就叫作视差。

视差对后期接片会产生破坏性的效果，造成物体合成错位甚至无法拼接的情况，因此需要采取办法来消除或者减弱。

视差的成因是转动轴和所谓的“节点”（无视差点）不在同一直线上。例如，图5-19所示茶壶实验，节点是眼睛，但是转轴却是脖子。眼睛和脖子不在同一直线上，存在微小偏差，造成了视差。

照相机的节点一般在镜头中间的某个地方，可以通过专门的全景吊臂来让转轴和节点重合，感兴趣的朋友可以上网查询相关的产品和知识，大部分拍摄并不需要如此精确。

把相机放在三脚架和云台上，如图5-20所示，视差会比手持要小。如果手持拍摄，可以尝试打开相机背屏，然后把相机放在一只手上，以手持相机的手为转轴转动，而不是举着相机，用身体为转轴来转动。

除了节点外，视差还跟景物的远近有关。越近的物体，其视差效应会越明显，而中景和远景，视差几乎可以忽略。因此拍摄时注意保持和前景物体的距离十分关键。

3）要注意镜头畸变和透视形变。超广角镜头会带来大量的边缘畸变和透视形变，使两张照片难以拼合，或者拼出来的图像变形严重。因此全景接片优先使用中长焦镜头拍摄。

当然，也可以让前景是水面、草地、泥土和云雾等特征不太明显的物体，这样就很难发现其中的变形。

4）在接片拍摄时，应该尽量固定相机的曝光（光圈、快门和ISO）、对焦点以及白平衡。虽然很多后期软件已经可以自动调节并合成曝光、白平衡不一样的照片，但前期的统一更能保证后期拼接时的万无一失。

锁定白平衡很简单，只需要把白平衡模式从自动调成其他模式，例如“阴影”“白天”等。锁定对焦，只需要对焦完成后，把镜头或者相机的对焦转盘，转到 M 手动对焦模式。锁定曝光，则是在测光完成后，调至 M 模式并调整光圈快门到相应参数。如果光比较大，可以使用包围曝光拍摄（后期先合成 HDR，再全景合成）。

图 5-19　视差示意图

图 5-20　照相机与全景云台

5）后期拼接图片，边缘经常会出现空白（如图 5-21 所示），需要裁剪或者变形填充，因此前期可以有意地拍入多余场景。例如，本来 60mm 焦段看起来正好的时候，可以用 50mm 焦段来拍摄接片；转动 80° 就拍完想要的景色了，实际可转动 90°。这些多出来的画面在后期裁剪时再去掉。

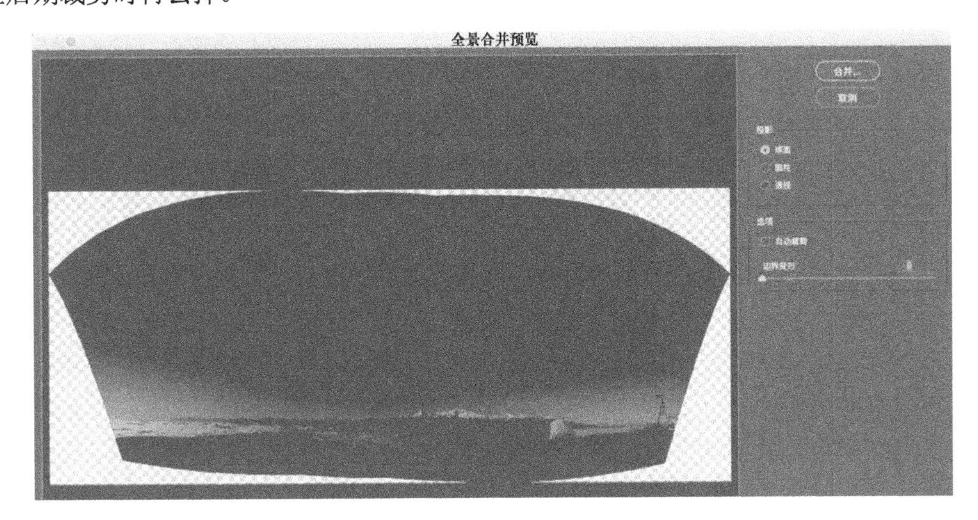

图 5-21　拼接图片时边缘出现空白

6）横向转动拍摄时，保持相机水平很重要，否则会出现地面歪斜，波浪状天际线，或者拼接后需要裁掉大量像素。全景云台或者带有水平仪的云台非常有用。如果是普通云台或者手持拍摄的话，可以打开相机的内置水平线，或者以天际线海平面等为参考，在转动时不断调整水平状态。

不仅可以横向接片，还可以纵向接片，甚至多排接片。横向接片时，特别在中广角端，相机保持竖直比水平拍摄更好。另外，全景拍摄时，要慎用偏振镜。

2．将照片输入计算机

如果用的是数码相机，可直接把照片传送到计算机中。如果用的是胶卷照相机，则应先得到数码图像，再传送到计算机中。将胶片转换为数码图像的方法如下。

- 到冲印室冲印底片，并将照片数字化。
- 用平板式扫描仪扫描照片。
- 用影片扫描仪扫描这些底片或幻灯。

3．用计算机软件拼接照片

后期的拼接软件有很多，但大多数情况下，Lightroom 或者 ACR 是最好的选择。Lightroom 和 ACR 的全景拼接模块一模一样，优点是非常方便快速。拼接生成的是 DNG 数字底片，并可以进一步进行无损调整，挖掘 raw 文件的潜力。边界填充和自动裁剪功能也很方便。缺点是不能手动修改拼接区域。

Photoshop 有一个 photomerge 接片系统，优点是比 ACR 提供了更多的选项，并且合成结果是以图层+蒙版的形式显示，方便手动修改拼接结果和检查错位的接缝。缺点是计算非常慢，生成的不是 raw 格式，而且功能又不如更专业的软件强大。

PTGui Pro、Autopano Giga 是两款业界顶尖的专用拼图工具，提供了更加强大的功能，更精细的手动调整和更复杂的算法。许多在 ACR 和 Photoshop 中会拼接失败的照片，也能在这两款工具中拼合成功。

5.3.2 全景拼图软件 PTGui Pro 的基本操作

PTGui Pro 是目前使用较佳的全景拼图软件，是著名的多功能全景制作工具 Panorama Tools 的一个图形用户界面。PTGui Pro 通过为全景制作工具（Panorama Tools）提供图形用户界面（GUI）来实现对图像的拼接，从而创造出高质量的全景图像。

PTGui Pro 的名称由 Panorama Tools 的缩写 PT 和 Gui 组合而成。广泛应用的全流程 Gui 前端程序包括：原照片的输入、参数设置、控制点的采集和优化、全景的粘贴以及输出完成全景。软件的运行要求先安装 Panorama Tools。

Panorama Tools 是一款免费而功能强大的全景接图软件，缺点是没有图形接口，人工手动输入数据比较枯燥乏味。而 PTGui Pro 是一款商业软件，是 Panorama Tools 的图形接口工具，相对其他全景接图软件来说，PTGui Pro 可进行很细致的操控，例如可人手定位、矫正变形等。下面介绍它的使用方法。

1．PTGui Pro 的界面与操作

使用 PTGui Pro 可以直接在 Panorama Editor 中直接调整水平、垂直和中心点，非常方便。与全自动拼图软件 Autostitch 不同，Panorama Tools +PTGui Pro 需要很多的人工干预，主要是需要人工指定画面水平和中心点，以及人工指定各个画面之间的匹配点（参考控制点）。这款软件几乎适用于任何情况，在其他全景软件不能正确拼图的情况下，这款软件依然可以拼接出非常完美的效果。

1）安装好 PTGui Pro 软件后，双击桌面图标，进入软件主界面，如图 5-22 所示，单击加载图像按钮，导入要合成的一组全景图片，按顺序导入。

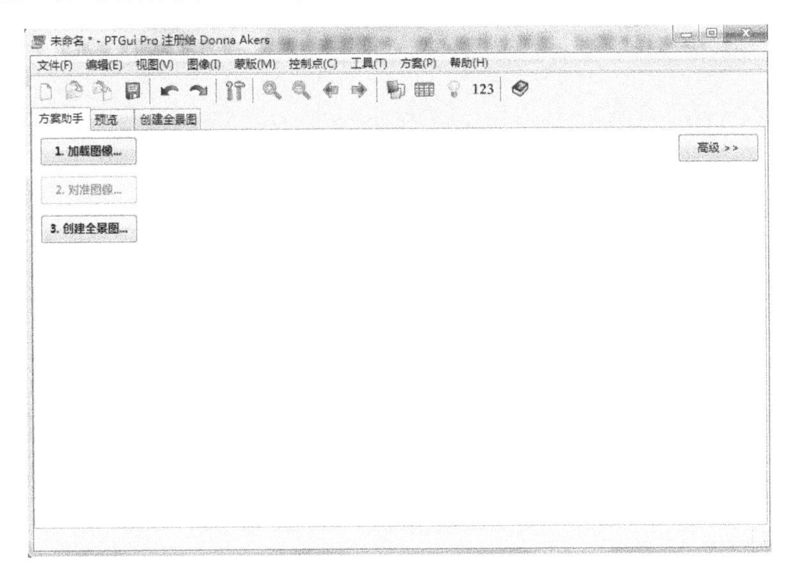

图 5-22 PTGui Pro 主界面

2）单击“加载图像”按钮，弹出“添加图像”对话框，如图 5-23 所示，导入照片时可以查看缩略图，确定要合成的照片是否正确。

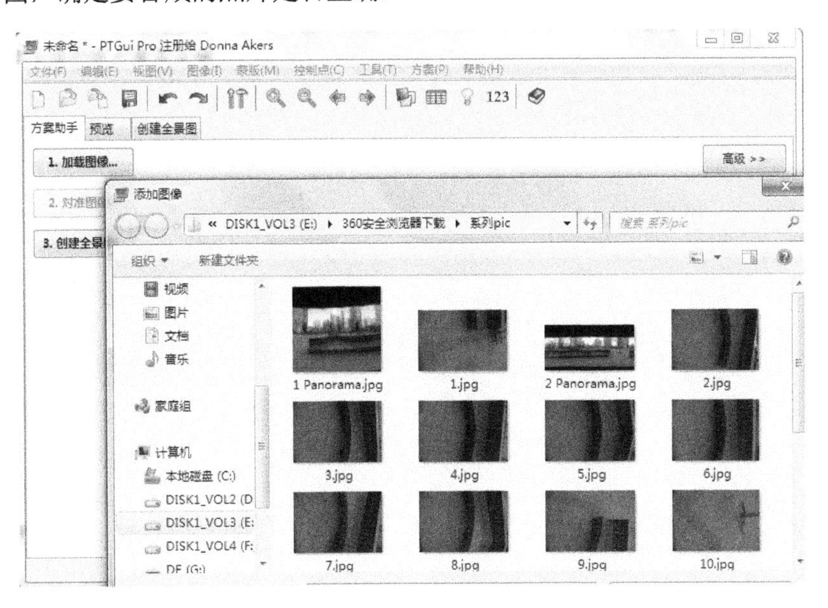

图 5-23 PTGui Pro 选择图片素材界面

3）导入成功后会显示调整界面，如图 5-24 所示。如果导入后照片出现顺序颠倒或反向不对的情况，可以单击右边的“旋转”按钮，调整到合适方向。然后单击下面的“对准图像”按钮，可以进行照片的定位，预览合成后的结果，方便做微调。

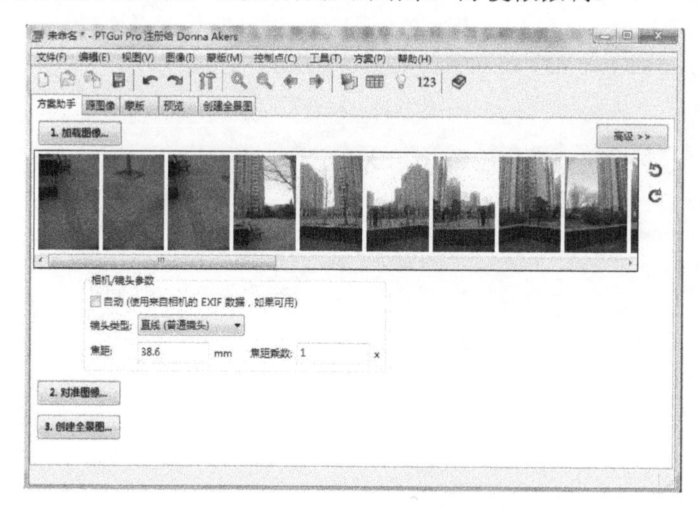

图 5-24　PTGui Pro 对图片素材进行调整和对齐

4）导入的图片拼合时会识别球面全景，如果是柱面全景，单击选择第二个柱面图标，并设置显示图片标号，如图 5-25 所示。

图 5-25　选择柱面全景

5）编辑页面的工具栏罗马数字图标，可以设定单幅图片的范围等属性，如图 5-26 所示。

6）完成图片的拼接后，就可以设置输出全景图参数了。如图 5-27 所示，设置全景图存放路径，设置全景图输出分辨率，完成后就可以创建全景图了。

7）输出的全景图效果如图 5-28 所示。

2．PTGui Pro 全景插件

PTGui Pro 支持两个极有用的辅助程序 autopano 和 enblend。autopano 可自动采集并生成控制点，enblend 能自动清除照片间的重叠接缝。安装自动找点的插件（autopano.exe）和平衡接缝处亮度的插件（enblend.exe），可以使全景拼接变得更方便。

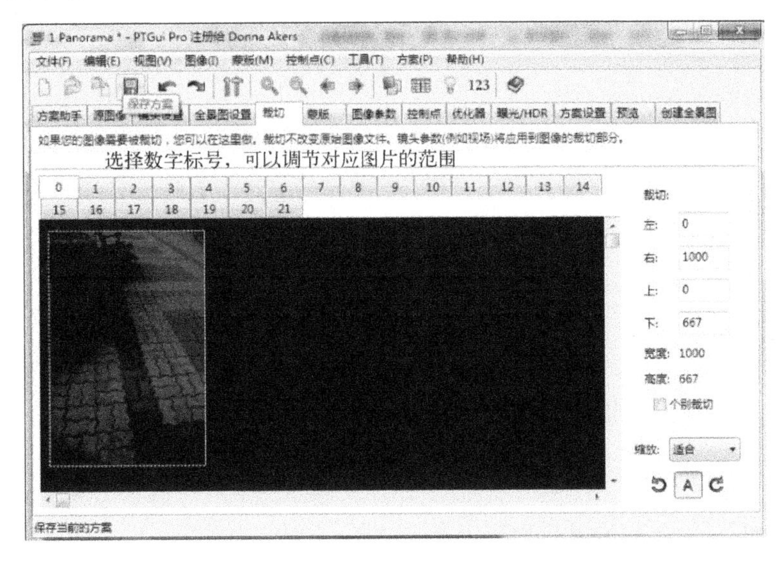

图 5-26　PTGui Pro 编辑单个图片素材界面

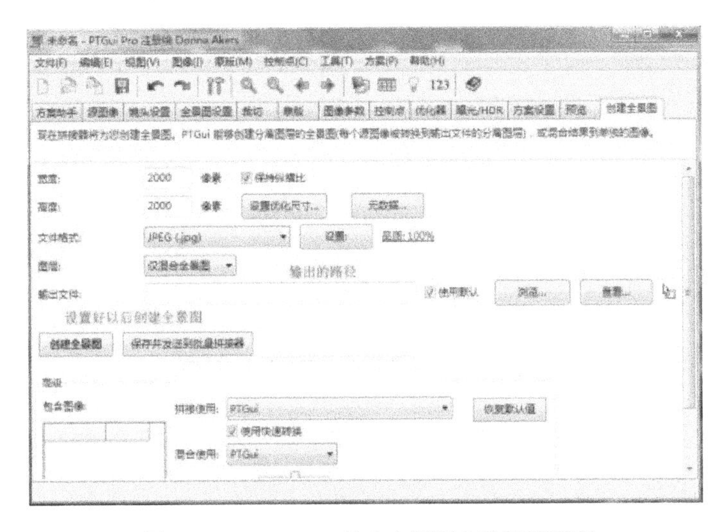

图 5-27　PTGui Pro 输出全景图参数设置界面

图 5-28　PTGui Pro 最终输出效果

5.3.3 手机端 360° 全景图制作步骤

随着信息化的发展趋势日益成熟，手机端微信 360° 全景已经被大家日渐熟悉，项目覆盖了旅游景区、房地产、酒店、家具建材、商业场所、店铺、教育培训、影楼婚庆、汽车展示、珠宝玉器和园林景区等行业。下面介绍如何制作一个微信 360° 全景。

（1）拍摄全景图原始素材

（2）使用 PTGui Pro 合成全景图

根据提示，单击“加载图像”按钮，将拍摄的全景图原始素材导入，如图 5-29 所示。

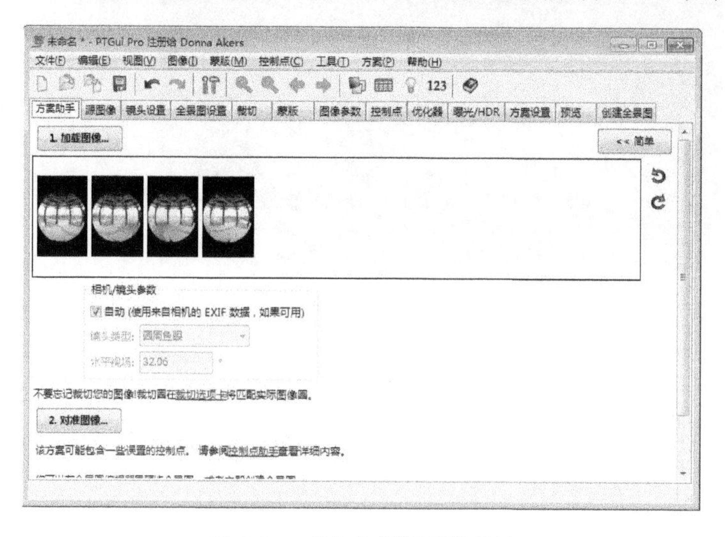

图 5-29　载入全景图原始素材

单击“对准图像”按钮，如果图像拍摄的位置准确，软件会直接进入到全景图编辑流程，如图 5-30 所示。

图 5-30　对齐拼合后的全景图

通常，这里不要对图片进行改动，直接关闭“全景图编辑器”即可。而有时候图像拍摄的不那么准确，就需要通过手动的方式来对图片进行调整，打开需要比对的两张图片，找到图像上重合的点（至少 3 个点）来进行标记，如图 5-31 所示。

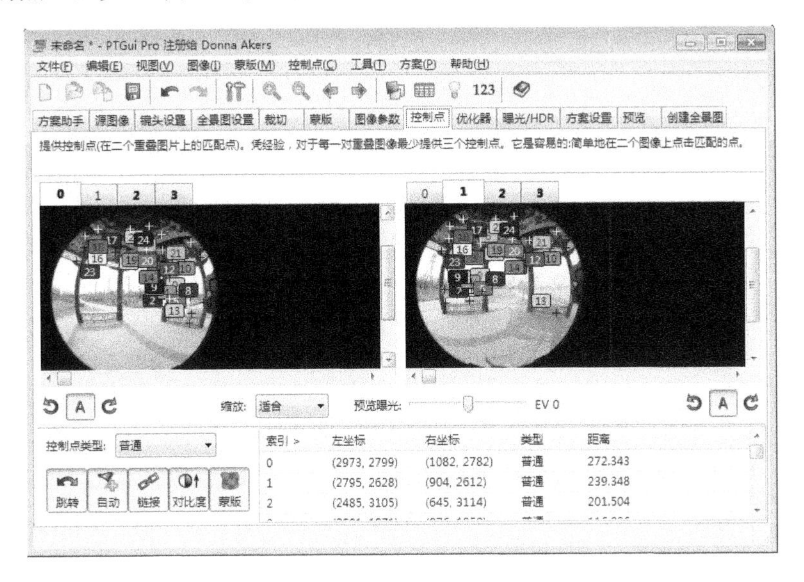

图 5-31　标记图片上的控制点

在图 5-31 中找了若干个两张图片上重合的点并做了标记，依此类推，需要对全部有可能有重合的图片都至少标记 3 个“控制点”。

调整完图像之后，就可以创建全景图了。设置输出的文件目录，单击“创建全景图”按钮，就获得了加工好的全景图片，如图 5-32 所示。

图 5-32 所示就是所谓的“全景图片”了，但目前还只是半成品，还需要进一步加工这张图片，以生成效果精美的 360° 全景图。

图 5-32　拼合后的全景图

（3）使用 Pano2VR 软件实现 360° 全景效果

下载 Pano2VR 软件并安装，然后打开软件主界面，如图 5-33 所示。

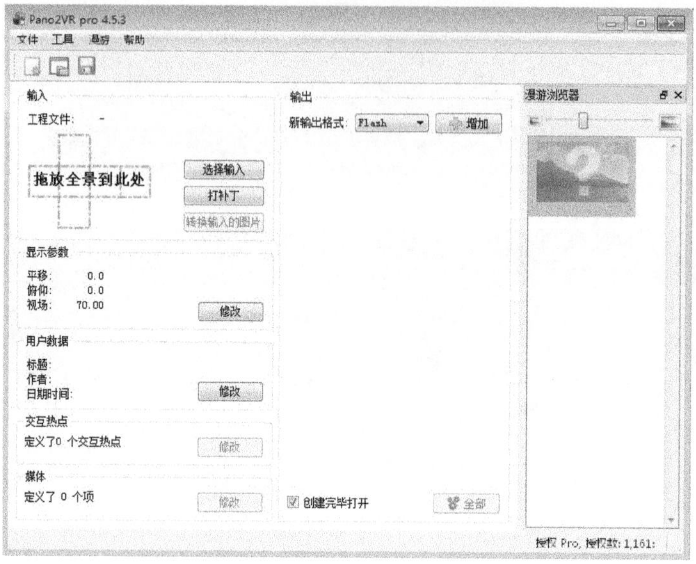

图 5-33 Pano2VR 主界面

在图 5-33 中，单击“选择输入”按钮，将已生成的全景图片导入进去；同时选择“新输出格式”为“HTML5”，如图 5-34 所示。单击【增加】按钮弹出“HTML5 输出”对话框，如图 5-35 所示。设置“立方体面片尺寸”为 3457，在“输出文件”文本框输入目录后，单击“确定”按钮，就开始生成 360° 全景效果，打开输出目录即可看到。此时，浏览器会自动打开已生成的 html 文件，欣赏 360° 全景效果。

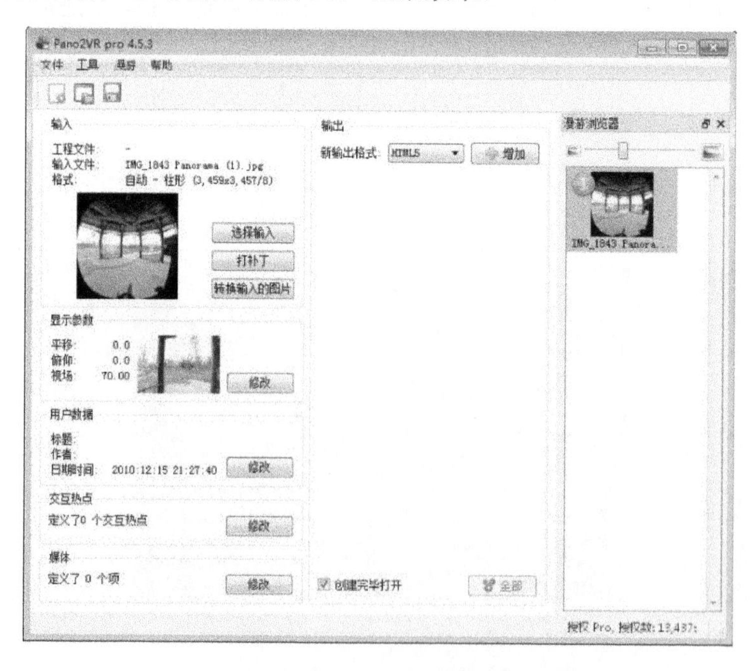

图 5-34 Pano2VR 输入全景图设置输出格式

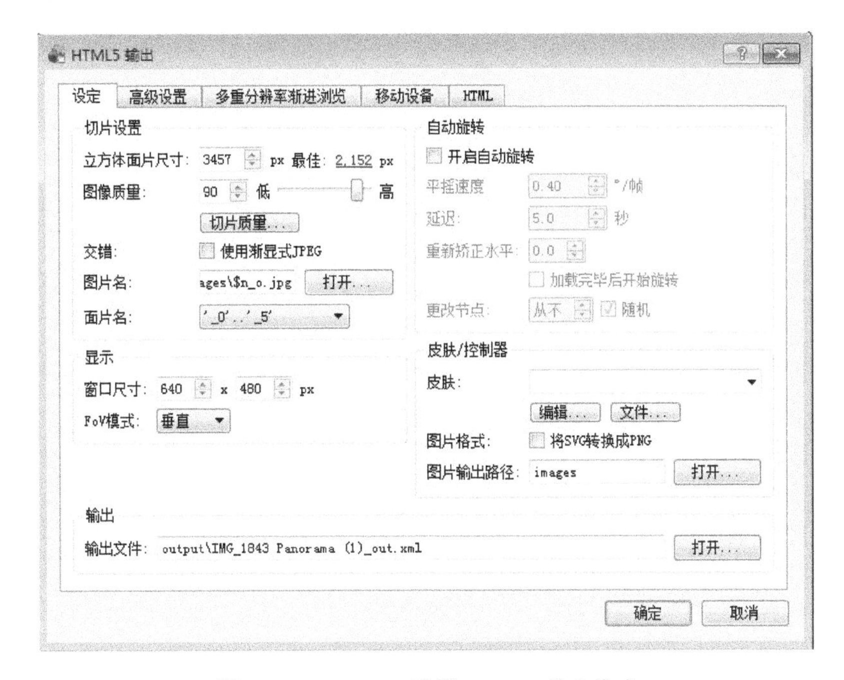

图 5-35　Pano2VR 设置 HTML5 输出格式

最后将“images”目录下的 6 张图片，如图 5-36 所示，通过微盟后台上传到全景图片的位置，即上传到微盟的服务器，就可以通过手机端来查看 360° 全景效果。

组织 ▾　共享 ▾　新建文件夹

☆ 收藏夹
下载
桌面
最近访问的位置
库
PPTV视频
暴风影视库

名称	修改日期	类型	大小
images	2017/2/26 20:35	文件夹	
IMG_1843 Panorama (1).html	2017/2/26 20:35	360 se HTML Do...	3 KB
IMG_1843 Panorama (1)_out.xml	2017/2/26 20:35	XML 文档	2 KB
pano2vr_player.js	2017/2/26 20:35	JScript Script 文件	70 KB
pano2vr_player.swf	2017/2/26 20:06	Shockwave Flash...	71 KB
swfobject.js	2017/2/26 20:06	JScript Script 文件	10 KB

图 5-36　Pano2VR 输出手机端全景图

5.3.4　全景航拍及应用简介

通过遥感无人机空中拍摄影像加后期全景制作软件拼接而成的全景影像，称为“全景航拍”，如图 5-37 所示。全景航拍硬件设备主要由单反相机、鱼眼镜头、全景云台、三脚架等组成，全景制作软件可以使用上海杰图软件研发的造景师软件（全景图拼接软件）、漫游大师（全景三维制作软件）和造型师（物体全景三维制作软件）等。

1．全景航拍镜头

全景航拍采用的鱼眼镜头，属于超广角镜头，视角可以达到 180°。其超凡效果主要表现在视角范围大，这为近距离拍摄大范围景物创造了条件。一个 360° 的全景图用鱼眼镜头来拍摄制作，只需要拍摄几张就可以了，加上使用了数百万像素的单反数码相机，可以轻易地将图像导入全景拼合软件，能很方便地生成一张 360° 的高清晰全景，且鱼眼镜头具有相当长的景深，有利于表现照片的长景深效果，如图 5-38 所示。

图 5-37　全景航拍示意图

图 5-38　全景航拍鱼眼镜头长景深效果

2．全景航拍制作软件

全景航拍拼接软件 2～5min 即可轻松拼合一幅高质量的 360° 或 720° 球形或柱形全景图，让观看者无需亲临现场即可获得 360° 身临其境的感受。同时支持鱼眼照片和普通照片的全景拼合，以及全屏模式、批量拼合、自动识别图像信息和全景图像明暗自动融合等功能。

3．全景航拍优势

全景航拍通过无人机空中拍摄画面，经过后期拼接处理，制作成三维立体可旋转的 360° 全方位实景图像，其特点主要体现在以下几方面。

1）全方位：全面地展示了 360° 球型范围内的所有景致；可用鼠标左键按住拖动，观看场景的各个方向。

2）真实景：真实的场景，三维实景大多是在照片基础之上拼合得到的图像，最大限度地保留了场景的真实性。

3）可旋转：360° 环视的效果，虽然照片都是平面的，但是通过软件处理之后得到的

360° 实景，却能给人以三维立体的空间感觉，使观者犹如身在其中。

4．全景航拍应用领域

全景航拍超凡的效果展现给人们全新的真实现场感和交互式的感受，广泛应用于三维电子商务、房地产楼盘航拍全景展示、旅游景区航拍、城市全景航拍、工业园区全景航拍等领域。

5.3.5　VR 全景图的制作

本节介绍用 PTGui Pro 和 Pano2VR 来制作 VR 全景图中的关键步骤，根据这些步骤可以制作出室内的（如图 5-39 所示）或者室外的（如图 5-40 所示）具有漫游热点、声音、文字的全景图，加强了与用户的互动效果。同时列出了拍摄全景图时一些相机的最佳工作参数、拍摄技巧，并展现了全景图的制作成果。

图 5-39　基于 PTGui Pro 和 Pano2VR 制作的室内 VR 全景图

图 5-40　基于 PTGui Pro 和 Pano2VR 制作的室外 VR 全景图

1. VR全景图介绍

VR全景图是从多角度拍摄数张照片，或使用专业三维平台建立数字模型，然后再使用全景工具软件制作而成。可以使用IE浏览器或播放软件在普通计算机上观看，并用鼠标控制观察的角度，任意调整远近，仿佛置身于真实的环境之中，获得全新的感受。

PTGui Pro的主要功能是把采集的照片进行拼接，Pano2VR的作用是把拼接后的JPG图像进行处理，生成swf格式的全景图。软件使用比较方便、价格便宜，制作出来的全景图也比较清新，具有能够添加声音、热点和皮肤等功能。

2. VR全景图的制作

在制作全景图之前，要先安装软件PTGui Pro、Pano2VR及Photoshop软件。PTGui Pro安装在C盘、Pano2VR和Photoshop可以装在任选路径。全景图的制作主要有以下几个步骤。

（1）加载图像

启动PTGui Pro，加载要拼接的图片，这些相片由数码相机采集。

（2）对准图像

选择“对准图像”，个别情况下，由于相邻图片之间明显的参照物太少，软件因无法找到足够的控制点而无法合成全景图，此时就需要手动添加控制点并进行优化，直到可以成功合成拼接全景图，最后创建全景图。

（3）拼接图片

在PTGui Pro“创建全景图”选项卡的“输出文件”文本框中修改路径及文件名（路径默认为原始相片的所在路径，路径一般不改，只修改文件名，如li01.jpg），这些设置好以后单击“创建全景图”按钮即可。

（4）生成全景图

启动Pano2VR软件，输入刚在PTGui Pro软件中拼接好的“li01.jpg”文件。默认类型是“自动”，保持路径不变，单击“确定”按钮。在“输出”选项组的“新输出格式”下拉列表框中选择“flash”，单击“增加”按钮，弹出“flash输出”对话框，单击“确定”即可生成三维全景图，文件扩展名为.swf。

3. 去除天和地中的“黑洞”

前面介绍了三维全景图的制作过程，但是全景图在旋转到地面时，有时候会出现一个黑洞，天空中也会出现黑洞，如图5-41所示。必须把这个黑洞去除掉，下面就介绍去除黑洞的方法。

（1）导入数据

启动Pano2VR软件，单击“选择输入”按钮，弹出“输入”对话框，在“全景图”中选择“打开”，选择刚才在PTGui Pro软件中拼接好的“li01.jpg”文件。默认类型是“自动”，保持路径不变，单击“确定”按钮。

（2）转换图片

在工具菜单中选择“转换到QVTR/立方体”，在“转换全景”对话框中选择“添加文件”，在“输出”中选择“立方体面片，6个单独的文件”，输出文件类型为“.tif”，其他参数不变。单击“转换”按钮后，发现图片转换成6个立方体面片，立方体面片对应6个tif格式文件的图片，前4个文件li01.front.tif、li01.right.tif、li01.back.tif、li01.left.tif表示水平方向的 4 张图片，li01.top.tif 表示天，li01.bottom.tif 表示地。一般情况，前 4 个文件都不需要修改，个别时候表示“天”的那张图片要用 Photoshop 处理（方法和处理地的方法一样）。表示“地”的那张图片一般都有一个黑洞，要用 Photoshop 把它修补好。

图 5-41　需要补天补地的三维全景图

（3）在 Photoshop 中处理图片。

在 Photoshop 中打开 li01.top.tif 和 li01.bottom.tif 文件，在工具栏中选择“修补工具”，然后选择“目标”，用鼠标选择一块颜色正常的区域，把这个区域拖动到黑色的区域即可。若一次操作没有完全去除黑色区域，可以多次操作该步骤。注意在 Photoshop 中处理完图片后一定要保存图片（不需要另存）。

（4）生成完整的全景图。

继续打开 Pano2VR 软件（在 Photoshop 中处理图片时，Pano2VR 软件和 PTGui Pro 是不能关闭的，最小化即可），单击“选择输入”按钮，再单击“确定”按钮。

完成以上操作后，下方的黑洞就消失了，再次单击“转换输入的图片”按钮，把宽改为和 PTGui Pro 中的宽度一样。在“输出文件”文本框中输入“li01.tif”。最后单击“转换”按钮，就制作成了一个完整的 tif 格式的图片。

在 Pano2VR 软件的“输出”选项组的“新输出格式”下拉列表框中选择“flash”，单击“添加”按钮后再单击“确定”按钮即可生成一个完整的三维全景图。虽然这个全景图已经可以使用，但是还不够完整，在实际制作过程中，一般把图片拼接好后立刻把天和地修补好，然后再添加热点、声音、文字等功能。

4．添加热点、声音、文字等功能

为了使制作的全景图更加生动，可在全景图里面添加漫游热点、声音和文字等。热点相当于两个全景图之间的超链接，单击“点型和交互热区”选项卡，进入热点设置界面。双击图片出现一个红色的“热点”，在“标题”文本框中输入标题内容，如输入：去往海边房屋（生成的全景图中，鼠标放在红色的漫游按钮上显示的内容为标题内容）。在“URL”文本框中输入要链接的 flash 文件，如 fangwu.swf。如果需要设置多个热点，在想要添加热点的地方双击即可添加。设置完成后单击“确定”按钮。

在 Pano2VR 的“媒体”选项组中，单击“修改”按钮，进入“媒体编辑器”对话框，双击某个区域，并在文件名中选择想要加入的媒体文件。设置完成后单击“确定”按钮。

在“皮肤”设置中，可以添加文字和一些功能按钮。

5．素材图的拍摄设置及技巧

基于拍摄经验，总结以下一些照片采集过程中相机参数的设计及一些拍摄技巧。

1）焦距把鱼眼镜头调成无穷远。这样可以让不同焦距的图片尽可能清晰。

2）在采集相片之前，一定要把云台的节点调好，这样会减少后期对照片的处理工作量。

3）拍摄照片时，把云台下方螺钉放到标有 60° 字样的孔内，并拧紧。这样相机每转动 60° 云台会卡顿一下，提示已经转动了 60° ，每转 60° 拍摄一次，一周拍 7 张，第一张和最后一张照片相同。这样每张照片之间都有重合的部分。

4）拍摄过程中这些设置好的参数都是不变的，焦距只在鱼眼镜头上调成无穷远，闪光灯一般都关闭。

5）拍摄人员不能离开三角架，在拍摄的时候至少带一块备用电池。

6）搬动三角架时，照相机一定要关机并且从云台上取下来。

7）白天室内拍照相机参数设置（拉窗帘）。感光度 ISO：400，白平衡：自动，光圈：F8，曝光时间：根据提示调节。

8）白天室内拍照相机参数设置（不拉窗帘）。感光度 ISO：250，白平衡：自动，光圈：F8，曝光时间：根据提示调节。

9）晚上室内拍照相机参数设置。感光度 ISO：400，白平衡：灯光模式，光圈：F8，曝光时间：根据提示调节。

10）室外拍照相机参数设置（白天阳光强烈）。感光度 ISO：200，白平衡：太阳模式，光圈：F8，曝光时间：根据提示调节。

11）室外拍照相机参数设置（白天多云）。感光度 ISO：320，白平衡：多云模式，光圈：F8，曝光时间：根据提示调节。

12）室外拍照相机参数设置（傍晚）。感光度 ISO：400，白平衡：自动模式，光圈：F8，曝光时间：根据提示调节。

13）没有窗户的小房间内拍摄，最好把门关上，打开灯。感光度 ISO：320～400，白平衡：自动模式，光圈：F8，曝光时间：根据提示调节。

小结

本章全面介绍了全景图、三维全景图以及 VR 全景视频的概念，拍摄设备及注意事项。VR 全景照片的拼接流程，PTGui Pro 及 Pano2VR 等常用软件的使用方法。本章对操作能力和制作经验要求较高，大家需要经过反复的实践和操作，才能够制作出精美的三维全景作品。

习题

一、简答题

1．简述三维全景图、三维全景视频和 VR 全景视频有什么区别和相似点。

2．简述拍摄三维全景图的一般流程和步骤。

3．简述三维全景图中拍摄图片的要求。

4．简述三维全景图的应用领域和应用平台。

二、制作题

1．使用数码相机，拍摄照片素材，利用 PTGui Pro 拼接制作一副全景图。

2．利用 PTGui、Pano2VR 及 Photoshop 制作一张 VR 全景图。

3．制作一张手机端微信 360° 全景图并发布。

第 6 章　Unity 开发基础

学习目标

- 掌握 Unity 窗口界面组成
- 掌握物理引擎和碰撞检测
- 熟悉并掌握 Unity 各种资源
- 熟悉并掌握 UGUI 常用控件的使用
- 熟悉 Mecanim 动画系统

Unity 由 Unity Technologies 开发，使开发者轻松创建虚拟实现、增强现实、建筑可视化、模拟仿真、3D 游戏和 2D 游戏等交互内容，是支持多平台全面整合的专业开发引擎。

6.1　一个 Unity 简单案例

为使读者对 Unity 有一个快速、直接的感受，先通过一个简单的实例，来了解 Unity 强大便捷的开发功能。本实例首先创建一个 Cube 立方体，为立方体添加材质和纹理，然后通过代码实现立方体旋转，通过快捷键控制立方体的移动。

读者可参照以下步骤进行操作。

1）启动 Unity，在弹出的对话框中，单击“New”按钮，如图 6-1 所示。创建一个新的工程，将其命名为“CubePrj”，选择“3D”，创建一个 3D 工程，然后单击“Create Project”按钮，如图 6-2 所示。

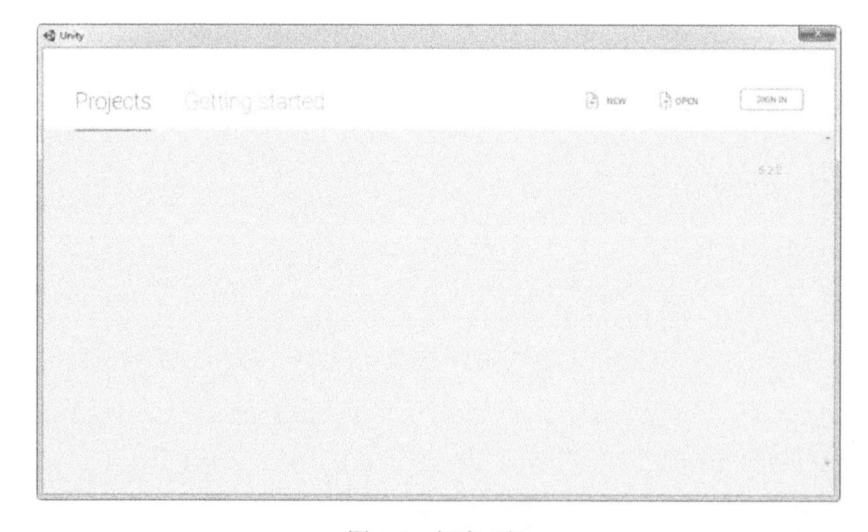

图 6-1　新建工程

图 6-2　创建工程

2）进入 Unity 集成开发环境，系统自动创建一个 Scene 场景，在 Hierarchy 面板中，可以看到默认创建一个 Main Camera（为场景提供观察视角，相当于人的眼睛）和一个 Directional Light（为场景提供平行光照明）对象。

3）单击 Hierarchy 面板的“Create”菜单，在弹出的下拉菜单中选择“3D Object”→“Cube”，如图 6-3 所示。在 Scene 面板中创建了一个默认的立方体，该立方体长宽高分别为 1m、1m、1m，位置坐标 x、y、z 分别为 0、0、0，可以在 Inspect 面板的“Transform”→“Position”属性中查看到以上信息。在 Hierarchy 面板中可以看到创建出来的立方体对象名称为“Cube”，如图 6-4 所示。

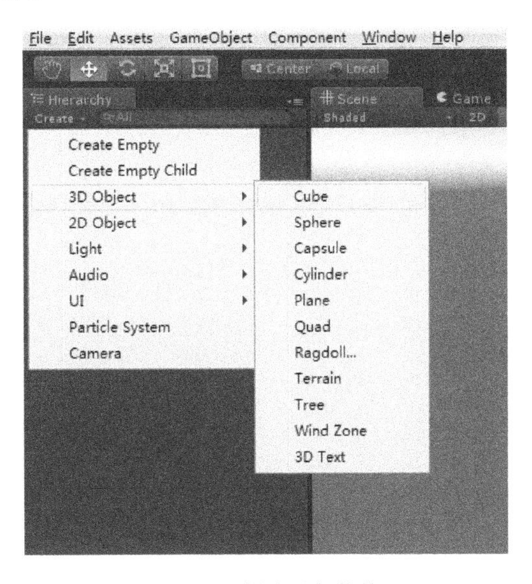

图 6-3　创建对象菜单

4）观察 Scene 窗口中的立方体对象，显示为白色，可改变立方体的颜色和纹理。在 Project 面板的 Assets 上右击，在弹出的快捷菜单中选择“Create”→“Material”命令，如图 6-5 所示。此时会在 Assets 面板中创建一个新材质，重命名为 red，如图 6-6 所示。

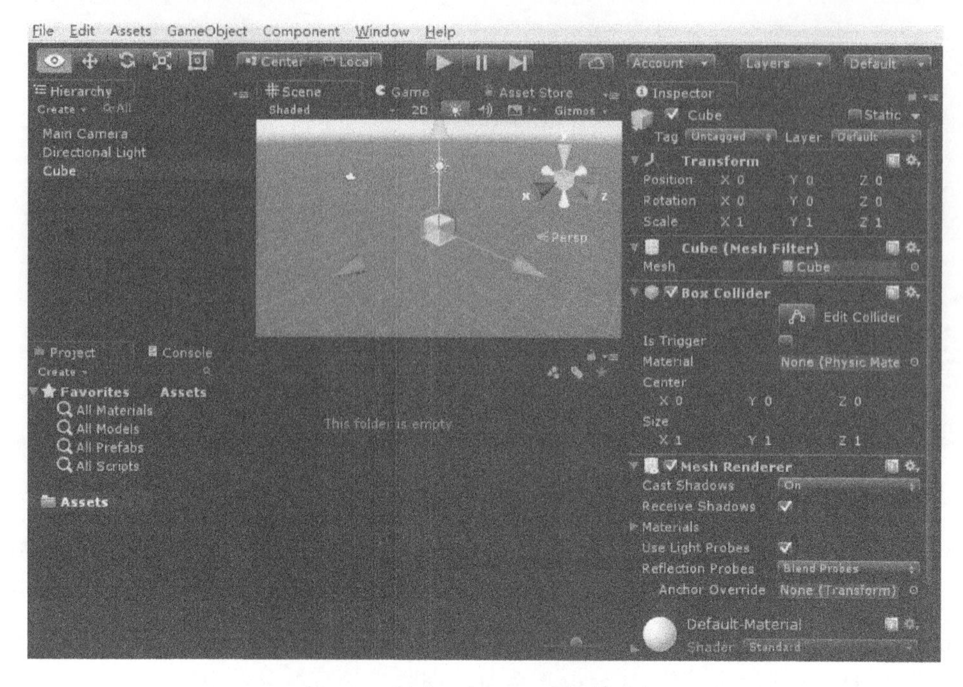

图 6-4　创建一个 Cube 立方体对象

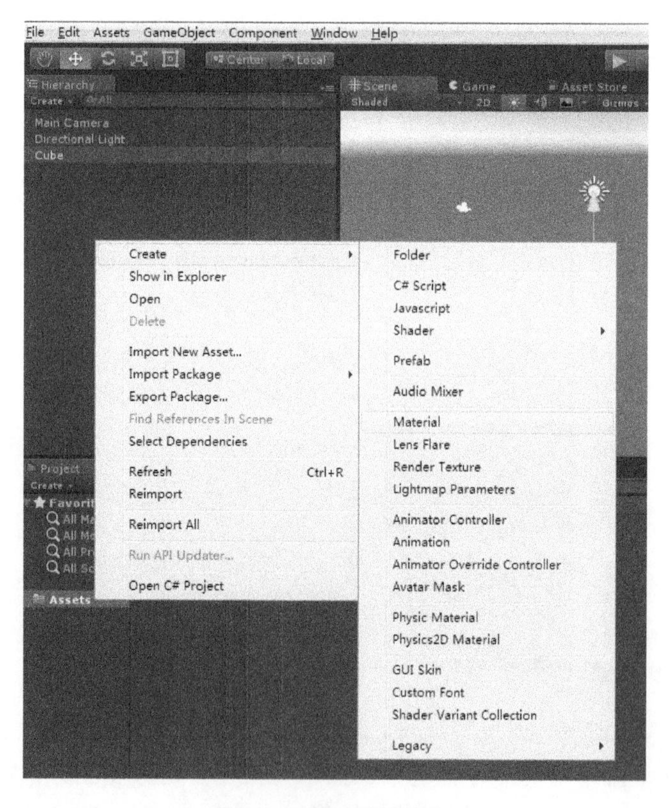

图 6-5　新建材质菜单

5）在 Inspector 面板的 Main Maps 中单击“Albedo”（反射属性，这是表现物体表面材质和纹理的最基本属性）属性后的白色色块，在弹出的“Color”对话框中将颜色设置为红色，会看到该材质已经修改为红色，如图 6-7 所示。

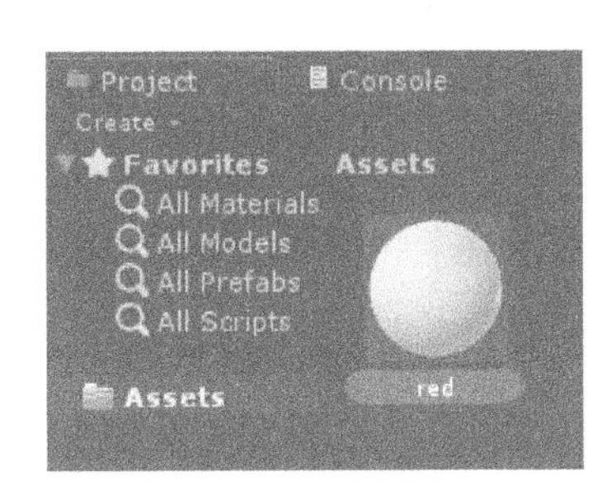

图 6-6　Assets 面板中的新材质

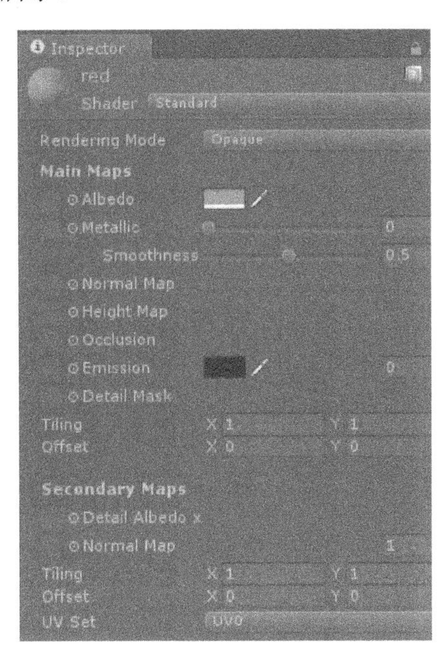

图 6-7　修改材质颜色

6）将 red 材质赋给立方体对象。只需选中 Assets 面板中的 red 材质后，按住鼠标将材质球拖动到场景中的立方体对象上，然后松开，即可看到立方体对象已经由原来的白色变为红色，如图 6-8 所示。

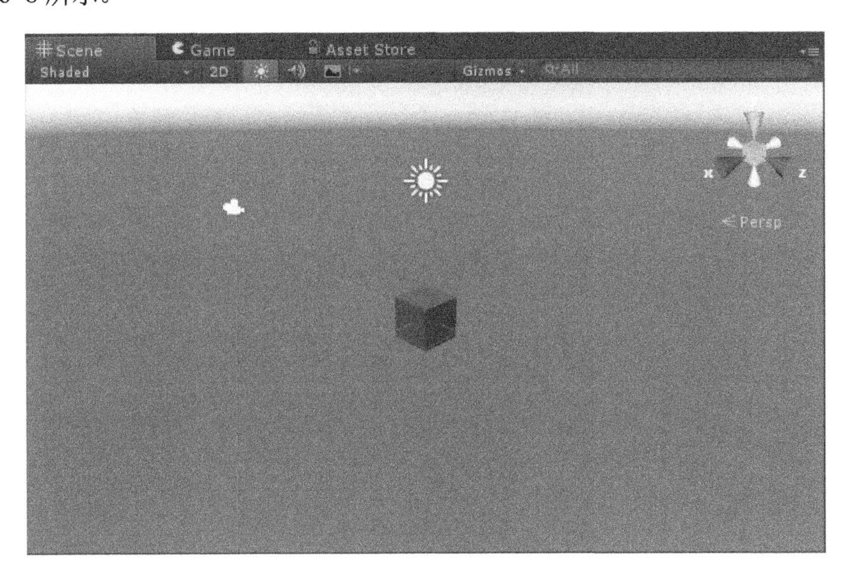

图 6-8　将 red 材质赋给立方体对象

7）为立方体添加纹理。

① 需要将图片添加到 Unity 中，在资源管理器中任意选中一幅图片，如 tu.jpg，将图片

拖拽到 Unity 图标上，等待 Unity 窗口打开；将图片拖拽到 Assets 面板，然后松开左键，就将图片添加到 Assets 面板中了，如图 6-9a 所示。

② 直接将图片 tu.jpg 赋给立方体，以使立方体各个面可以显示纹理图案。只需将 Assets 面板中的 tu.jpg 拖动到立方体上，在 Assets 面板中会自动创建一个名为 Materials 的文件夹，如图 6-9b 所示。打开 Materials 文件夹，Unity 创建了一个名称为"tu"的材质，如图 6-9c 所示。在 Inspector 面板中 Albedo 选项对应的小方块会显示 tu.jpg 预览图，表示 tu 材质包含一个 tu.jpg 纹理图，如图 6-9d 所示。观察场景中的立方体，会看到立方体的每个面都被贴上了 tu.jpg 文件对应的图片，如图 6-9e 所示。

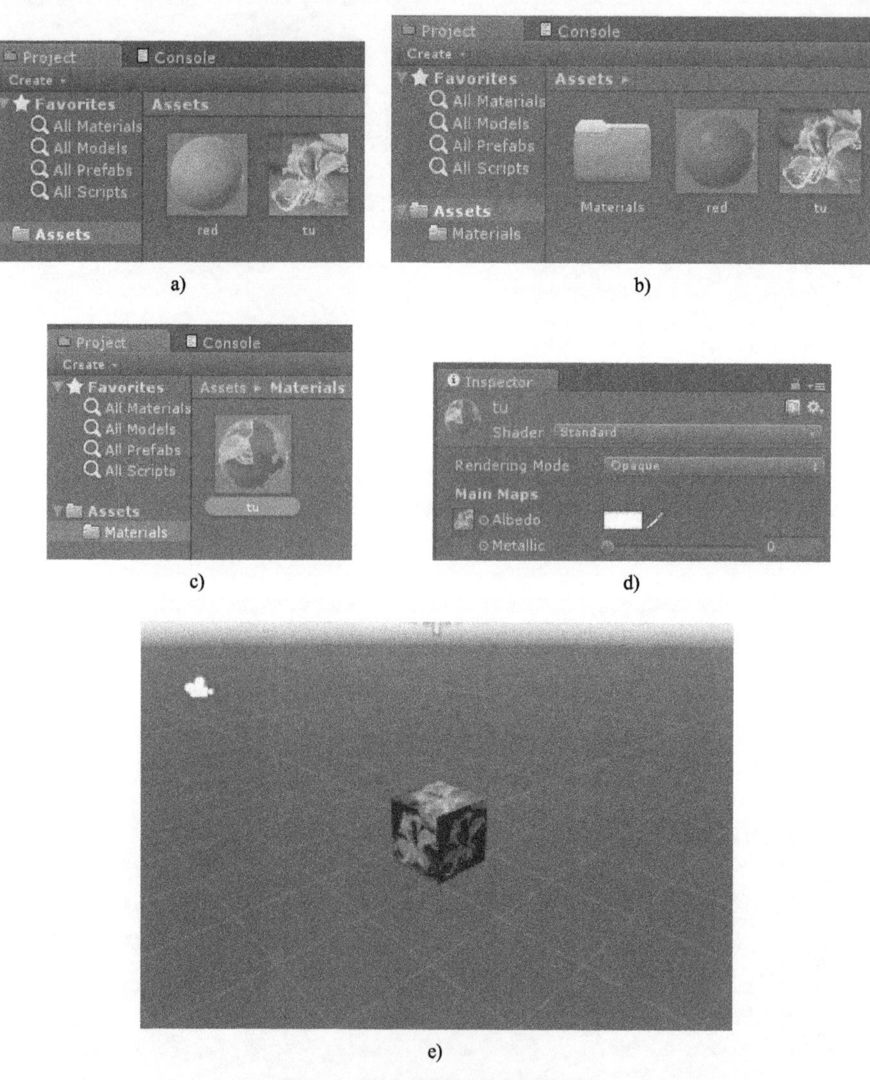

图 6-9 为立方体添加材质纹理

a) 将图片添加到 Assets 面板 b) 图片赋给对象，自动创建 Materials 文件夹 c) 自动创建的 tu 材质
d) Inspector 面板中 Albedo 属性 e) 立方体添加材质后效果

8）让立方体旋转起来。在 Assets 上右击，在弹出的快捷菜单中选择"Create"→"C#

Script”命令，如图 6-10a 所示。创建一个新的 C#脚本，将其重命名为“rotate”，如图 6-10b 所示。将脚本赋给立方体，仍然是将 rotate 脚本直接拖拽到立方体上，在 Hierarchy 面板中单击立方体，即可在 Inspector 面板中看到 rotate 脚本已经添加好了，如图 6-10c 所示。双击“rotate”脚本，打开 MonoDevelop 编辑器，如图 6-10d 所示。

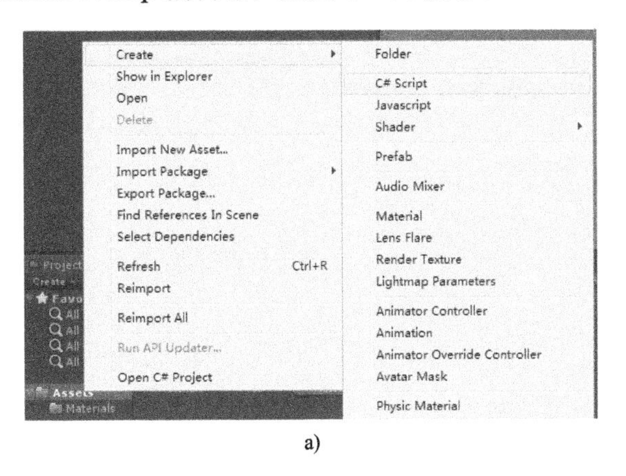

a)

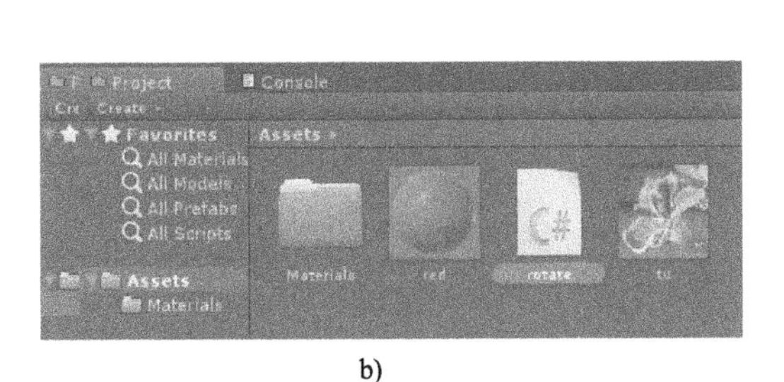

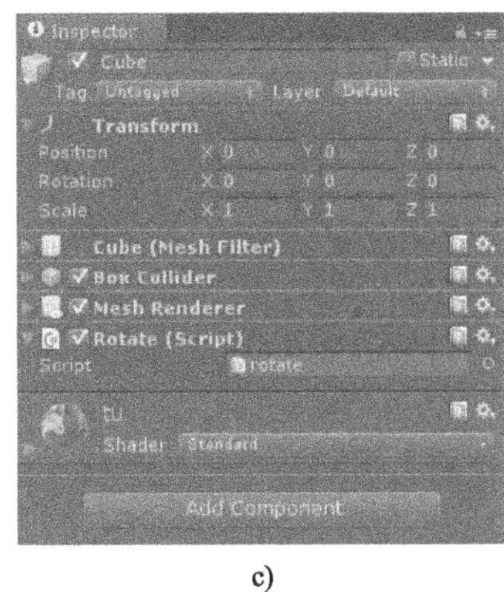

b)　　　　c)

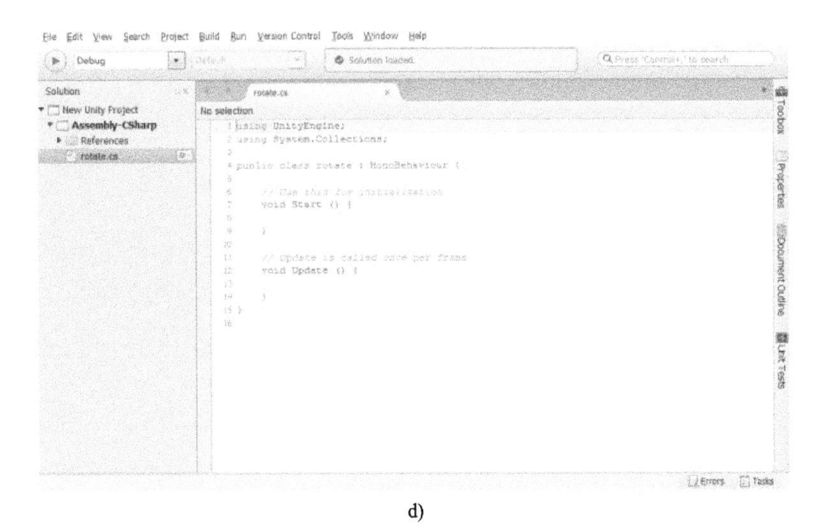

d)

图 6-10　新建 C#脚本

a) Assets 右键快捷菜单　b) 重命名新创建 C#脚本　c) 立方体添加脚本后的 Inspector 面板　d) 在 MonoDevelop 编辑器中打开脚本

9）在“rotate.cs”脚本中的Update()方法中添加如下代码。

```
void Update () {
        transform.Rotate (0,5,0);
    }
```

Update()方法是 Unity C#脚本中最重要的方法。Unity 会按照固定时间间隔调用 Update()方法（根据用户设备 Unity 程序运行的速率即帧频来调用，通常是每秒钟 60 次）。transform表示控制对象基本变换操作（移动、旋转、缩放）的 Transform 组件，控制对象移动的方法是 Translate()，控制对象旋转的方法是 Rotate()。Rotate()有多个重载方法，最简单的形式为Rotate (x,y,z)，参数 x、y、z 分别表示绕 x 轴、y 轴、z 轴旋转的角度值。Rotate (0,5,0)表示运行时按照帧频被调用执行，每执行一次，对象就绕 y 轴旋转 5°，连续执行对象就旋转起来了。

代码输入完成后保存，返回 Unity 界面（系统会自动编译脚本，如有错误会有提示）。单击“播放”按钮▶运行场景，并自动从 Scene 窗口切换到 Game 窗口，这时可看到立方体已经旋转起来了，如图 6-11 所示。

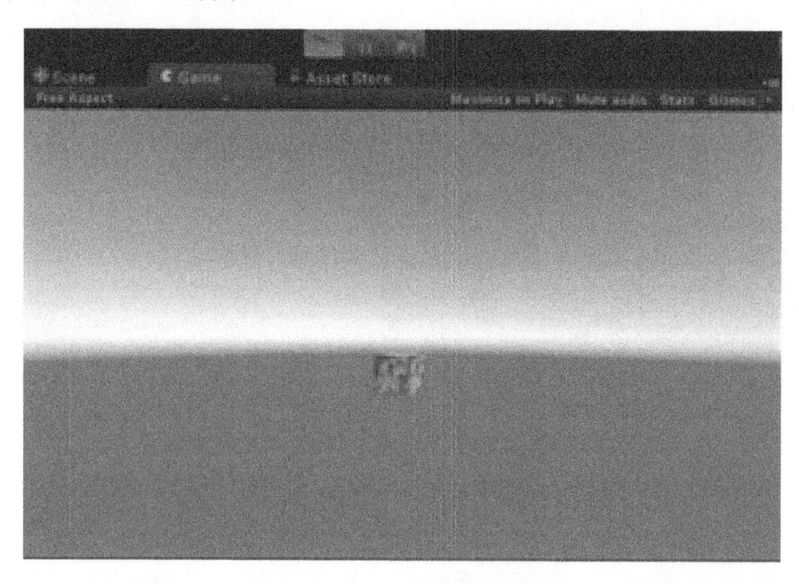

图 6-11　立方体旋转运行效果

10）实现当按下某个按键，立方体向右侧或左侧移动一定距离。将脚本 rotate.cs 删除，按照第 8）步的方法，再新建一个 C#脚本 move.cs，并将脚本赋给立方体。打开MonoDevelop 编辑器，在 Update()中添加如下代码。

```
    void Update () {
        if (Input.GetKeyDown(KeyCode.D)||Input.GetKeyDown(KeyCode.Right
Arrow)) {
            transform.Translate(0.8f,0,0);
        }
        if (Input.GetKeyDown(KeyCode.A)||Input.GetKeyDown(KeyCode.Left
Arrow)) {
```

```
            transform.Translate(-0.8f,0,0);
        }
    }
```

Translate ()有多个重载方法，最简单的形式为 Translate (x,y,z)，参数 x、y、z 分别表示沿 x 轴、y 轴、z 轴移动的距离。以上程序中，Translate(0.8f,0,0)表示沿 x 轴正方向移动 0.8m，Translate(−0.8f,0,0)表示沿 x 轴负方向移动 0.8m。

Input.GetKeyDown(KeyCode.D)中，Input 类获取用户的键盘、鼠标和控制杆等输入设备的输入信息，Input 对象是应用程序和用户之间交互的桥梁，Input 对象通常用在 Update()中，每帧监听用户是否有相关的输入。键盘输入有 3 个方法：Input.GetKey()方法，当对应键盘按键按住时，返回 true，每帧都会被监听到；Input.GetKeyDown()方法和 Input.GetKeyUp()方法，在对应按键被按下或弹起时返回 true，而且只有在该帧才会被监听到。当缓慢按下一个按键并弹起时，Input.GetKeyDown()方法和 Input.GetKeyUp()方法只会执行一次，而 Input.GetKey()方法可能会执行多次。这 3 个方法的参数为 KeyCode 枚举类型，KeyCode.D 表示键盘的〈D〉键，KeyCode.RightArrow 表示向右箭头。

代码实现的功能为：程序运行时，每一帧调用 Update()方法，监听是否有对应的按键按下，当按下〈D〉建或向右箭头时，立方体会向右侧移动 0.8m，当按下〈A〉建或向左箭头时，立方体会向左侧移动 0.8m。这里还需要了解，从默认的 Main Camera 角度观察场景，x 轴正方向水平向右，y 轴正方向垂直向上，z 轴正方向纵深指向屏幕内部。程序运行效果如图 6-12 所示。

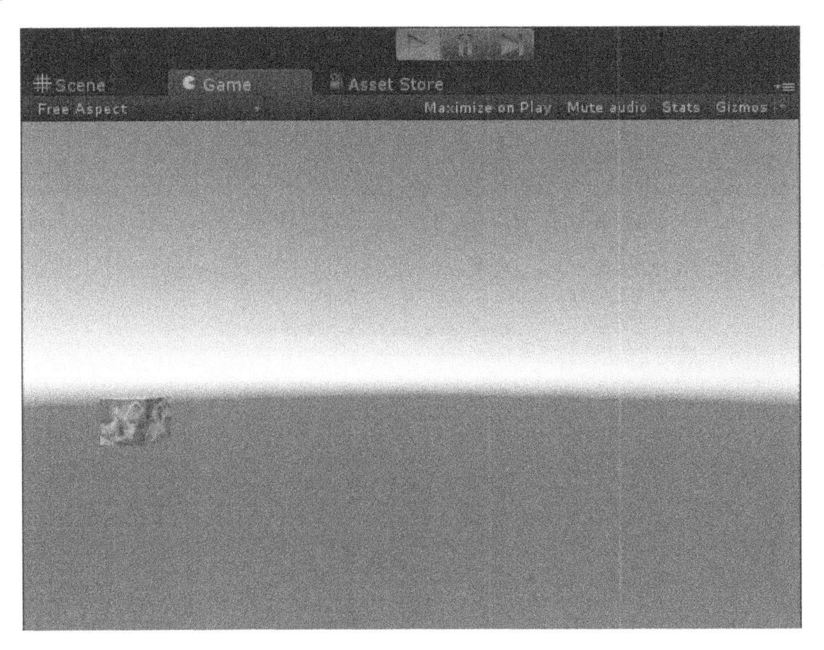

图 6-12　按键控制立方体移动运行效果

读者可修改以上代码来实现以下功能，当按下〈W〉键时，立方体向屏幕深处远离用户移动 1m；当按下〈S〉键时立方体向用户移动 1m；当按下〈R〉键时，立方体绕 y 轴旋转 10°。

6.2 Unity 窗口界面

开发一个 Unity 产品，首先需要创建 Unity Project（Unity 项目）。Unity 项目创建好后，可以打开 Unity Editor（Unity 编辑器）进行编辑，Unity 编辑器界面包含有 Scene（场景）面板、Game（预览）面板、Hierarchy（对象层级）面板、Project（工程资源）面板、Inspector（组件属性）面板、Animator（动画控制器编辑）面板、Animation（动画编辑）面板和 Control（控制台）等多个面板，如图 6-13 所示。

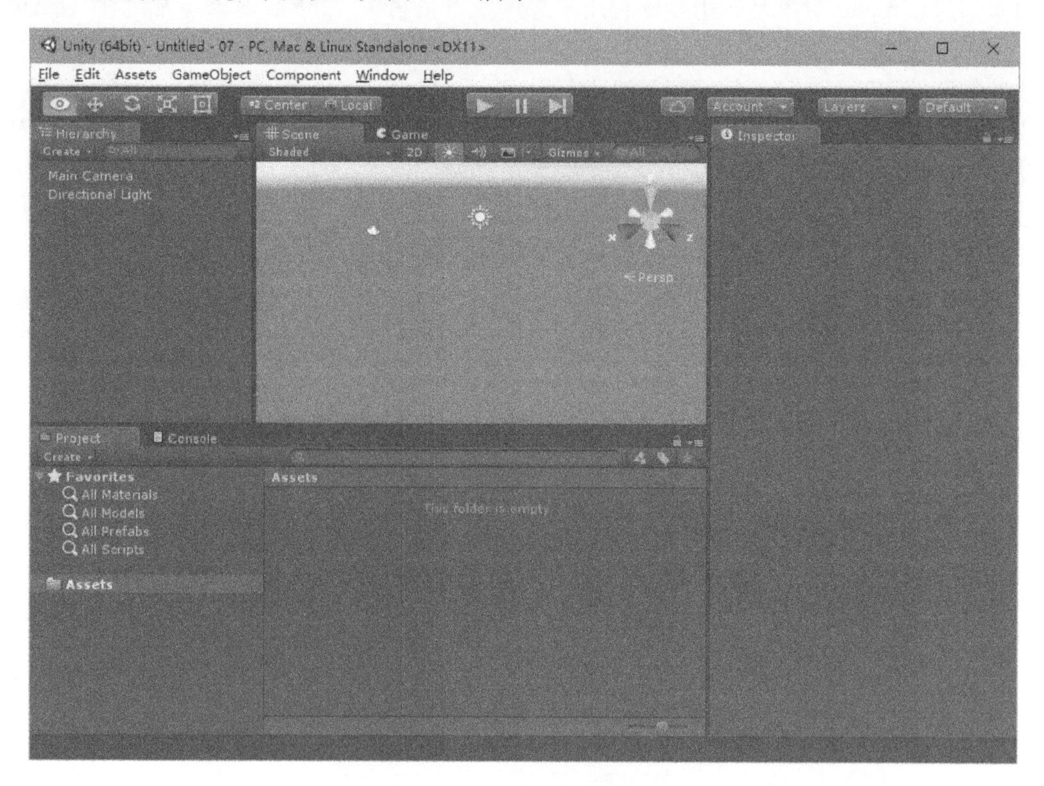

图 6-13　Unity 编辑器界面

6.2.1 创建 Unity 项目

一个游戏项目就是一个工程（Project），对应一个文件夹，项目所创建的所有关卡、场景及用到的资源，全部存放在该文件夹下。新建工程时，指定路径到一个空的文件夹下即可，注意必须是空的文件夹，不能包含任何文件。创建好工程，可以再次打开进行编辑和修改。

6.2.2 Scene 与场景漫游

一个项目可以包含多个场景，项目运行时，可以在这些场景间切换，每个场景可以创建和编辑多个对象，对象的操作和编辑在 Scene（场景）面板中进行。场景面板的编辑包括对象编辑、场景面板漫游和视图编辑。

1. 对象基本变换

(1) 场景操作工具栏

场景操作工具栏包括 5 个按钮，如图 6-14 所示，各按钮功能如下。

图 6-14　场景操作工具栏

场景平移，快捷键：〈Q〉键　　对象移动，快捷键：〈W〉键

对象旋转，快捷键：〈E〉键　　对象缩放，快捷键：〈R〉键

2D 对象操作（3D 对象操作综合），快捷键：〈T〉键

(2) 对象操作

对象的 3 种基本变换操作，包括移动、旋转和缩放，分别改变对象的位置、角度和大小。如果要沿着某个坐标轴操作，需要注意坐标轴的锁定，x、y、z 坐标轴分别对应红色、绿色和蓝色。3 种基本变换的操作控制框如图 6-15 所示。

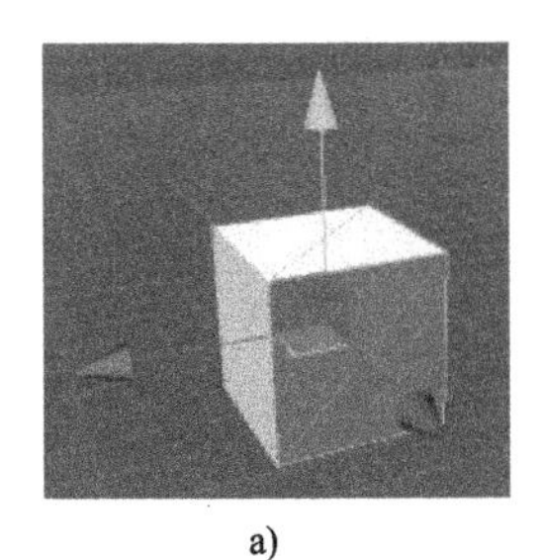

a)

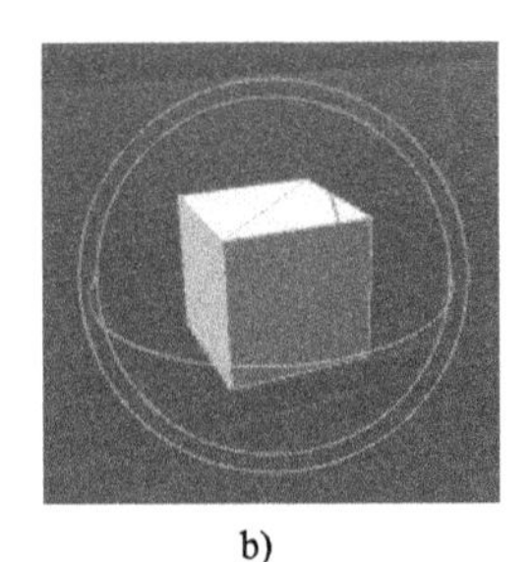

b)

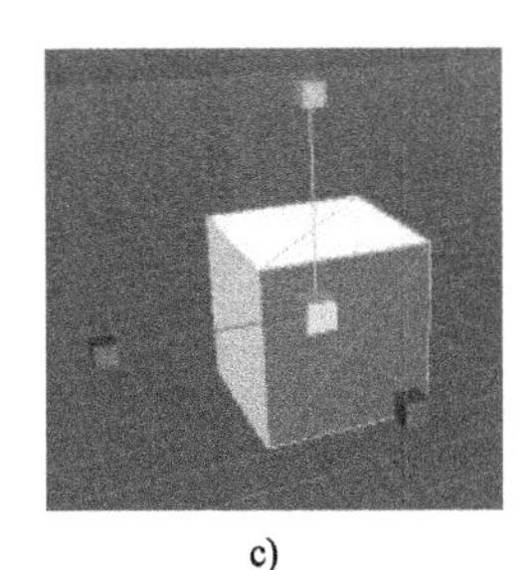

c)

图 6-15　三种基本变换的操作控制框

a) 移动　b) 旋转　c) 缩放

2. 场景面板漫游

为方便对象的编辑，可以平移、环视和缩放场景视图，使场景中的对象最大化显示，还可以漫游场景。

(1) 平移

- 平移按钮按下后，按住左键拖动。
- 按住滚轮（或中键）拖动。

(2) 环视

- 按住右键拖动。
- 按下〈Alt〉键+左键拖动。

(3) 缩放

- 滚动滚轮。
- 按下〈Alt〉键+右键拖动。

(4) 聚焦

聚焦即对象最大化，在 Hierarchy 面板中可进行如下操作。

- 选择对象（GameObject），按下〈F〉键。

● 双击选中对象。

（5）场景漫游

按住鼠标右键后，分别按下〈W〉、〈S〉、〈A〉、〈D〉键，可以实现向前、后、左、右 4 个方向的漫游。按下〈W〉键，向前移动漫游；按下〈S〉键，后退漫游；按下〈A〉键，向左边移动；按下〈D〉键，向右边移动。

3．视图控制

Unity 是一个 3D 游戏开发引擎，场景视图分为 2D 投影视图和 3D 立体视图两大类。

（1）2D 投影视图

2D 投影视图可分为 Front 前视图、Back 后视图、Left 左视图、Right 右视图、Top 顶视图和 Bottom 底视图。

（2）3D 立体视图

3D 立体视图分为 Perspective 透视图（Persp）和 Orthographic 正交视图（Iso）。

3D 立体视图之间切换的方法如下。

1）单击场景视图右上角的坐标轴架。

2）在坐标轴架的右键快捷菜单中选择相应的视图，如图 6-16 所示。

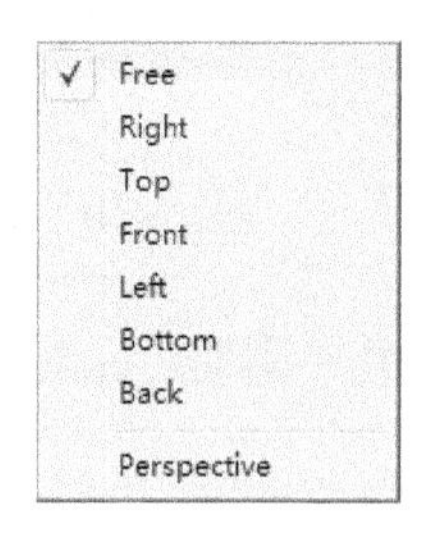

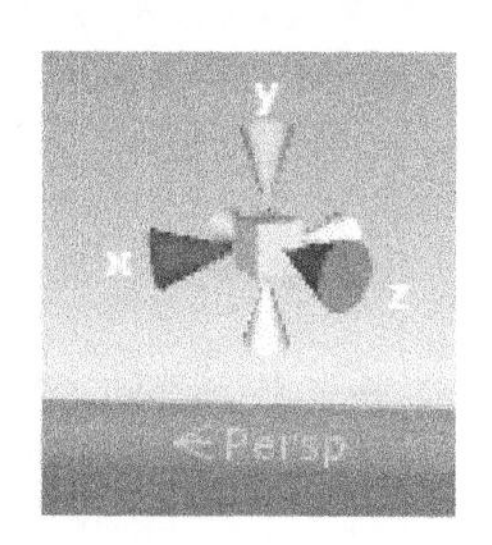

图 6-16　2D 投影视图和 3D 立体视图控制

6.2.3　Hierarchy 面板与场景搭建

1．Hierarchy 面板

Hierarchy（层级）面板按名称列出了场景中的所有对象，当在场景中创建或删除对象时，Hierarchy 面板将同步更新。当在场景中不易找到对象时，可以在 Hierarchy 面板通过名称选择对象。对象间存在父子层级关系时，Hierarchy 面板可以清晰地查看对象父子关系。

2．简单场景搭建

创建 Unity 项目，通常需要创建复杂的模型对象（场景模型、角色模型、道具等辅助模型）和动画，可以在专业的 3D 软件（3ds Max、Maya）中创建，Unity 也提供了简单的 2D、3D 模型对象和其他特殊对象，方便开发者创建使用。

对象的创建通过 Hierarchy 面板左上方的 Create 菜单实现，如图 6-17 所示。

【例 6.1】 简单场景搭建

使用 Unity 提供的 3D 对象搭建场景，结合对象的移动、旋转和缩放 3 种基本变换和场景视图操作进行编辑修改，最终效果如图 6-18 所示。

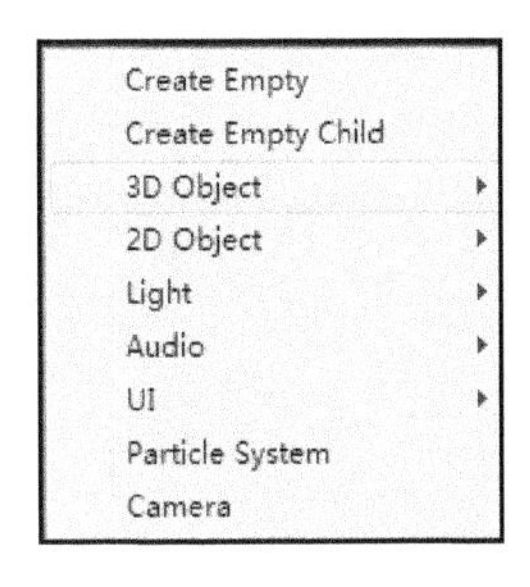

图 6-17 Create 菜单

图 6-18 简单场景搭建

3．脚本实现对象创建

Unity 支持 3 种脚本语言 JavaScript、C#和 Boo。Unity 自带脚本语言集成开发环境 Mono Develop，也可以使用 Microsoft Visual Studio 作为脚本编辑器，但需要进行以下设置，安装 Microsoft Visual Studio 后，在 Unity 主界面选择“Edit”→“Preferences”→“External Tools”命令，在右侧选项“External Script Editor”弹出的下拉列表中选择“Microsoft Visual Studio”即可。

（1）生成基本 3D 对象

GameObject 类的静态方法 CreatePrimitive()可以生成基本 3D 对象。

```
public static GameObject CreatePrimitive( PrimitiveType type);
```

PrimitiveType 基本类型包括以下几种。

- PrimitiveType.Cube 立方体。
- PrimitiveType.Sphere 球体。
- PrimitiveType.Capsule 胶囊体。
- PrimitiveType.Cylinder 圆柱体。
- PrimitiveType.Plane 平面。
- PrimitiveType.Quad 正方形。

（2）实例

【例 6.2】 创建 5×5 的墙体

该实例实现生成一堵 5×5 的墙体，墙体基本组成元素为标准 cube 对象。

1）编写脚本 Wall.cs。

```
int k=0;                    //定义变量 k，表示 cube 对象名称序号
int startPos = -2;          //定义变量 startPos，表示每一行 cube 的起始位置
void Start () {             //在 Start 方法中创建墙体
    for (int i=0; i<5; i++) {       //定义 5 行
        startPos=-2;                //每一行初始，将 startPos 值重置为-2
        for (int j=0; j<5; j++) {   //一行创建 5 个 cube
        GameObject cube = GameObject.CreatePrimitive (PrimitiveType.
Cube);
                                    //创建一个 cube 对象
        cube.transform.localScale=new Vector3(0.95f,0.95f,0.95f);
                                    //将 cube 三个轴向的大小设置为 95%
```

```
            cube.transform.position = new Vector3 (startPos++, i, 0);
                                                  //设置 cube 的 x、y、z 坐标
            cube.name = "cube" + k++;     //为 cube 按序号命名
            }
        }
    }
```

2）将脚本 Wall.cs 挂载在主摄像机 Main Camera 上，运行效果如图 6-19 所示。

图 6-19　运行效果

6.2.4　Project 与资源管理

Project（项目资源）面板列出了开发者创建或导入的所有资源，包括场景、脚本、模型、材质、贴图、音频和预置对象等，通常这些资源被分门别类地放置在不同的文件夹中，而所有资源又被放置在 Assets 文件夹中。项目资源面板的资源采用与资源管理器中的组织方式一样，左侧是树形导航窗格，右侧是浏览窗格，如图 6-20 所示。

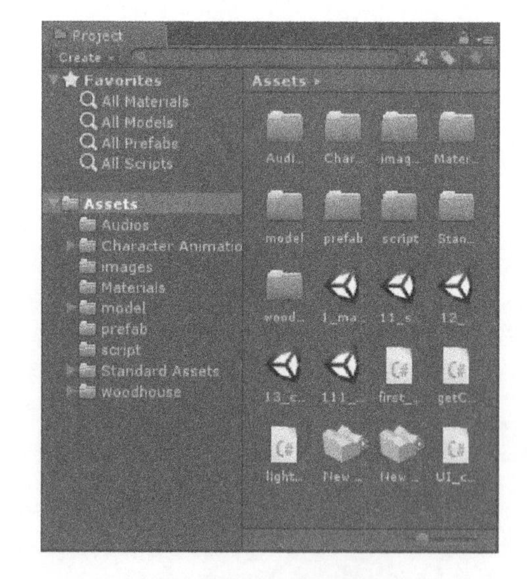

图 6-20　Project 面板

项目资源面板的资源与资源管理器中的文件一一对应，在项目资源面板中对文件的修改，会实时地反应在资源管理器中，反之亦然。

6.2.5　Inspector 与组件管理

1．Unity 项目框架

一个 Unity 项目文件包含多个场景，项目运行时，可以在这些场景间切换。每个场景中可以创建多个游戏对象，场景就是由游戏对象组成的。游戏对象的特性和功能被细分成不同的组件，游戏对象需要什么特性和功能，添加相应的组件即可。Unity 项目的框架结构如图 6-21 所示。

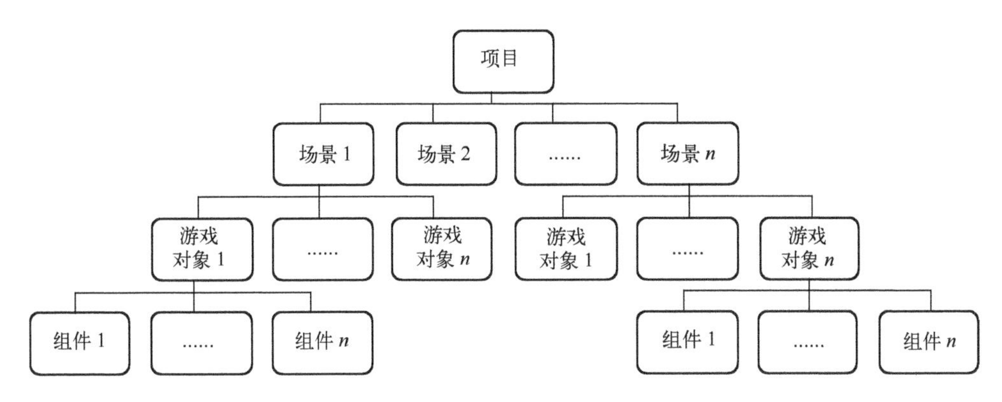

图 6-21　Unity 项目的框架结构

2．组件

游戏对象由多个组件组合而成，游戏对象就是各种组件的容器，选择不同的组件就可以组合出不同的游戏对象。最基本的游戏对象是 Empty GameObject，它只有一个 Transform 组件。常用的对象或特性对应要添加的组件举例如下：碰撞器添加 Collider 组件、刚体添加 Rigidbody 组件、摄像机添加 Camera 组件、灯光添加 Light 组件等。脚本也是一种组件，游戏对象需要挂载脚本，添加相应的脚本即可。

3．Inspector 面板

组成游戏对象的组件全部显示在该游戏对象的 Inspector（组件属性编辑）面板中，在 Inspector 面板各组件上方有一些通用属性，如是否激活复选框、Name 名称、Tag 标签和 Layer 层级设置等。

Inspector 面板实现组件的添加、移除和组件属性的查看、编辑。

4．Transform 组件

每个游戏对象都有一个 Transform 组件，当创建一个游戏对象时，会自动为该对象创建 Transform 组件。Transform 是一个类，某个游戏对象上的 Transform 组件是一个实例，用小写 transform 表示。Transform 组件主要通过 Position 属性、Rotation 属性和 Scale 属性来控制游戏对象的移动位置、旋转角度和缩放比例，如图 6-22 所示。

对游戏对象运动的控制方法有以下几种。

- 在场景中操作。
- 在属性面板中设置。
- 编写脚本进行控制。

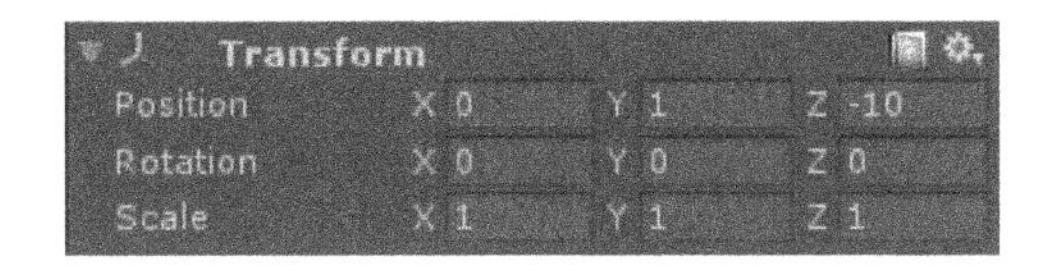

图 6-22　Transform 组件

5．Vector3 类

既有大小又有方向的量叫作向量（亦称矢量）。3D 项目开发中经常用到向量和向量的运算，Unity 中提供了完整的向量和向量操作方法。Unity 中的向量就是类，包括平面空间的二维向量 Vector2 类和立体空间的三维向量 Vector3 类。

Vector3 类表示三维空间的向量，包括 X、Y、Z 三个坐标。Vector3 类可以在实例化时进行赋值，也可以实例化后分别给 X、Y、Z 三个分量赋值。Vector3 实例可以作为参数进行传递。例如：

```
transform.Translate(new Vector3(1.0f,0,0));
```

Vector3 类中定义了一些常量，如表 6-1 所示。

表 6-1　Vector3 类中的常量

常　量	值	常　量	值
Vector3.forward	Vector3(0,0,1)	Vector3.left	Vector3(-1,0,0)
Vector3.back	Vector3(0,0,-1)	Vector3.right	Vector3(1,0,0)
Vector3.up	Vector3(0,1,0)	Vector3.zero	Vector3(0,0,0)
Vector3.down	Vector3(0,-1,0)	Vector3.one	Vector3(1,1,1)

6.3　物理引擎和碰撞检测

6.3.1　碰撞器

1．碰撞器的概念

碰撞器用于检测游戏场景中的游戏对象是否互相碰撞，最基本的功能是可以阻挡物体，使得物体之间不能穿越，还用于检测某个对象是否碰到了另外的对象，如用于检测子弹是否碰到了敌人，然后进行一些操作。

碰撞器是包围在游戏对象外围的虚拟区域，该区域在运行时不会显示出来。在计算对象是否碰撞时，是根据该包围区域的形状，而不是由对象的形状来决定的，而且通常比对象的形状要简单。

2．碰撞器分类

游戏在进行碰撞检测的过程中，需要消耗很多的运算资源，所以应尽量简化碰撞器的形状，以此来降低检测过程中的资源消耗。在 Unity 中提供了各种基本形状的碰撞器组件，包括 Box Collider（盒子碰撞器）、Sphere Collider（球体碰撞器）、Capsule Collider（胶囊碰撞器）、Mesh Collider（网格碰撞器）、Wheel Collider（车轮碰撞器）、Terrain Collider（地形碰撞器）6 种类型，如图 6-23 所示。添加何种碰撞器，原则上一般与游戏对象外形接近即可。

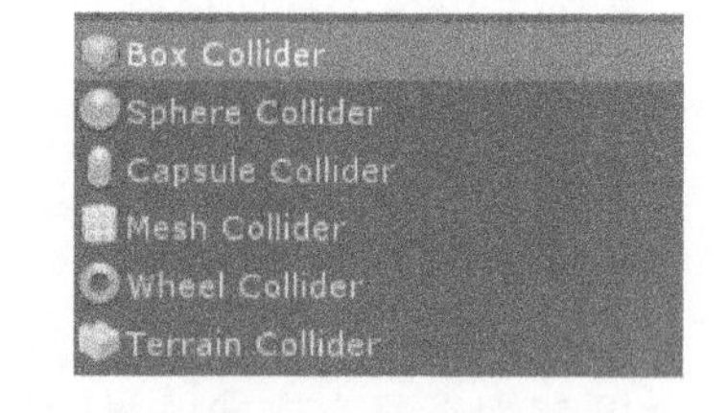

图 6-23　碰撞器类型

3．碰撞器的添加

碰撞器也是一种组件，所以添加碰撞器的方法与添加其他组件一样，有以下几种。

1）选择“Component”→“Physics”→“Box Collider”命令。

2）在“Inspector”面板下端，单击“Add Component”按钮，选择“Physics”→“Box Collider”。

3）脚本添加。

```
GameObject obj = GameObject.Find ("box");    //实例化“box”类型的对象 obj
```

```
obj.gameObject.AddComponent <BoxCollider>();
                                    //为 obj 对象添加盒子碰撞器组件
```

6.3.2　物理引擎和刚体

1．物理引擎

现实生活中的物体遵循自然界的物理现象和物理定律，计算机软件中对物理自然现象的模拟通过物理引擎来实现。物理引擎通过为刚性物体赋予真实的物理属性（动量、扭矩、摩擦力或者弹性）的方式来计算运动、旋转和碰撞反应。为每个游戏使用物理引擎并不是完全必要的，简单的牛顿定律（如加速和减速）可以通过编程或编写脚本来实现。然而，当游戏需要比较复杂的物体碰撞、滚动、滑动或者弹跳时（如赛车类游戏或者保龄球游戏），通过编程来实现就比较困难了。

物理引擎的作用，就是使虚拟世界中的物体运动符合真实世界的物理定律，以使项目更加富有真实感。物理模拟计算需要非常强大的整数和浮点计算能力，物理计算处理具有高度的并行性，需要多线程计算，演算非常复杂，需要消耗很多资源。

Unity 内置了 NVIDIA 公司的 PhysX 物理引擎，如图 6-24 所示。该引擎是目前全球三大物理引擎（PhysX、Havok 和 Bullet）之一。PhysX，读音与 Physics 相同，是一套由 AGEIA 公司开发的物理引擎。AGEIA 公司后来被 NVIDIA 收购，PhysX 引擎也就随着划入 NVIDIA 旗下。PhysX 可以由 CPU 计算，但其程序本身在设计上还可以调用独立的浮点处理器（如 GPU 图形渲染处理器和 PPU 物理运算处理器）来计算，所以可以轻松完成大计算量物理模拟计算。

图 6-24　PhysX 物理引擎

2．刚体

刚体，在物理学中的定义是形状不会发生改变的理想化模型，即在受力之后其大小、形状和顶点相对位置都保持不变的物体，例如，铅球落到地上时其形状基本不变。刚体是相对于软体和流体而言的，在虚拟世界中刚体常作为物理模拟的基本对象。

刚体使物体能在物理控制下运动，可通过接受力与扭矩，使物体像现实世界一样运动。

任何物体想要受重力影响，受脚本施加的力的作用，或通过 NVIDIA PhysX 物理引擎来与其他物体交互，都必须包含一个刚体组件，如图 6-25 所示。

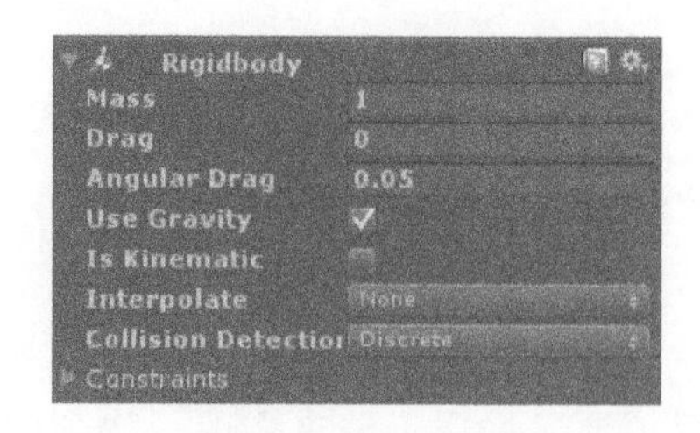

图 6-25　刚体组件

刚体让物体在物理引擎控制下运动，通过力来操控物体。刚体在物理引擎的作用下，可以通过真实碰撞来实现开门、各种类型的关节及其他逼真的行为。这与直接通过变换 transform 运动不同，有一种更加真实的感觉。通常情况下，对同一物体，要么通过刚体操控，要么通过变换操控，两种方法最大的不同在于通过刚体操控物体使用了力。

3．刚体的添加

刚体组件的添加方法有以下 3 种。

1）选择“Component”→“Physics”→“Rigidbody”命令。

2）在“Inspector”面板下端，单击“Add Component”按钮，选择“Physics”→“Rigidbody”。

3）脚本添加。

```
GameObject obj = GameObject.Find ("box");    //实例化“box”类型的对象 obj
obj.gameObject.AddComponent <Rigidbody>();   //为 obj 对象添加刚体组件
```

4．对刚体施加力

对刚体施加力可以通过 AddForce()方法实现。例如：

```
obj.GetComponent<Rigidbody>().AddForce(new Vector3(0,0,force));//为 obj
对象在 z 轴上施加 force 大小的力
```

6.3.3　碰撞检测

虚拟场景中，当主角与其他 GameObject 发生碰撞时，需要进行一些操作或完成一些功能，这时，就需要检测到碰撞现象，即碰撞检测。碰撞检测的实现方法有以下几种。

1．碰撞信息检测

碰撞信息检测即实体碰撞，适应于两个物体的运动碰撞检测。碰撞信息检测可以在以下 3 种情况中实现。

1）OnCollisionEnter(Collision collisionInfo)。当 collider/rigidbody 进入另一个 rigidbody/collider 时 OnCollisionEnter 被调用。

2）OnCollisionExit(Collision collisionInfo)。当 collider/rigidbody 离开另一个 rigidbody/collider 时 OnCollisionEnter 被调用。

3）OnCollisionStay(Collision collisionInfo)。当 collider/rigidbody 逗留在另一个 rigidbody/collider 时 OnCollisionEnter 被调用。

与 OnTriggerEnter()相比，OnCollisionEnter()传递的是 Collision 类而不是 Collider 类。Collision 是个类变量，是对碰撞的描述，携带碰撞检测结果信息，碰撞后返回的数据存储在 Collision 类中。通过 Collision 类可以获得所碰撞目标的属性以及碰撞点信息和碰撞速度等，例如，Collision.collider 某个组件或脚本。Collision 中包含碰撞检测到的 collider 实例，和

Collider 这个类没有直接联系。

两个物体发生碰撞，如果要检测到碰撞信息，那么其中必有一个物体是 Rigidbody Collider 刚体碰撞器（既带有碰撞器组件，又带有刚体组件），且检测碰撞信息的脚本通常附在带有刚体的碰撞器上。

2．触发信息检测

触发信息检测即非实体碰撞，适用于范围（碰撞盒大小范围）检测。碰撞器如果选择了 Is Trigger 复选框，就变成触发器了。触发器取消了碰撞器的阻挡作用，但保留了碰撞检测的功能。触发器的工作原理和碰撞器的工作原理相似，只是没有了阻挡作用。

触发信息检测可以在以下 3 种情况中实现。

1）OnTriggerEnter(Collider other)：当碰撞器 other 进入触发器时 OnTriggerEnter 被调用。

2）OnTriggerExit(Collider other)：当碰撞器 other 离开触发器时 OnTriggerEnter 被调用。

3）OnTriggerStay(Collider other)：当碰撞器 other 逗留触发器时 OnTriggerEnter 被调用。

Collider 是一个组件，是所有碰撞器的基类。Collider 碰撞器类继承父类的成员变量 gameObject，所以可以通过 other.gameObject 获取碰撞到的对象，通过 other.gameObject.name 获取碰撞到对象的名称。

以上这 6 个接口方法都是 MonoBehaviour 的接口，新建的脚本都默认继承 MonoBehaviour 类，所以在脚本里面可以实现这 6 个接口。

3．射线碰撞信息检测

射线碰撞检测是从一个对象发射出一条射线，在场景中扫描，可以检测出射线碰触到的对象。适用于稍远距离（射线覆盖范围）碰撞检测。

（1）Physics.Raycast

射线碰撞检测通过 Physics 类的 Raycast 方法实现。

```
public static boolean Raycast(Vector3origin, Vector3direction, out RaycastHit hitInfo, float maxDistance = Mathf.Infinity);
```

射线碰撞检测，有碰撞返回 true，没有碰撞返回 false。RaycastHit 为从投射光线返回的碰撞信息。out 关键字在调用 Raycast 方法时传递实参，不能省略。

注意： *out 关键字与 ref 关键字比较，ref 和 out 都是 C#中的关键字，所实现的功能也差不多，都是使参数按照引用传递，传递实参时 ref 和 out 关键字不能省略。区别：ref 传进去的参数必须在调用前初始化，out 则不必。*

举例说明如下。

```
Physics.Raycast (this.transform.position, Vector3.left, out hit, Mathf.Infinity);
//从对象当前位置水平向左（x 负方向）发射一条无限远的射线，碰撞信息保存在参数 hit 中
```

（2）Debug.DrawRay

为方便观察，Unity 提供了 Debug 类的 DrawRay 方法，实现碰撞射线的绘制。

```
public static void DrawRay(Vector3 start, Vector3 dir, Color color= Color.white, float duration = 0.0f, bool = true depthTest);
```

举例说明如下：

```
Debug.DrawRay(transform.position,Vector3.forward,Color.red);
```

采用以上语句绘制射线，运行时在 Scene 面板中可见，在 Game 面板中不可见。

4．实例

（1）射线碰撞检测

【例 6.3】 射线碰撞检测

1）搭建场景：创建一个平面 Plane、一个球体 Sphere、一个立方体 Cube、一个圆柱体 Cylinder 和一个第三人称角色 Third Character，如图 6-26 所示。

2）编写脚本。

```
public RaycastHit hit;
void Update () {
Debug.DrawRay (transform.position, transform.forward, Color.red);
if (Physics.Raycast (transform.position, transform.forward, out hit,
10f)) {
    Debug.Log(hit.collider.gameObject.name); //控制台打印输出碰撞对象名称
}
}
```

3）将脚本添加给第三人称角色。

4）运行，观察控制台输出，如图 6-27 所示。

图 6-26　搭建场景

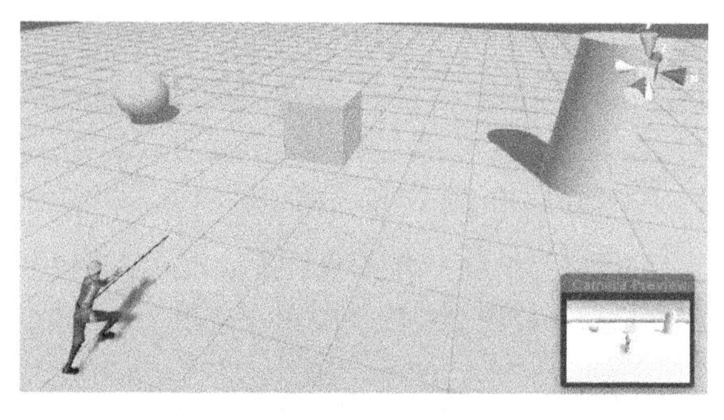

图 6-27　射线碰撞运行效果（Scene 面板）

（2）碰撞器碰撞检测

【例 6.4】 碰撞器碰撞检测

1）搭建与实例 6.3 类似的场景，为 Cube 对象添加刚体组件。

2）编写脚本。

```
void OnCollisionEnter(Collision hit){
    if (hit.gameObject.name!= "Plane") {
        Debug.Log (hit.gameObject.name);
    }
}
```

3）将脚本添加给 Cube 对象。

4）在 Scene 面板中拖动 Cube 对象碰撞 Cylinder 和 Sphere 对象，观察碰撞效果和控制台输出。

（3）触发器碰撞检测

【例 6.5】 触发器碰撞检测

1）搭建与实例 6.3 类似的场景，为 Cube 对象添加刚体组件。

2）编写脚本。

```
void OnTriggerEnter(Collider hit){
    if (hit.gameObject.name != "Plane") {
        Debug.Log (hit.gameObject.name);
    }
}
```

3）将脚本添加给 Cube 对象。

4）选择 Cylinder 对象的碰撞器组件中 is Trigger 后的复选框，这样 Cylinder 对象的碰撞器就成了触发器。

5）在 Scene 面板中拖动 Cube 对象碰撞 Cylinder 和 Sphere 对象，观察碰撞效果和控制台输出。

6.4 Unity 资源

6.4.1 Terrain 地形系统

在虚拟现实和 3D 游戏开发过程中，地形是不可或缺的重要元素。Unity 提供了一个功能强大、制作灵活的地形系统 Terrain，可以实现快速创建各种地形，例如，添加草地、山石等材质，添加树木、花草等对象，从而创建出逼真自然的地形环境。

1．导入资源包

制作地形，需要导入 Terrain 资源包。

资源包是 Unity 开发过程中可以供用户使用的各种资源，也可以是第三方开发的各种资源（免费或收费），包括 3D 模型、贴图和材质、环境、粒子系统、摄像机、着色器、音频、动作及脚本等。资源包扩展名为 unityPackage。

导入资源包有以下几种方法，分别如下。

（1）创建新工程时导入

创建新工程时，单击“Asset packages”按钮，如图 6-28 所示，弹出“Asset packages”对话框，选择需要的资源选项（前提是安装 Unity 软件时，已经安装了标准资源包），如图 6-29 所示。这种方法只能导入标准资源包。

（2）菜单导入

创建工程时，也可以暂时不导入资源包，在以后需要时，通过菜单导入。选择“Assets”→“Import Package”命令来导入资源包。这种方法可以导入用户自定义的资源包“Custom Package”和标准资源包，如图 6-30 所示。

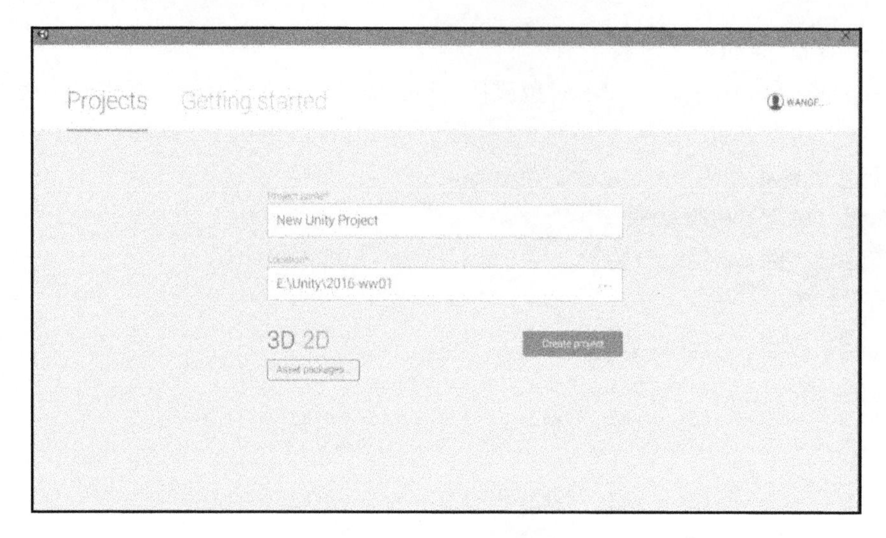

图 6-28　新建工程对话框

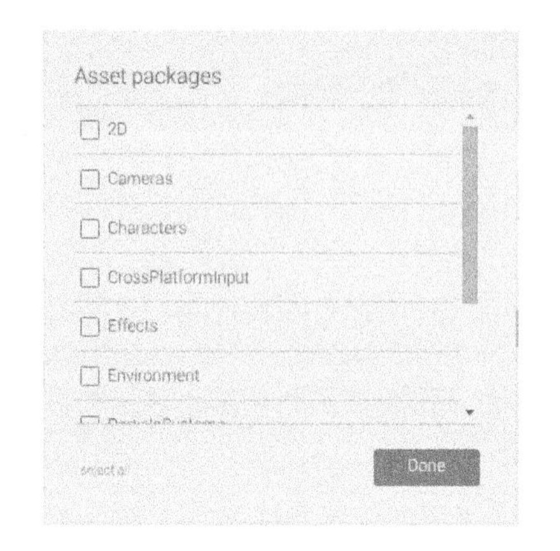

图 6-29　“Asset packages”对话框

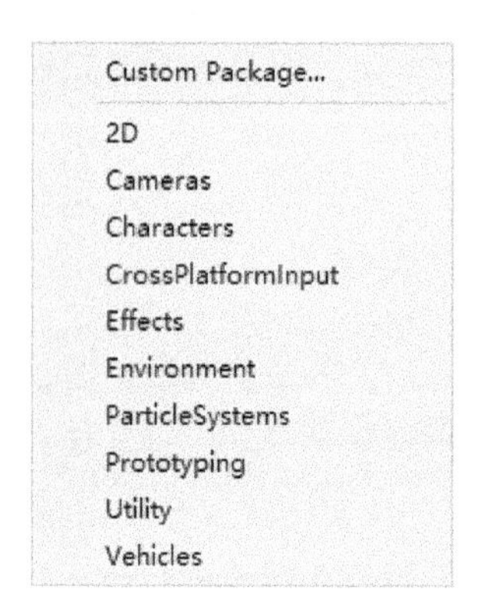

图 6-30　导入资源包菜单

注意：导入资源包时，资源包所在路径名必须全部为英文。

（3）在 Project 面板中导入

在 Project 面板的 Assets 项目上或在 Assets 子面板中右击，在弹出的快捷菜单中选择“Import Package”→“Custom Package”命令。

（4）双击资源包导入

这种方法是启动 Unity 后，找到要导入的资源包的存储路径，直接双击资源包文件，Unity 会自动导入该资源包。

（5）直接将资源包拖动到 Unity 中

将要导入的资源包，直接拖动到 Project 面板中的 Assets 子面板中。

2. 创建地形

选择“GameObject”→“3D Object”→“Terrain”命令，如图 6-31 所示，在场景中自动添加一个 Terrain 对象。该对象包括 3 个组件：Transform 组件、Terrain 组件和 Terrain

Collider 组件，如图 6-32 所示。Terrain 对象不能通过 Transform 组件中的 Scale 属性修改大小，需要通过 Terrain 组件的“设置”选项卡中的 Terrain Width 和 Terrain Height 属性进行设置。Terrain 组件可对地形进行编辑和修改。Terrain Collider 组件属于物理引擎方面的组件，实现地形对象的物理运动模拟，如碰撞检测等。

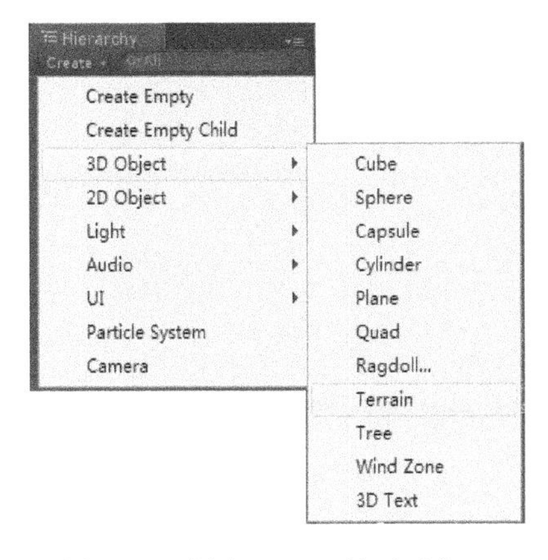

图 6-31　创建 Terrain 地形对象

图 6-32　Terrain 地形对象的组件

3. 绘制和编辑地形

在 Hierarchy 面板中选择 Terrain 地形，在 Inspector 面板中查看相应信息。Terrain 组件中有 7 个绘制地形的工具按钮，如图 6-33 所示，各工具按钮的功能如下。

（1）提升/降低地形高度

提升或降低（按〈Shift〉键）地形高度可单击按钮，有各种画笔可以选择，并可以设置画笔的大小和透明度，如图 6-34 所示。

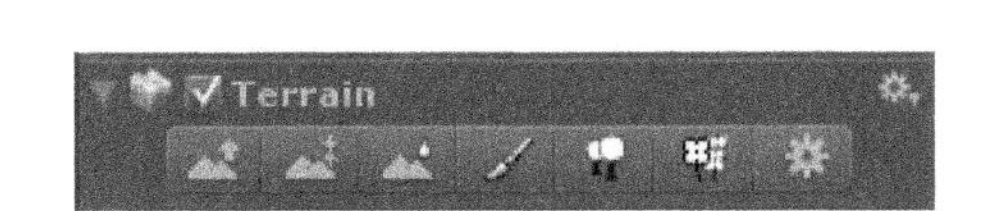

图 6-33　绘制地形工具

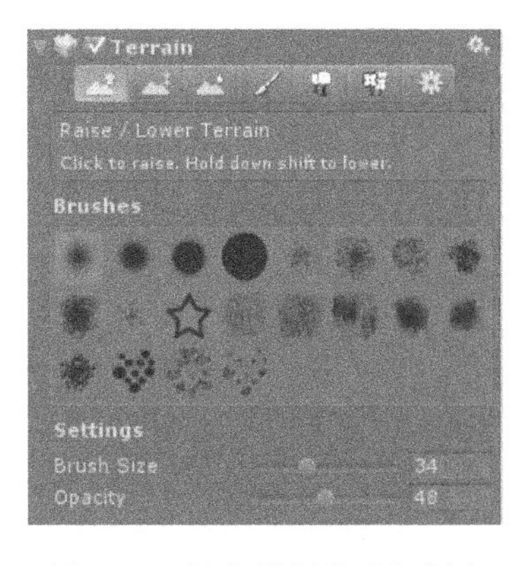

图 6-34　提升/降低地形高度图

（2）绘制目标高度

按钮功能与提升/降低地形高度工具类似，但增加了 Height（目标高度）属性，可以将地形绘制到 Height 属性设置的高度，使用该工具可以方便地绘制指定高度的平台，或在平台和山峰中绘制凹坑。按〈Shift〉键，可以取样鼠标位置处的高度（根据鼠标位置处的高度，设置 Height 属性值），如图 6-35 所示。

（3）平滑高度

单击 按钮可以平滑使用提升/降低地形高度工具创建的比较尖锐的山峰，使山峰看起来更加光滑和真实，如图 6-36 所示。

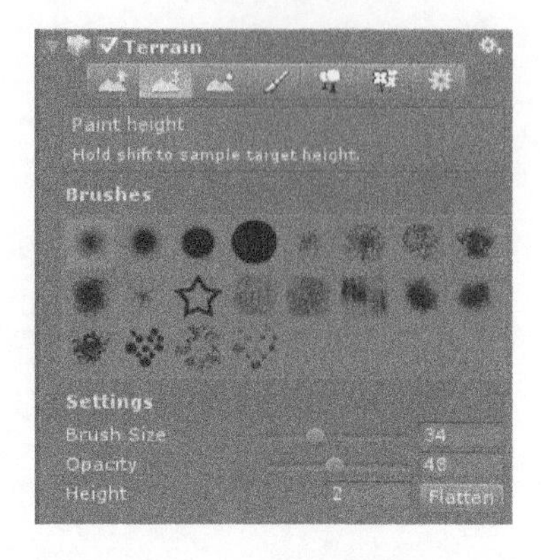

图 6-35　绘制目标高度

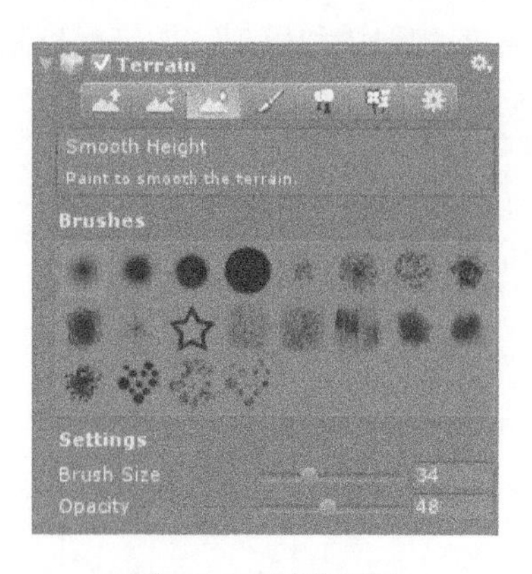

图 6-36　平滑高度

（4）绘制纹理贴图

单击 按钮为山峰增加草地、泥土地、小路等纹理。该工具需要资源支持，使用前需要预先导入相关资源包（Terrain Assets.unityPackage）。可以添加多种材质，需要什么材质，绘制前选择相应的材质进行绘制即可。在图 6-37 所示的绘制纹理贴图面板中选择“Edit Textures”→“Add Texture”命令，弹出如图 6-38 所示的“Add Terrain Texture”对话框，单击左侧的“Select”按钮，弹出如图 6-39 所示的“Select Texture2D”对话框，从列表中选择需要的草地或岩石贴图。

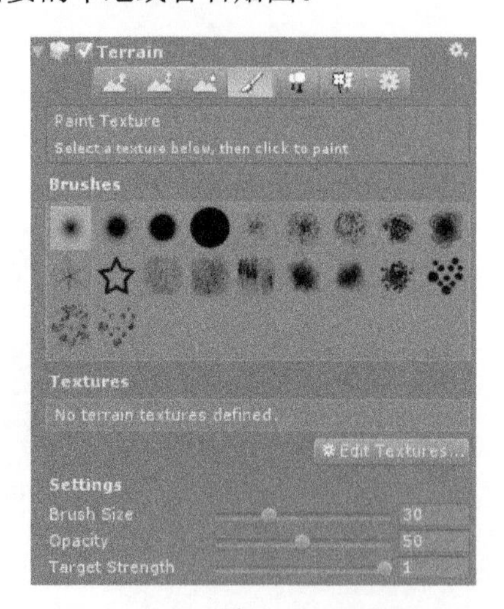

图 6-37　绘制纹理贴图面板

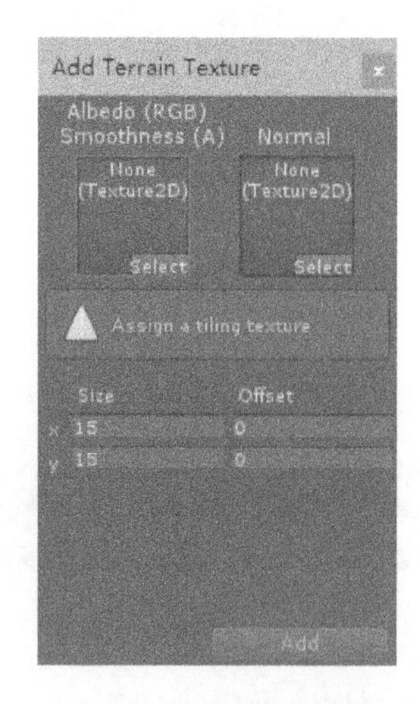

图 6-38　“Add Terrain Texture”对话框

（5）绘制树木

单击 按钮可以在山间绘制树木。该工具需要资源支持，使用前需要预先导入相关资源包（Terrain Assets.unityPackage）。在图 6-40 所示的绘制树木面板中选择“Edit Trees”→“Add Tree”命令，弹出如图 6-41 所示的“Add Tree”对话框，单击 按钮，弹出如图 6-42

所示的“Select GameObject”对话框，从列表中选择需要的树木预制对象。

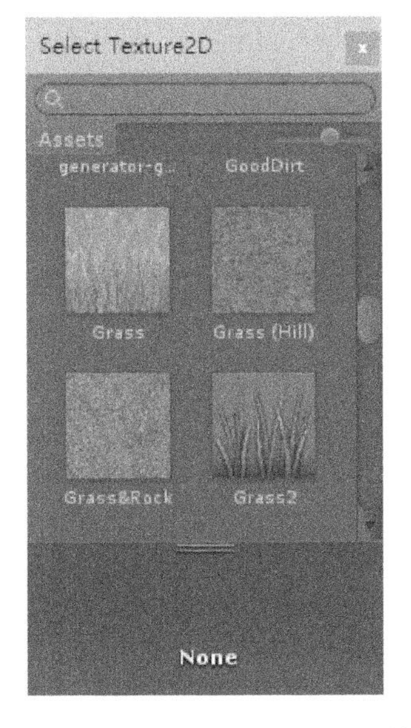

图 6-39　“Select Texture2D”对话框

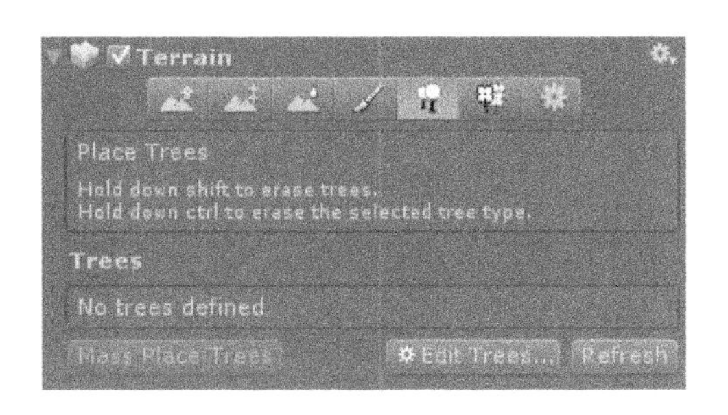

图 6-40　绘制树木面板

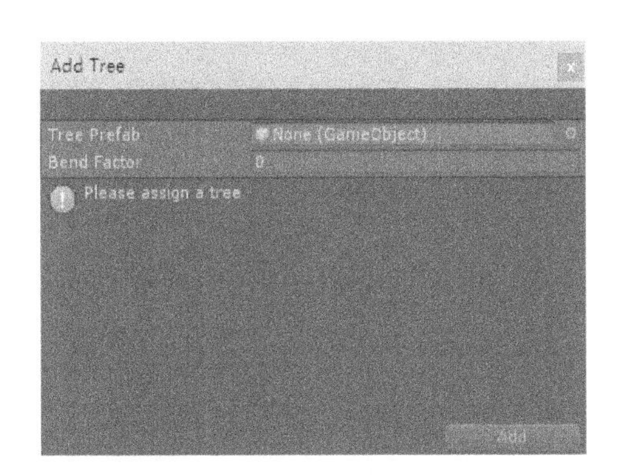

图 6-41　“Add Tree”对话框

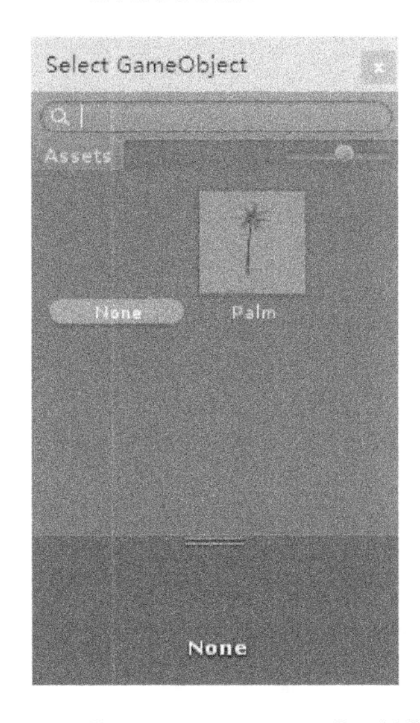

图 6-42　“Select GameObject”对话框

（6）绘制花草

单击按钮可以在山间绘制花或草。该工具需要资源支持，使用前需要预先导入相关资源包。可以添加多种花草，实现地形的更多细节，如图 6-43～图 6-46 所示。在如图 6-44 所示的绘制花草面板中，单击“Edit Details”按钮，弹出如图 6-45 所示的“Add Grass Texture”对话框，单击按钮，弹出如图 6-46 所示的“Select Texture2D”对话框，选择一个 2D 花草纹理，关闭“Select Texture2D”对话框，返回“Add Grass Texture”对话框，单击“Add”按钮，在如图 6-47 所示的面板中会添加上刚才选择的 2D 纹理。重复上述操作，可以添加多种花草纹理到图 6-47 中，选择不同的纹理，使用笔刷在地形上拖动，会在地形上添加对应的花草。

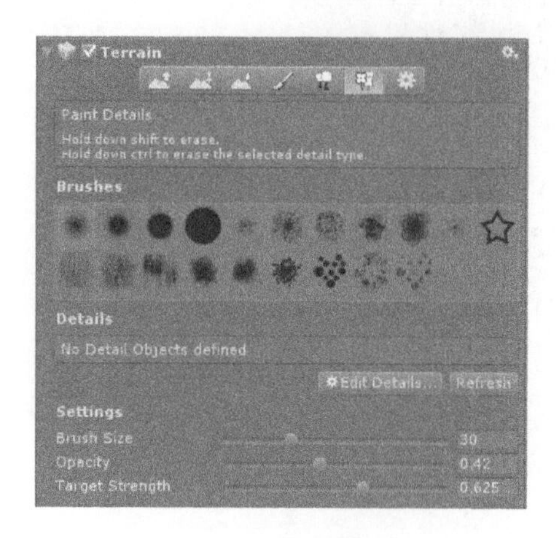

图 6-43　绘制花草面板

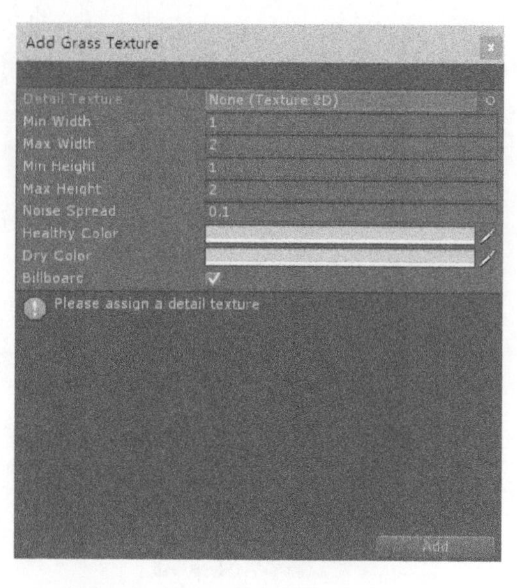

图 6-44　“Add Grass Texture”对话框

图 6-45　“Select Texture2D”对话框

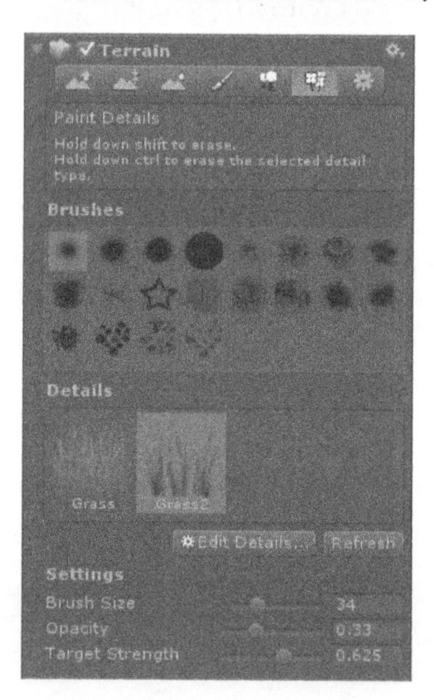

图 6-46　添加花草贴图后绘制花草面板

（7）地形设置

单击按钮可以为地形设置全局属性。

【例 6.6】 创建地形

创建 Terrain 地形对象，使用地形编辑工具绘制编辑地形，最终效果如图 6-47 所示。

6.4.2　3D 模型对象

Unity 默认的系统单位是米，新建一个 Cube 立方体，长宽高分别为 1m×1m×1m，所以在 3ds Max、Maya 等建模软件中创建模型时，最好将单位设置为米或厘米，以便统一。要将 3ds Max 或 Maya 等建模软件中的 3D 模型导入 Unity，通常先将这些模型导出为 FBX 格式文件。

图 6-47　地形绘制最终效果

将 3D 模型导入 Unity 的方法有以下两种。

1）将 FBX 模型和所用到的贴图，拖动或复制到项目对应的文件夹中，打开 Unity，3D 模型会自动导入到项目中，并为模型创建材质，贴图也会由 Unity 自动设置。

2）将 FBX 模型和所用到的贴图，直接拖动到 Preject 面板的 Assets 面板中。

将 3D 建筑模型导入 Unity，效果如图 6-48 所示。

图 6-48　导入的 3D 建筑模型

注意：当 3D 模型添加有 UV 展开贴图时，要进行以下设置：将 3D 模型导入 Unity 后，选中对象，在 Inspector 面板的 Model 选项卡中，选择“Swap UVs”后的复选框，这样 Unity 才能正确识别和处理 UV 展开贴图，这一步很关键，否则不能得到正确的贴图效果。

6.4.3　材质贴图

1．材质

（1）基本概念

材质是指定给对象的曲面或面，以在渲染时按某种方式出现的数据信息。材质主要用于描述对象如何反射和传播光线，为对象表面加入色彩、光泽、纹理和不透明度等，包含基本材质属性和贴图。

Unity 中材质是一种资源，不是一种可以单独显示的对象，通常赋给场景中的对象，对象表面的色彩、纹理等特性由添加给该对象的材质决定。材质也是类，类名为 Material。

（2）创建材质

创建材质有以下两种方法。

1）选择“Assets”→“Create”→“Material”命令。

2）在 Assets 面板中右击，在弹出的快捷菜单中选择“Create”→“Material”。

（3）为对象指定材质

可以采用以下两种方法为对象指定材质。

1）直接将材质拖动到场景的对象上。

2）将材质拖到 Hierarchy 面板的对象名称上。

2. 贴图

（1）贴图的概念

贴图是指定给材质的图像，可以将贴图指定给构成材质的大多数属性，影响对象的颜色、纹理、不透明度以及表面质感等。Unity 中通过 Material 类的 MainTexture 属性，来表现对象表面最主要的纹理贴图。

（2）将贴图指定给材质的某个属性

有以下两种方法可以将一个贴图纹理应用到一个属性。

1）将贴图纹理从 Project 面板中拖动到方形纹理上面。

2）单击“Select”按钮，如图 6-49 所示，然后从弹出的对话框中选择纹理。

（3）贴图类型

导入 Unity 中的图片，默认为 Texture 类型，可以直接指定给材质的某个属性，在 Inspector 面板中可以将其设置为其他类型，如 Normal map（法线贴图）、Sprite（精灵贴图）、Cursor（鼠标贴图）等，如图 6-50 所示。对于不同应用要将其设置为对应的贴图类型。

图 6-49　通过选择按钮设置主纹理贴图

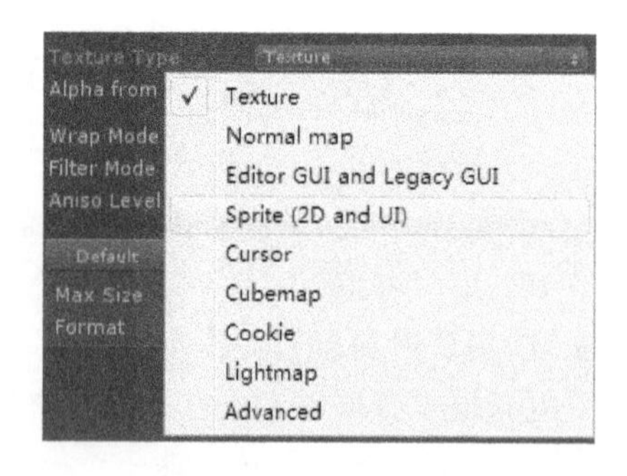

图 6-50　贴图类型设置

（4）精灵贴图（Sprite）

精灵纹理（TextureType 为 Spirte 的纹理）与非精灵纹理的不同在于，Project 面板中的精灵纹理能直接用鼠标拖入 Scene 面板或 Hierarchy 面板中成为一个精灵对象，而非精灵纹理则不能直接拖动。精灵纹理是创建 2D 用户界面的重要元素。

将导入的图片转换为 2D 精灵的操作如下：在 Project 面板中选中该图片，然后在 Inspector 面板中将 TextureType 设置成 Sprite，再单击“Apply”按钮。

3. 实例

【例 6.7】 能量柜充电

启动 Unity，打开本书提供的工程项目 06，再打开 Project 面板 Assets 中的 07 文件夹中的场景“07”，场景中已经创建好一个 Plane、一个充电能量柜 generator 模型和一个按钮，Main Camera 挂载 change_images 脚本。实现的功能为当单击按钮时，依次替换能量柜显示面板上的充电图片，当充满时，回到未充电状态，继续重复充电过程。

1）编写脚本 change_images.cs

```
public class change_images : MonoBehaviour {
    public static int charges=0;     //声明静态变量 charges，作为数组下标
    public Material chargemeter_mat;
                        //声明 Material 类型变量 chargemeter_mat
    public Texture []chargemeter_imgs;
                        //声明 Texture 类型数组变量 chargemeter_imgs
    void Awake(){
        chargemeter_mat.mainTexture=chargemeter_imgs[0];
                //脚本唤醒时，设置材质主纹理为数组变量中的第一个元素对应的图片
    }
    public void change_imgs(){
        if (charges < 4) {
            charges++;
            chargemeter_mat.mainTexture = chargemeter_imgs [charges];
                    //设置材质主纹理为数组变量中的第 charges 元素对应的图片
        } else {
            charges=0;          //置数组下标 changes 值为 0
            chargemeter_mat.mainTexture = chargemeter_imgs [charges];
                            //电充满后，将材质设置为未充电状态
        }
    }
}
```

2）在 Inspector 面板中为 Main Camera 挂载的 change_images.cs 脚本中的材质变量 chargemeter_mat 和纹理贴图数组变量 chargemeter_imgs 赋值，为数组变量赋值。首先需要将 size 值设置为数组大小，然后依次为各数组元素赋值，赋值后结果如图 6-51 所示。

3）运行测试，效果如图 6-52 所示。

6.4.4 灯光

1. 灯光概述

灯光是模拟真实灯光的对象，如建筑内部各种灯具、舞台和电影工作室使用的灯光设备和太阳光本身。灯光是一种特殊对象，不被渲染显示，但可以影响周围物体表面的光泽、色彩和亮度，通常与材质、环境共同作用，增强了场景的清晰度、真实感、层次性。不同种类的灯光对象有不同的投射方法，模拟真实世界中不同种类的光源。

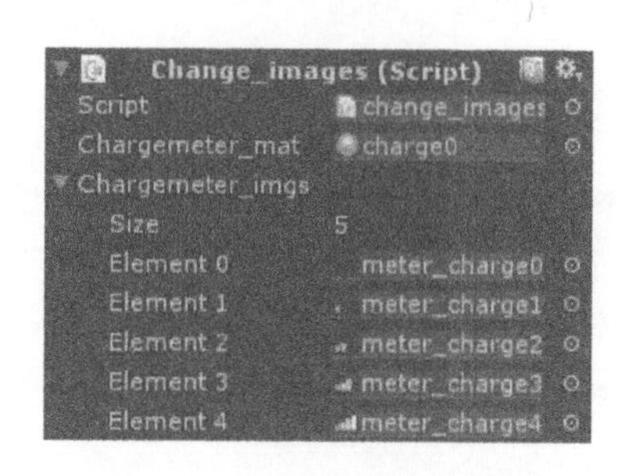

图 6-51　为脚本中数组变量赋值

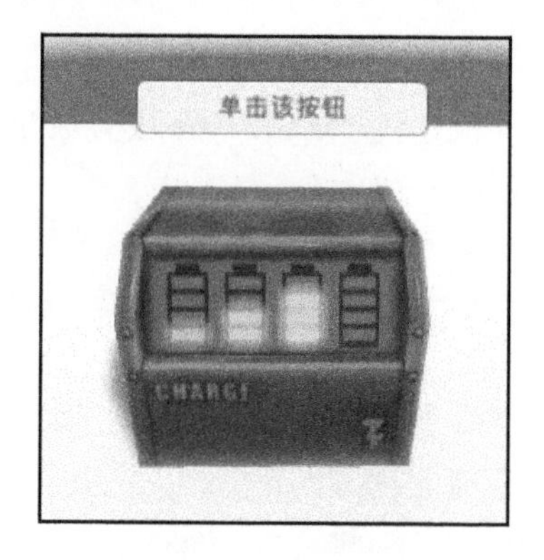

图 6-52　运行效果图

2．灯光分类

Unity 提供了 3 种基本灯光类型：平行光（Directional Light）、点光源（Point Light）和聚光灯（Spot Light）。

平行光是由光源发射出相互平行的光。使用平行光，可以把整个场景都照亮，可以认为平行光是整个场景的主光源，一般用于模拟太阳光或月光等户外光线，如图 6-53 所示。

点光源的光线由光源中心向周围 360° 发射，照射区域范围为一个球体。通常用来模拟灯泡等光源，如图 6-54 所示。

聚光灯的光线投射区范围是一个圆锥体，向一个方向发射。聚光灯可以用来模拟舞台聚光灯或手电筒等光源的灯光，如图 6-55 所示。

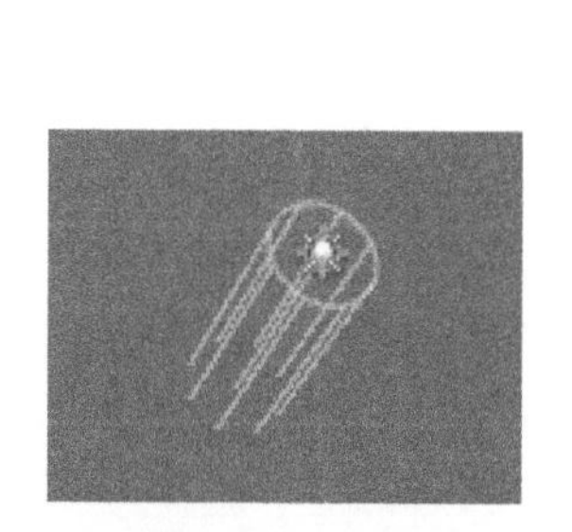

图 6-53　平行光

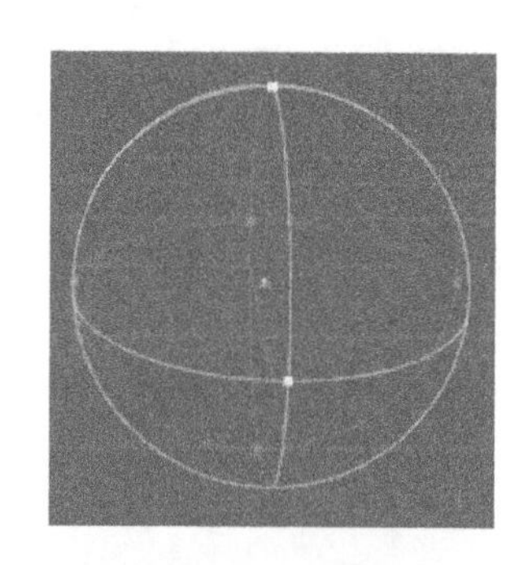

图 6-54　点光源

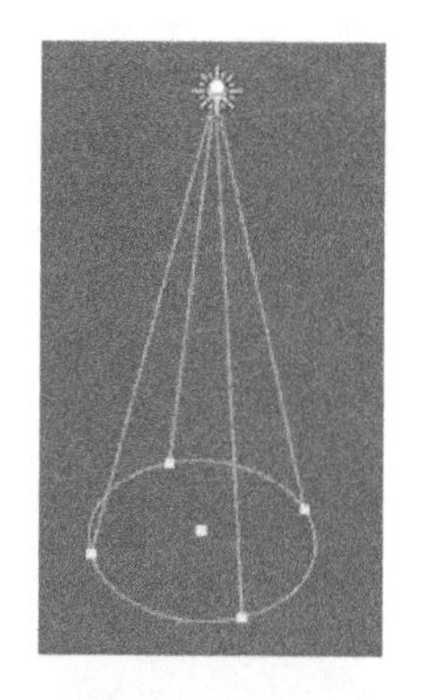

图 6-55　聚光灯

3．灯光属性

灯光常用属性有 Type（灯光类型）、Range（灯光照射范围）、Color（灯光颜色）和 Intensity（灯光亮度）等，如图 6-56 所示。

4．实例

【例 6.8】 控制场景灯光

启动 Unity，打开本书提供的工程项目 06，再打开 Project 面板 Assets 中的 08 文件夹中的场景“08”，场景中已经创建好一个 Terrain 地形、一个木屋_woodhouse、木屋的子对象 light_pos 和 4 个按钮，Main Camera 挂载 light_cont 脚本。实现的功能为当单击 4 个按钮，分别修改灯光的颜色和亮度。

1）将脚本 light_cont 中的代码补充完整，实现创建一个灯光对象 light_obj，放置在 light_pos 对象位置，定义 4 个方法分别修改灯光的颜色和亮度。

```
public class light_cont : MonoBehaviour {
    public GameObject light_obj;                    //声明灯光对象 light_obj
    public GameObject light_pos;                    //声明灯光位置全局变量
    void Start () {
        light_obj = new GameObject ("myLight");
                    // light_obj 实例化，设置对象名称属性为 myLight
        light_obj.AddComponent<Light>();
                    //为 light_obj 添加 Light 组件，创建灯光对象
        light_obj.GetComponent<Light>().type = LightType.Point;
                                                    //设置灯光类型为点光源
        light_obj.GetComponent<Light>().color = Color.yellow;
                                                    //设置灯光颜色属性
        light_obj.GetComponent<Light>().intensity = 5;
                                                    //设置灯光亮度属性
        light_obj.GetComponent<Light>().range = 4;
                                                    //设置灯光照射范围属性
        light_obj.transform.position = light_pos.transform.position;
                //将创建的灯光对象 light_obj 位置属性设置为 light_pos 的位置
    }
    public void change_red(){                       //定义方法，修改灯光颜色
        light_obj.GetComponent<Light>().color = Color.red;
    }
    public void change_green(){                     //定义方法，修改灯光颜色
        light_obj.GetComponent<Light>().color = Color.green;
    }
    public void change_light(){                     //定义方法，修改灯光亮度
        light_obj.GetComponent<Light>().intensity = 8;
    }
    public void change_dark(){                      //定义方法，修改灯光亮度
        light_obj.GetComponent<Light>().intensity = 3;
    }
}
```

2）运行。当单击 red、green、light 和 dark 按钮时，实现修改灯光颜色和亮度，效果如图 6-57 所示。

6.4.5　摄像机

1. 摄像机概述

每个 3D 场景都有摄像机（Camera）的存在，摄像机相当于眼睛。通过摄像机，才能在屏幕上看到 3D 的世界，在 3D 场景中至少需要一台摄像机。Unity 编辑器里 Game 窗口中的画面就是由场景中的摄像机捕获的。当在 Unity 中新建一个 3D 场景时，都会有一台默认的主摄像机（Main Camera）。

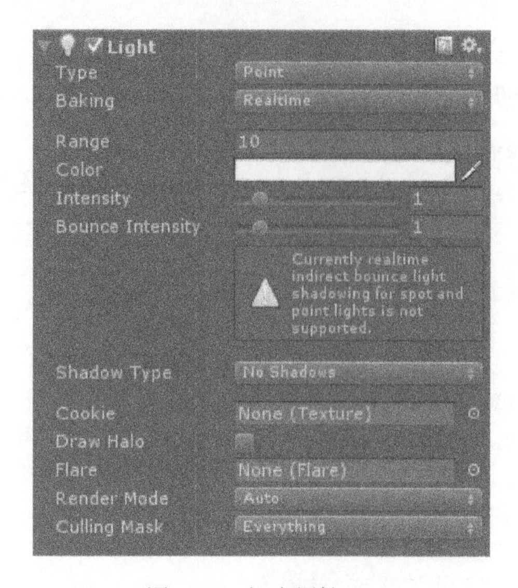

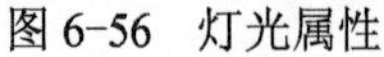
图 6-56　灯光属性

图 6-57　运行效果图

摄像机在场景中是作为对象存在的，可以像普通对象一样对摄像机进行操作和控制。摄像机包含多个组件，因此，摄像机的组件属性也能通过脚本来控制。摄像机默认包含 Transform、Camera、Flare Layer、GUI Layer 和 Audio Listener 等组件。Flare Layer、GUI Layer 和 Audio Listener 组件没有任何属性，如图 6-58 所示。

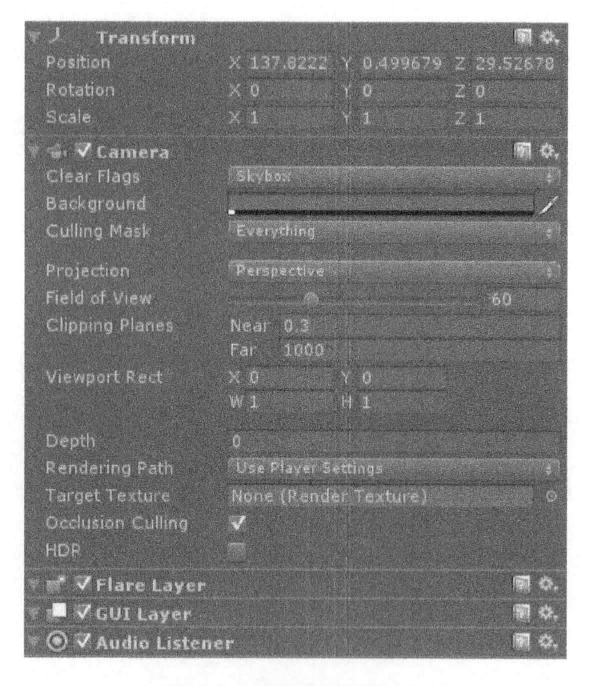

图 6-58　摄像机对象组件

Flare Layer：支持灯光的光斑渲染。

GUI Layer：支持 2D 的 GUI 组件被正确渲染。

Audio Listener：监听音频源中的音频剪辑正常播放。

2. 多摄像机

场景中可以包含多台摄像机，如果采用多摄像机，那么每台摄像机所捕获的内容可以在画面中的不同层次上或者不同位置上显示，例如，可以实现同一场景多视角分屏显示。

当场景中有多个摄像机时，渲染效果与每台摄像机的 Depth 属性和 Viewport Rect 属性有关。

（1）摄像机深度 Depth

Depth 表示摄像机在渲染顺序上的位置。当有多台摄像机时，需要对这些摄像机进行深度排列。数值越小，深度越深，深度较深的摄像机视图会被深度较浅的摄像机视图所覆盖，主摄像机（Main Camera）的 Depth 为-1。此设置通常配合规范化的 Viewport Rect（视口矩形）属性使用。

（2）视口矩形 Viewport Rect

Viewport Rect 设置摄像机所渲染的内容在游戏屏幕上所占的区域。有 4 个规范化参数，分别表示摄像机视图左下角位置的 x、y 坐标，其中屏幕左下角坐标为（0,0），右上角坐标为（1,1），摄像机视图的尺寸 W（宽度）和 H（高度），4 个参数的取值范围遵循归一化设置，即取值范围为 0～1。

3. 实例

【例 6.9】 多摄像机渲染

为实例 6.8 中的“08”场景创建一个小预览视图。

1）打开【例 6.8】的“08”场景，创建一个新的摄像机 Camera，Viewport Rect 和 Depth 属性设置如图 6-59 所示，使 Camera 渲染的视图位于屏幕左下方，并覆盖主摄像机视图。

2）运行后渲染效果如图 6-60 所示。

Viewport Rect
X 0.01　Y 0.01
W 0.3　H 0.3
Depth　0

图 6-59　摄像机属性设置

图 6-60　多摄像机渲染效果

6.4.6 音频

1. 音频概述

虚拟现实和游戏是一门多学科综合的艺术，在其中能够给用户带来直接影响的是美术和声音，美术是视觉体验，声音是听觉体验。所以音频是虚拟现实和游戏设计开发流程中不可缺少的一环，通常在创作的最后阶段添加。音频可以起到烘托环境气氛、突出故事情节和辨别对象位置等作用。

2. 音频剪辑（Audio Clip）

被导入到 Unity 中的音频文件称为音频剪辑。

Unity 支持的音频文件格式有：wav、aiff、mp3、ogg 等 4 种。音频资源有压缩和不压缩两种方式，不进行压缩的音频将采用音频源文件；而采用压缩的音频文件会先对音频进行压缩，此操作会减少音频文件的大小，但是在播放时需要额外的 CPU 资源进行解码，所以需要制作快速反应的音效时，最好使用不压缩的方式。背景音乐可以使用压缩的音频文件。任何格式的音频文件被导入 Unity 后，在内部自动转化成 ogg 格式。

在 Assets 面板中选择一个音频剪辑，对应的，在右侧的 Inspector 面板中会显示音频文件导入设置选项。可以对导入的音频文件进行相关设置，例如，强制单声道、加载是否压缩、压缩格式、采样率设置等，还可以查看音频文件导入 Unity 前后的文件大小和压缩比，如图 6-61 所示。

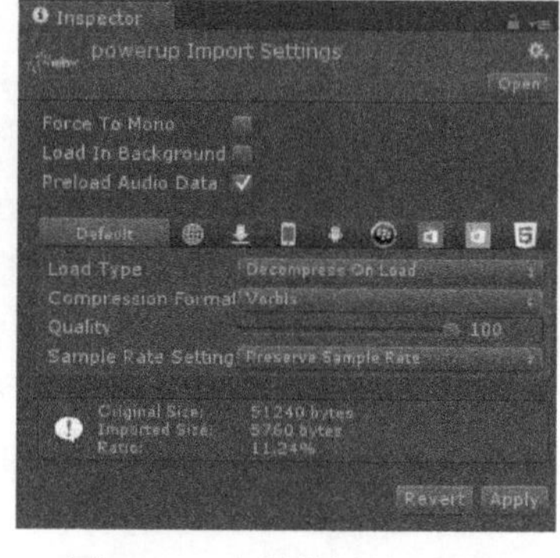

图 6-61　音频剪辑导入设置

3. 音频组件

音频剪辑需要配合两个组件来实现音频的监听和播放。

（1）音频监听组件（Audio Listener）

音频监听组件是用于接收声音的组件，其配合音频源为虚拟现实和游戏创建听觉体验。该组件的功能类似于麦克风，当音频监听组件挂载到游戏对象上时，任何音频源，只要足够接近音频监听组件挂载的游戏对象，都会被获取并输出到计算机等设备的扬声器中输出播放。如果音频源是 3D 音效，监听器将模拟 3D 音效的位置、速度和方向。

音频监听组件默认添加在主摄像机上。该组件没有任何属性，只是标注了该游戏对象具有接收音频的作用，同时用于定位当前的接收位置。

添加方法：选择“Component”→“Audio”→“Audio Listener”命令。

（2）音频源组件（Audio Source）

音频源组件用于播放音频剪辑文件，通常挂载在游戏对象上。该组件负责控制音频的播放，通过组件的属性设置音频剪辑的添加和播放方式，例如，添加音频剪辑文件、是否循环、音量大小、多普勒效应和 3D 音频源效果等，如图 6-62 所示。如果音频文件是 3D 音效，音频源也是一个定位工具，可以根据音频监听对象的位置控制音频的衰减。Unity 支持立体声道 6.1 的扬声器系统。

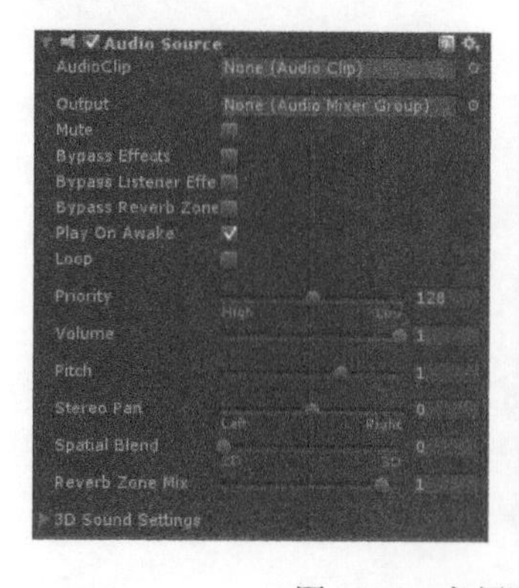

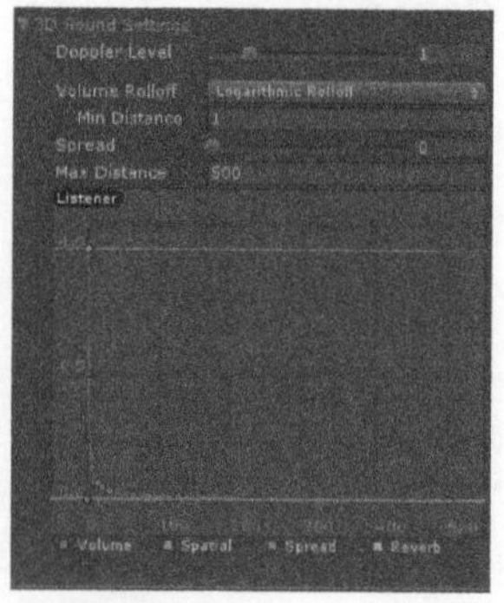

图 6-62　音频源组件属性

添加方法：选择“Component”→“Audio”→“Audio Source”命令。

4. 实例

【例 6.10】 背景音乐添加及控制

本实例为场景添加背景音乐，实现音乐的切换、播放和暂停功能。

1）启动 Unity，打开本书提供的工程项目 06，将资源文件夹中的“bj.wav”和“月光边境-林海.mp3”导入到文件夹“10”中。

2）新建一个场景 10，为 Main Camera 机添加 Audio Source 组件，设置音频剪辑 AudioClip 属性为音频文件“月光边境-林海.mp3”（直接将音频文件“月光边境-林海.mp3”拖到 AudioClip 属性栏中），播放，听到背景音乐响起。

3）修改相关属性 Play On Awake（运行时播放）、Loop（循环）、Volume（音量）等，运行观察效果。

4）运行时通过脚本切换背景音乐和控制音乐的播放、停止和音量等。编写脚本 audio_control.cs，挂载到主摄像机上。

```
public class audio_control : MonoBehaviour {
    public GameObject Audio_bj;      //定义添加 AudioSource 组件的游戏对象
    public AudioClip audioclip01;    //定义音频剪辑 1，该变量保存音频文件
    public AudioClip audioclip02;    //定义音频剪辑 2，该变量保存音频文件
    public float MouseWheelSensitivity =0.1f;
    void Update () {
        if (Input.GetKeyDown (KeyCode.P)) {              //当按下〈P〉键
            Audio_bj.GetComponent<AudioSource>().Play(); //播放音频剪辑
        }
        if (Input.GetKeyDown (KeyCode.O)) {
            Audio_bj.GetComponent<AudioSource>().Stop();//停止音频剪辑的播放
        }
        if (Input.GetKeyDown (KeyCode.Alpha1)) {     //按下数字键 1
            Audio_bj.GetComponent<AudioSource>().clip=audioclip01;
//将音频剪辑设置为 audioclip01，注意：加载音频剪辑后，不会自动播放，要按下播放按键〈P〉键
        }
        if (Input.GetKeyDown (KeyCode.Alpha2)) {     //按下数字键〈2〉
            Audio_bj.GetComponent<AudioSource>().clip=audioclip02;
        }
        if (Input.GetKeyDown (KeyCode.Equals)){      //按下〈=〉键
            Audio_bj.GetComponent<AudioSource>().volume+=0.1f; //增加音量
        }
        if (Input.GetKeyDown (KeyCode.Minus)){       //按下〈-〉键
            Audio_bj.GetComponent<AudioSource>().volume-=0.1f; //降低音量
        }
        Audio_bj.GetComponent<AudioSource>().volume-
=Input.GetAxis("Mouse ScrollWheel")*MouseWheelSensitivity;
    //滚动鼠标滚轮提高和降低音量
    }
}
```

5）将脚本 audio_control.cs 挂载到主摄像机上，并为全局变量赋值，如图 6-63 所示。

图 6-63　为脚本全局变量赋值

6）运行，通过各按键和鼠标控制音频的播放、停止、剪辑切换和音量增减等。

6.5　Unity 图形用户界面

6.5.1　GUI 图形用户界面

GUI 是图形用户界面（Graphical User Interface）的缩写和简称，又叫图形用户接口。Unity 最初提供的 GUI 必须通过脚本编写来实现。GUI 的渲染是通过创建脚本并定义 OnGUI 函数来执行的，所有的 GUI 渲染都应该在该函数中执行或者在一个被 OnGUI 调用的函数中执行。

通过 GUI 来设计和修改用户界面，相对来说比较麻烦，效率较低，所以随着第三方插件 NGUI 等的开发和 Unity 原生 UGUI 的出现，GUI 已经很少使用。

6.5.2　UGUI 图形用户界面

1. UGUI 概述

UGUI 是 Unity 提供的一套原生的可视化用户界面开发工具，从 Unity4.6 版本开始内置到系统中。UGUI 自带如图 6-64 所示的控件，其中 Image 用于显示 Sprite 图像，Raw Image 用于显示 Texture 图像。所有控件都继承自 MonoBehaviour 类，都是由组件组成的，开发者也可以通过组件的组合和组件属性设置，设计漂亮、功能丰富的控件。

2. Button 控件

Button 控件由两个对象 Button 和 Text 组成，Button 对象包含 Image 组件（显示按钮图片）、Button 组件等，实现按钮功能；Text 对象包含 Text 组件等，设置按钮上文字；Text 对象是 Button 对象的子对象，如图 6-65 所示。

Button 组件主要执行 Transition（过渡）和 Event（事件）两个操作。

1）Transition 主要设置按钮的状态[Normal（默认）、Highlighted（高亮）、Pressed（按下）和 Disabled（不可用）等]过渡效果，有 Color Tint（改变颜色）、Sprite Swap（更换贴图）和 Animation（自定义动画）3 个选项，使用起来简单方便，也能利用图像、动画来定义更丰富的表现。

2）Event 主要响应按钮的单击事件，也就是所见即所得。在 OnClick 里面可以添加多个命令，命令可以选择对应的目标、操作和参数。目标可以是任意对象，直接拖动到对象框中即可。参数分为 Dynamic（动态）参数和 Static（静态）参数，Dynamic 能将控件的参数单向绑定到目标参数，Static 则将目标参数设置成预设值。Botton 没有 Dynamic 参数，

Toggle、Slider 等控件才有 Dynamic 参数。

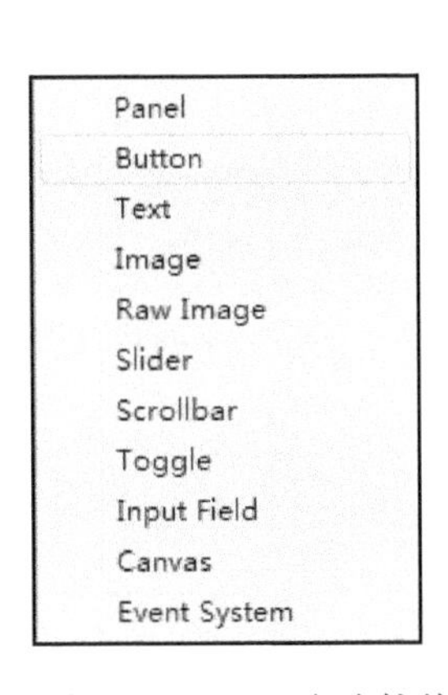

图 6-64 UGUI 包含控件

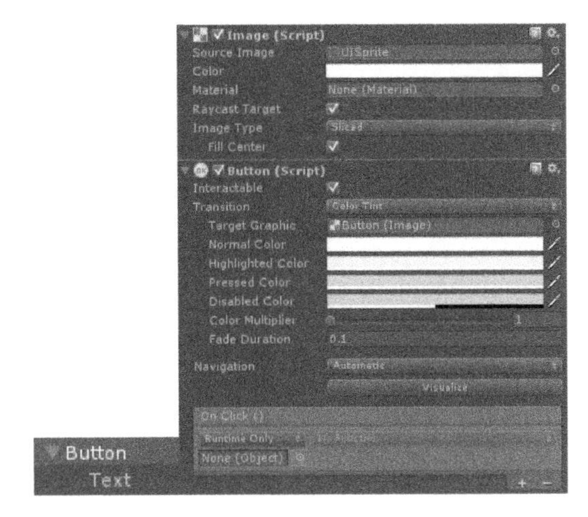

图 6-65 Button 控件

3. Image 控件

Image 控件用来显示 2D 图像，图像就是一个 Sprite。Image 控件的 Image Type 属性提供了 Simple、Sliced、Tiled 和 Filled 四种图像显示效果，其中 Filled 选项可以设置图像的动态显示效果，如图 6-66 所示。

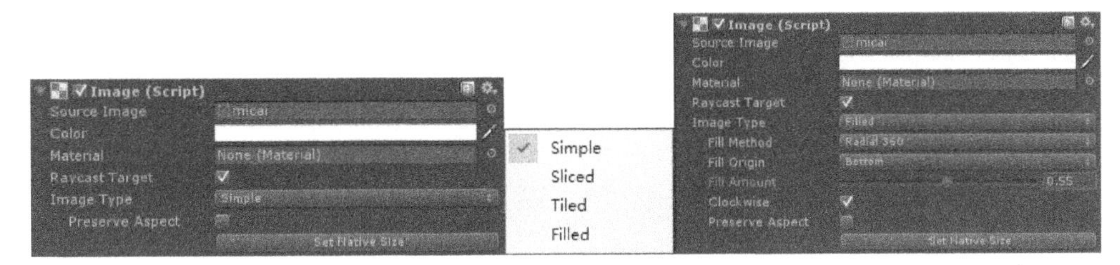

图 6-66 Image 控件

4. 实例

【例 6.11】 音乐播放、暂停和音量控制

本实例实现的功能是，通过两个按钮 Image_play 和 Image_mute 分别控制音频的播放和暂停，通过 Slider 滑动杆控制音频的音量和音量提示文字。

1）启动 Unity，打开本书提供的工程项目 06，再打开 Project 面板 Assets 中的 11 文件夹中的场景“11”，场景中已经创建好 2D 对象 Image_play、Slider 和 Text_volume，Main Camera 挂载 Audio_control 脚本。

2）为 Main Camera 添加 Audio Source 组件，并设置 Audio Source 组件上的音频剪辑为音频“月光边境-林海.mp3”。

3）编辑 Audio_control 脚本，其中方法 play_audio()实现播放音频、方法 mute()停止音频播放、方法 change_volume(float bj_volume)根据形参修改音频播放音量，并将音量显示在文本控件中。

```
using UnityEngine;
```

```
using System.Collections;
using UnityEngine.UI;          //引入 UnityEngine.UI，才能使用 UGUI 各种控件
public class Audio_control : MonoBehaviour {
    public AudioSource as01;      //声明 AudioSource 类型变量 as01
    public Text Text_volume;      //声明 Text 类型变量 Text_volume
    void Start () {
        as01 = GetComponent<AudioSource> ();
            //从脚本挂载对象 Main Camera 上获取 AudioSource 组件，为 as01 赋值
        as01.loop = true;         //将音频播放循环设置为 true
    }
    public void mute(){
        as01.Stop ();    }        //停止播放音频
    public void play_audio(){
        as01.Play ();             //开始播放音频
    }
    public void change_volume(float bj_volume){
        as01.volume=bj_volume;  //根据形参 bj_volume 的值，控制音频播放音量
        Text_volume.text =" 音量：" +Mathf.Round(bj_volume * 10);
            //形参 bj_volume 的值取整后，设置文本框 Text_volume 显示文字
    }
}
```

4）创建 Image 控件 Image_mute，将 Source Image 设置为图片 audio_mute（注意要先将图片设置为精灵图片），添加 Button 组件，添加 On Click 单击事件，将目标对象设置为 Main Camera，将要执行的操作设置为 Audio_control 脚本中的 mute()方法，实现静音效果，如图 6-67 所示。

图 6-67　Image_mute 控件 On Click 事件设置

5）将 Slider 控件的属性 Value 初始值设置为 1，添加 On Value Changed 事件，将目标对象设置为 Main Camera，将要执行的操作设置为 Audio_control 脚本中的 change_volume()方法，如图 6-68 所示（注意：要选择 Audio_control 脚本下级菜单中 Dynamic float 的 change_volume 方法，Slider 控件的 Value 值才能作为实参动态地传给 change_volume 方法），实现当滑动 Slider 控件上的滑块时，修改音频播放的音量和音量提示文字。

图 6-68　Slider 控件 Value 属性和 On Value Changed 事件设置

6）运行效果如图 6-69 所示。

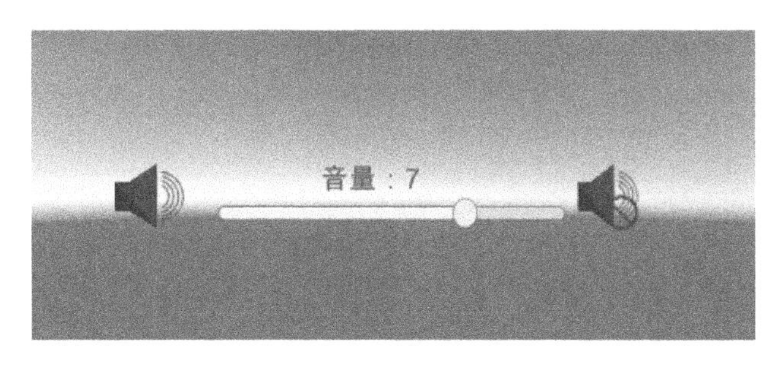

图 6-69　运行效果图

6.5.3　常用输入类

1. Input 对象

Input 对象获取用户除触摸外的所有行为的输入，如鼠标、键盘、加速度、陀螺仪和按钮等。Input 对象是应用程序和用户之间交互的桥梁，通常用在 Update 方法中，每帧监听用户是否有相关的输入。

2. Input.GetKey()、Input.GetKeyDown()、Input.GetKeyUp()方法

Input.GetKey()方法，当对应键盘按键按住时，返回 true，每帧都会被监听到；Input.GetKeyDown()方法和 Input.GetKeyUp()方法，当对应按键被按下或弹起时返回 true，只有在该帧才会被监听到，参数为 KeyCode 枚举类型。

3. Input.GetMouseButton()、Input.GetMouseButtonDown()、Input.GetMouseButtonUp()方法

Input.GetMouseButton()方法，当对应按键按住时，返回 true，每帧都会被监听到；Input.GetMouseButtonDown()方法和 Input.GetMouseButtonUp()方法在对应鼠标按键被按下或弹起时返回 true，只有在该帧才会被监听到。参数为 int 类型，0 左键，1 右键，2 中键（滚轮）。

4. Input.GetButton()、Input.GetButtonDown()、Input.GetButtonUp()方法

这 3 个方法中的 Button 对应虚拟按钮，参数为 string 类型，常用参数有“Fire1”（开火）、“Jump”（跳跃）等。

5. Input.GetAxis()、Input.GetAxisRaw()方法

Input.GetAxis()方法返回被表示的虚拟轴的值（-1～1 的平滑值）；Input. GetAxisRaw()方法返回没有经过平滑滤波器处理的虚拟轴的值（-1、0、1）。

6.6　Mecanim 动画系统

6.6.1　Unity 动画系统概述

1. 动画系统概述

Unity4.0 以前使用旧版动画系统，主要通过脚本控制动画的播放。随着动画数量的增多，代码复杂度也随之增加，同时，动画状态之间的过渡也需要通过代码来控制，使得缺乏编程经验的游戏动画师很难对动画效果进行编辑和处理。

Unity4.0 以后使用的是新版 Mecanim 动画系统，该动画系统提供了可视化界面来编辑角色的动画效果，需要的代码量大大减少，使编程经验不是很丰富的动画师也可以灵活使用。经过不断的优化和改进，Unity5.x 中的 Mecanim 动画系统功能已十分强大，实现起来也更加简单、高效。

2. 新旧版动画系统切换

模型导入“Rig”选项卡中的“Animation Type”属性有 4 个选项，如图 6-70 所示。

- None：无动画。
- Legacy：旧版动画。
- Generic：通用动画。
- Humanoid：人形动画（两足动物动画）。

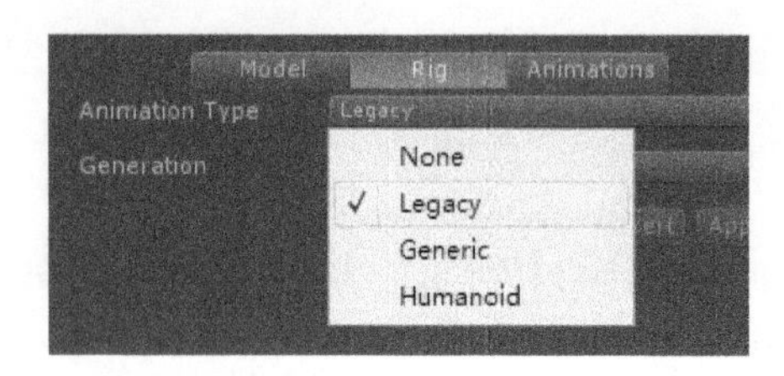

图 6-70 “Rig”选项卡中的“Animation Type”属性选项

当使用旧版动画系统时，“Animation Type”要选择“Legacy”选项。当把模型放置到场景中时，系统会自动为模型添加 Animation 组件，进行相关设置后，就可以通过代码控制动画的播放了。

当使用新版 Mecanim 动画系统时，“Animation Type”要选择“Generic”或“Humanoid”选项。当把模型放置到场景中时，系统会自动添加 Animator 组件，然后使用 Animator Controller 动画控制器，进行动画状态的编辑，从而实现对动画的播放和过渡等控制。

6.6.2 动画剪辑

被导入到 Unity 中的 3D 动画称为动画剪辑（Animation Clip），动画剪辑包含一段相对完整的动画，一个角色可以带多个动画剪辑。当把带有动画的 3D 模型导入到 Unity 中时，会自动创建动画剪辑，动画剪辑前的图标为▶，如图 6-71 所示。

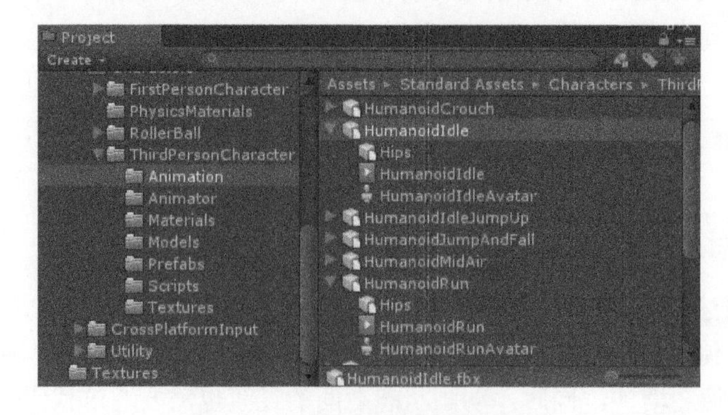

图 6-71 导入模型附带动画剪辑

动画剪辑用于存储角色或者简单动画的动画数据，是动作的简单“单元”，如“空闲”“走路”“跑步”或者“跳跃”等，对动画动作的修改和编辑通过 Animation 视图完成。通过 Animation 视图也可以创建新的动画剪辑文件，扩展名为 anim。动画剪辑数据和模型对象是分离的，同一个动画剪辑可以应用到不同的模型对象。

6.6.3　动画状态机

1. Animator 组件

要实现角色对象的动画控制，需要为角色对象添加 Animator 组件（在模型的导入设置中，将“Rig”选项卡中的“Animation Type”属性设置为 Humanoid 选项时，模型放入场景将自动添加 Animator 组件），并且需要将创建好的动画控制器赋给 Animator 组件的“Animator Controller”属性，如图 6-72 所示。同一个 Animator Controller 资源可以被多个模型通过 Animator 组件引用。

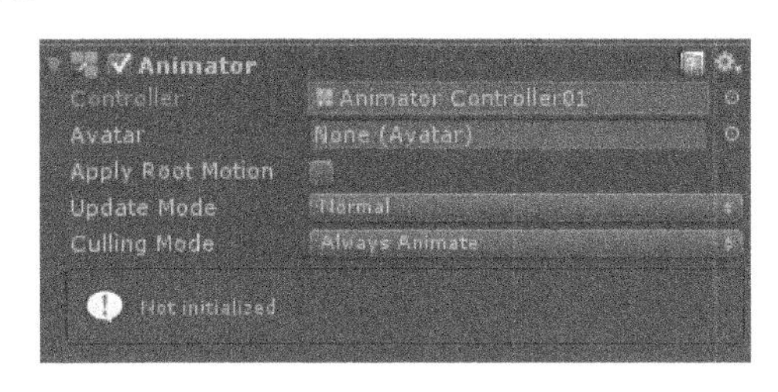

图 6-72　Animator 组件

2. 动画控制器和 Animator 视图

动画控制器（Animator Controller）可以实现动画状态的添加、删除、切换和过渡等效果，把大部分动画相关的工作从代码中抽离出来，方便动画的设计。

动画控制器的创建方法是，在 Assets 面板中右击，在弹出的快捷菜单中选择“Create”→“Animator Controller”命令。

动画控制器在 Animator 视图中进行编辑，如图 6-73 所示。

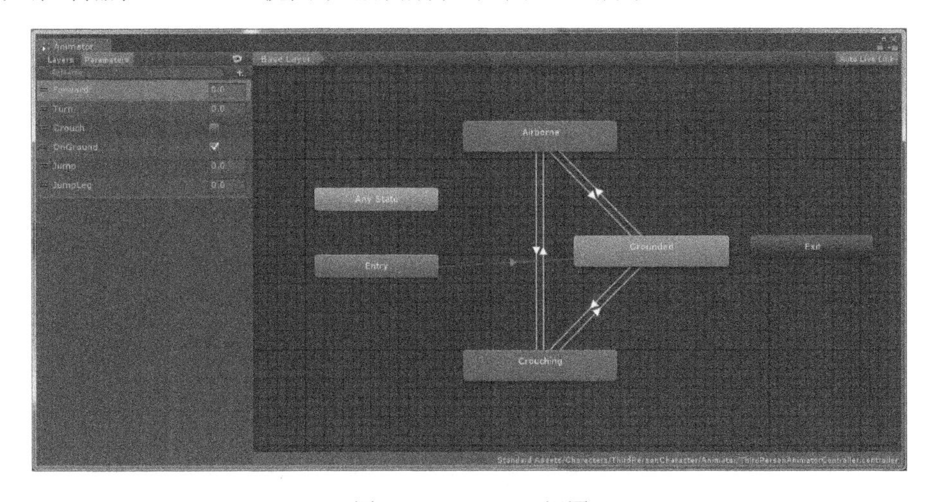

图 6-73　Animator 视图

3. 动画状态机

通过 Animator 视图打开动画控制器，可以看到一个空的动画控制器，包含 Entry（动画入口）、Exit（动画出口）和 Any State（任意动画状态），如图 6-74 所示。

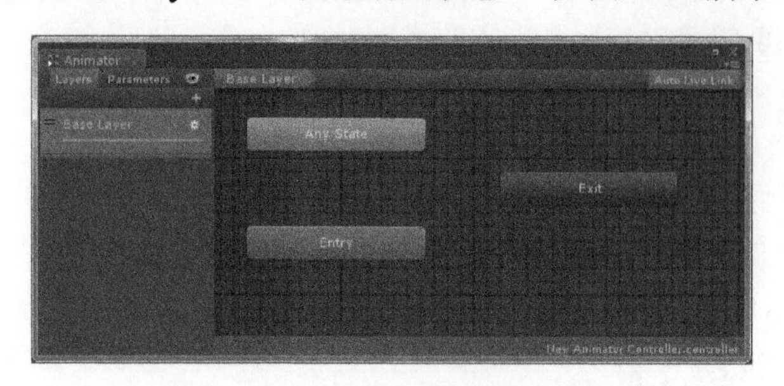

图 6-74　空动画控制器

可以往动画控制器中添加动画剪辑，动画剪辑添加到 Animator 视图中，就称为动画状态，一个动画剪辑就是一个动画状态，初始动画状态显示为橙色。更为复杂的动画状态机，还可以包含子动画状态机、混合树等，状态说明如表 6-2 所示。

表 6-2　状态机状态说明

名　称	说　明
State	动画状态，动画状态机中的最小单元
Sub-State Machine	子动画状态机，动画状态机可以嵌套
Blend Tree	动画混合树，特殊的动画状态单元
Any State	表示任意动画状态
Entry	本动画状态机的入口
Exit	本动画状态机的出口

4. 动画状态过渡

一个角色可以有多种动画状态（动作），当满足一定条件时，可以从一种动画状态过渡到另一种动画状态。

1）创建动画过渡的方法。在动画状态 A 上右击，在弹出的快捷菜单中选择“Make Transition”，如图 6-75 所示，然后拖动鼠标到另一个动画状态 B 上，就创建了从动画状态 A 到动画状态 B 的动画过渡，显示为方向箭头，如图 6-76 所示。

Make Transition
Set as Layer Default State
Copy
Create new BlendTree in State
Delete

图 6-75　创建动画过渡

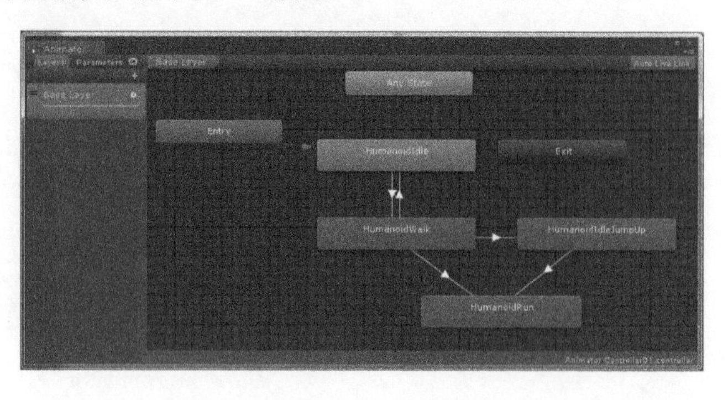

图 6-76　动画过渡

2）编辑动画过渡。在动画过渡箭头上单击，在右侧 Inspector 面板中就可以编辑该动画过渡，可以设置过渡的时间长度和两段动画重叠的位置等，如图 6-77 所示。

3）动画过渡条件。可以通过条件控制从一个动画状态过渡到另一个动画状态。通过参数设置动画过渡条件，有 4 种参数类型：Float、Int、Bool 和 Trigger。最常用的是 Trigger 和 Bool 方法。

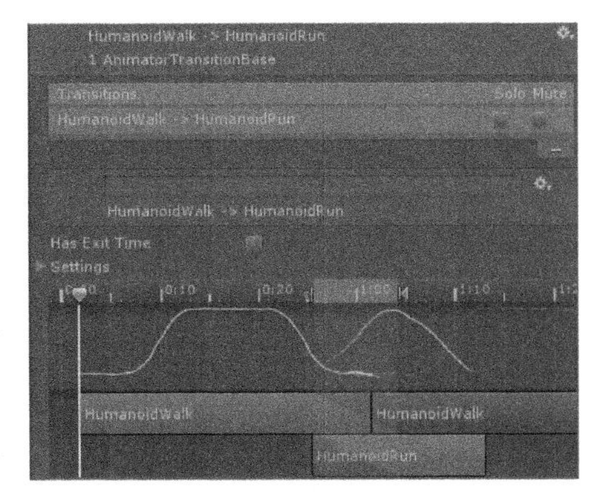

图 6-77　编辑动画过渡

5. 实例

【例 6.12】　动画状态机控制角色运动状态

本实例实现角色从任意运动状态快速切换到静止、走、跑、跳等动作。

1）启动 Unity，新建场景，将第三人称角色模型导入，创建一个新的 Animator Controller，并拖动到角色模型 Animator 组件的 Controller 属性。

2）在 Animator 组件中双击 Animator Controller，打开 Animator 视图，将角色模型的动画剪辑 HumanoidIdle、HumanoidWalk、HumanoidRun 和 HumanoidIdleJumpUp 拖动到 Animator 视图中，创建对应的动画状态。

3）创建任意两种动画状态间的动画过渡。

4）创建 Trigger 参数 idle_walk_trigger，触发角色动画过渡。

5）创建 Bool 参数 idle_walk_bool、idle_jump_bool、walk_jump_bool、run_jump_bool、walk_run_bool 和 idle_run_bool，如图 6-78 所示。

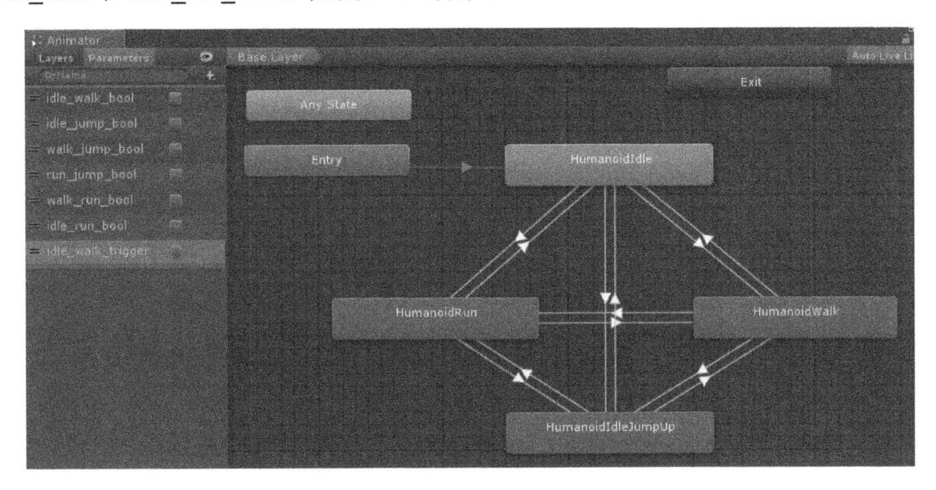

图 6-78　添加动画状态和动画过渡，设置动画过渡参数

6）编写脚本 animate_controll.cs。

```
public class animate_controll : MonoBehaviour {
    public GameObject ani_obj;            //声明对象 ani_obj
    public Animator ani;                  //声明 Animator 组件类型变量 ani

    void Start () {
```

```
        ani = ani_obj.GetComponent<Animator>();
         //将 ani_obj 的 Animator 组件赋给 ani 变量
    }
    public void idle(){
        ani.SetBool("idle_walk_bool",false);//设置bool 参数 idle_walk_bool 的值
        ani.SetBool("idle_run_bool",false);//设置bool 参数 idle_run_bool 的值
        ani.SetBool("idle_jump_bool",false);//设置bool 参数 idle_jump_bool 的值
    }
    public void walk(){
        ani.SetBool("idle_walk_bool",true);
        ani.SetBool("walk_run_bool",false);
        ani.SetBool("walk_jump_bool",false);
    }
    public void run(){
        ani.SetBool("walk_run_bool",true);
        ani.SetBool("idle_run_bool",true);
        ani.SetBool("run_jump_bool",false);
    }
    public void jump(){
        ani.SetBool("walk_jump_bool",true);
        ani.SetBool("run_jump_bool",true);
        ani.SetBool("idle_jump_bool",true);
    }
    public void idle_walk(){
        ani.SetTrigger ("idle_walk_trigger"); //触发触发器 idle_walk_trigger
        ani.SetBool("walk_run_bool",false);
        ani.SetBool("walk_jump_bool",false);
    }
}
```

7）UI 设计。创建 4 个按钮，控制从任意运动状态切换到指定运动状态，如图 6-79 所示。

8）idle、walk、run、jump 四个按钮分别调用对应的 idle()、walk()、run()、jump()方法，如图 6-80 所示。然后运行测试。

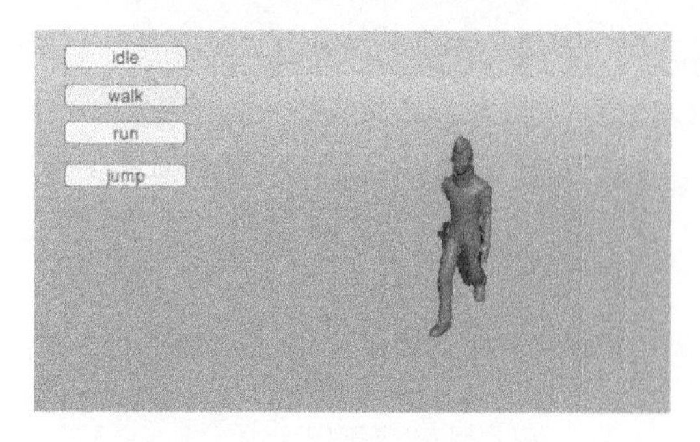

图 6-79　场景 UI 设计

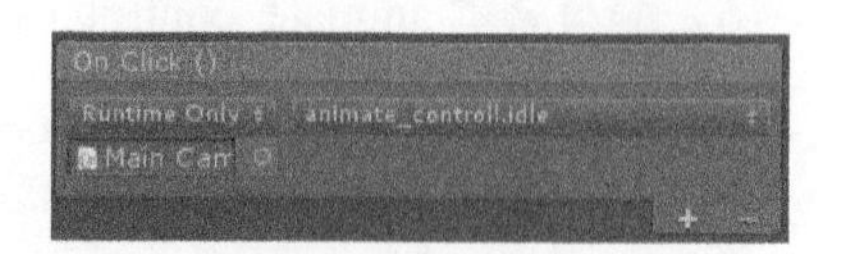

图 6-80　设置按钮单击事件执行的方法

6.7　简单应用举例

通过前面的学习，完成一个综合实例——坦克大战来综合应用所学知识。

6.7.1　创建地形

新建场景，参考 6.4.1 节的内容，创建 Terrain 地形。

6.7.2　场景搭建

地形创建好后，新建文件夹 models、prefab、scipts、images、audio 等。导入需要的模型，放置到 models 文件夹中，创建模型实例，调整大小位置等，实现场景搭建。

1）导入坦克模型 tank.fbx，创建我方坦克实例 tank，添加 BoxCollider 碰撞器，调整碰撞器外框，使之刚好包裹住坦克模型；添加刚体 Rigidbody 组件，保持默认参数。

2）导入炮弹模型 pao.fbx，创建炮弹实例 pao，添加 CapsuleCollider 碰撞器，调整碰撞器参数，使碰撞器刚好包裹住炮弹模型，选择"Is Trigger"复选框，使碰撞器转换为触发器；添加刚体 Rigidbody 组件，取消选择"Use Gravity"复选框，使炮弹不受重力影响，但能够给炮弹施加力；将"tag"属性设置为"paodan"。将 pao 对象拖动到 prefab 文件夹中，创建 pao 预制件，将 pao 预制件拖动到场景中，创建并实例化 m 个炮弹实例，调整在场景中的位置。

3）创建 cube 对象，选择 BoxCollider 碰撞器中的"Is Trigger"复选框，使碰撞器转换为触发器。拖动 cube 对象到 prefab 文件夹中，创建能量立方体预置件 power，将 power 预制件拖动到场景中，创建并实例化 n 个能量立方体实例，调整在场景中的位置。

4）选中 tank 对象，按〈Ctrl+D〉组合键，将复制的坦克对象命名为 tank_enemy，创建敌方坦克，将"tag"属性设置为"enemy"。创建新材质 enemy_mat，设置主贴图为"micai02.jpg"，将材质 enemy_mat 赋给 tank_enemy，创建敌方坦克预置件 tank_enemy，将 tank_enemy 预制件拖动到场景中，实例化 p 个敌方坦克，调整在场景中的位置。

5）创建空游戏对象 paokou，作为坦克的子对象，调整位置到我方坦克的炮弹发射口正前方。

6）创建 Text 控件 Text_paonumber，设置文本默认值为"炮弹数：2"，用来显示坦克装载的炮弹数。为使该控件显示在距离左上角固定比例位置处，将 Text 控件的 Rect Transform 组件的"Anchors Presets"（锚点预制）设置为"left top"。

场景搭建效果如图 6-81 所示。

图 6-81　场景搭建效果

6.7.3 获取能量和炮弹

为对象添加脚本，实现控制坦克运动和获取能量、炮弹等功能。

1. 摄像机平滑跟随坦克

通过摄像机跟随，可以实现摄像机视角跟随游戏对象或角色移动，以实现跟随观察对象和场景的目的。摄像机跟随最简单快速的方法是摄像机的平滑跟随（Smooth Follow），摄像机平滑跟随步骤如下。

1）导入 Scripts.unityPackage 资源包。

2）选择 Main Camera（主摄像机）对象，选择“Component”→“Camera-Control”→“Smooth Follow”命令。

3）将跟随目标（Target）设置为目标对象——我方坦克（将 tank 对象直接拖动到 Target 后的文本框中），如图 6-82 所示。

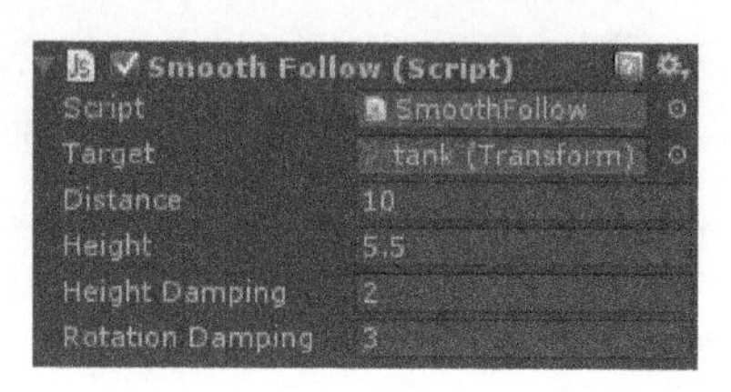

图 6-82 “Smooth Follow”参数

4）运行场景。调整 Distance、Height 等参数（运行时，才能观察到这些参数的设置效果），设置好跟随视角；退出运行状态，将设置好的参数回填入对应的参数栏中（运行时调整好的参数，退出时会还原为原来的值，所以需要根据运行时的参数值回填）。

2. 控制坦克运动

为坦克添加脚本_transform.cs。

```
public class _transform : MonoBehaviour {
    public int movespeed=10;           //声明变量移动速度 movespeed
    public int rotatespeed=20;         //声明变量旋转速度 rotatespeed
    void Update () {
        if(Input.GetKey (KeyCode.W)) {
            transform.Translate (new Vector3 (0, 0, movespeed * Time.
deltaTime));
                         //沿 z 轴正方向移动 movespeed * Time.deltaTime 米
        } else if (Input.GetKey (KeyCode.S)) {
            transform.Translate (new Vector3 (0, 0, -movespeed * Time.
deltaTime));
                         //沿 z 轴反方向移动 movespeed * Time.deltaTime 米
        }
        if(Input.GetKey (KeyCode.A)) {
            transform.Translate (new Vector3 (-movespeed*Time.deltaTime,
0,0));
        } else if (Input.GetKey (KeyCode.D)) {
           transform.Translate (new Vector3 (movespeed*Time.deltaTime,
```

```
0, 0));
            }
            if(Input.GetKey (KeyCode.UpArrow)) {
                transform.Translate (new Vector3 (0, 0, movespeed * Time.
deltaTime));
            } else if (Input.GetKey (KeyCode.DownArrow)) {
                transform.Translate (new Vector3 (0, 0, -movespeed * Time.
deltaTime));
            }
            if(Input.GetKey (KeyCode.LeftArrow)) {//按下左箭头键
                transform.Rotate (new Vector3 (0, -rotatespeed * Time.
deltaTime, 0));
                                //绕 y 轴逆时针旋转 movespeed * Time.deltaTime 度
            } else if (Input.GetKey (KeyCode.RightArrow)) { //按下右箭头键
                transform.Rotate (new Vector3 (0, rotatespeed * Time.
deltaTime, 0));
                                //绕 y 轴顺时针旋转 movespeed * Time.deltaTime 度
            }
        }
    }
```

3. 获取能量

将能量立方体 power 上的碰撞器设置为触发器，添加脚本 power.cs，实现当坦克碰撞上能量立方体后，坦克移动速度 movespeed 增加 1，并在控制台打印输出 movespeed 的值。

```
public class power : MonoBehaviour {
    void OnTriggerEnter(Collider hit){           //触发检查
        if (hit.gameObject.name == "tank") {     //判断是否碰撞到 tank 对象
            _transform.movespeed++;       //坦克移动速度 movespeed 增加 1
            Destroy (gameObject);         //销毁能量立方体，gameObject 表示
挂载本脚本的对象，即能量立方体
            Debug.Log (_transform.movespeed);//控制台输出移动速度 movespeed
        }
    }
}
```

4. 获取炮弹

将炮弹 pao 上的碰撞器设置为触发器，添加脚本 getpaodan.cs，坦克碰撞上炮弹后，炮弹数 numpaodan 增加 1，并在控制台打印输出炮弹数 numpaodan。展开炮弹 pao 的 getpaodan 脚本，将全局变量 pao_num 设置为 Text 控件 Text_paonumber。

```
using UnityEngine;
using System.Collections;
using UnityEngine.UI;
public class getpaodan : MonoBehaviour {
    public static int numpaodan=2;  //声明静态变量，记录坦克装载炮弹数量
    public Text pao_num;     //声明 Text 控件 pao_num，显示坦克装载炮弹数量
```

```
        void OnTriggerEnter(Collider hit){       //触发碰撞
            if (hit.gameObject.name == "tank") {//判断是否碰撞上 tank 对象
                numpaodan++;                    //炮弹数量增加 1
                Destroy (gameObject);           //销毁炮弹
                print ("炮弹数: "+numpaodan);//控制台输出炮弹数量
                pao_num.text="炮弹数: "+ numpaodan;//更新 pao_num 文本框控件显示的
炮弹数量
            }
        }
    }
```

6.7.4 攻击敌方坦克

1. 攻击敌方坦克

1）为坦克 tank 添加脚本 fire.cs，通过射线检测到敌人后，实例化炮弹，按下〈开火〉键，发射炮弹。

```
    using UnityEngine.UI;
    public class fire: MonoBehaviour {
        public RaycastHit hit;
        public static bool pao_instance=false;  //炮弹实例化开关变量
        public GameObject paokou;    //空游戏对象，坦克的子对象，炮弹实例化后的位置
        public GameObject obj;       //要实例化的炮弹
        public GameObject paodan;    //实例化的炮弹
        public Text pao_num;
        void Update () {
            Debug.DrawRay  (paokou.transform.position,  transform.forward,
Color.red);
            if(Input.GetButtonDown("Fire1")){//按下〈开火〉键（鼠标左键）
                if (Physics.Raycast (paokou.transform.position, transform.
forward, out hit, 20f)) {
                                        //射线碰撞检测
                    if(!pao_instance&&hit.collider.gameObject.tag=="enemy"
&&getpaodan.numpaodan>0){
                        paodan=GameObject.Instantiate(obj);
                                         //实例化 obj 对象为新对象 paodan
                        pao_instance=true;//炮弹实例化后，在射出销毁前不能再实例化
                        paodan.transform.position=paokou.transform.position;
                                    //设置 paodan 的位置为 paokou 的位置
                        paodan. transform.rotation=paokou.transform.
    rotation;
                                    //设置 paodan 的旋转角度为 paokou 的旋转角度
                        paodan.transform.parent=paokou.transform;
            //设定炮弹为炮口的子对象，以使炮弹实例化后跟随炮口和坦克运动，而非静止的
                        paodan.GetComponent<Rigidbody>().AddForce(paodan.
    transform.forward*1000f);
```

```
                                //沿炮口z轴正方向为炮弹施加力，发射炮弹
                        getpaodan.numpaodan--;        //炮弹发射后，炮弹数减1
                        print (getpaodan.numpaodan);
                        pao_num.text="炮弹数："+getpaodan.numpaodan;
                    }
                }
            }
        }
    }
```

2）注意调整 paokou 对象的位置，不要距离坦克炮口太近，否则炮弹对象实例化处理后，会与坦克 tank 碰撞器发生碰撞。

3）选中 pao 对象，按〈Ctrl+D〉组合键，将复制对象重命名为 pao_instant，取消选择“Is Trigger”复选框，将对象 pao_instant 移动到摄像机视角看不到的位置。

4）展开坦克 tank 的 fire 脚本，将全局变量 obj 设置为 pao_instant，将全局变量 paokou 设置为坦克 tank 对象的子对象 paokou，将全局变量 pao_num 设置为 Text 控件 Text_paonumber。

2. 敌方坦克和炮弹销毁

选择敌方坦克预制件，添加脚本_collision.cs，实现当炮弹碰撞上敌方坦克后，敌方坦克和炮弹都销毁。

```
public class _collision : MonoBehaviour {
    void OnCollisionEnter(Collision hit){        //实体碰撞检测
        if (hit.gameObject.tag== "paodan") {
            //如果碰撞到的是炮弹对象（tag 属性为 paodan）
            Destroy(gameObject);          //销毁敌方坦克
            Destroy(hit.gameObject);      //销毁炮弹
            fire.pao_instance=false;
        //将炮弹实例化开关变量置为假，以使射线扫描到敌方坦克后，实例化新的炮弹
        }
    }
}
```

6.7.5 声音特效

1. 为场景添加背景音乐

1）将音频文件 bj01.mp3、bj02.wav、fire.wav、getpaodan.wav、powerup.wav 复制到 audio 文件夹中。

2）为 tank 对象添加 AudioSource 组件，指定音频剪辑 AudioClip 属性为音频文件“bj01.mp3”（直接将 assets/audio 文件夹下的音频文件拖到 AudioClip 属性栏中），播放，听到背景音乐响起。

3）修改相关属性，如循环、音量等，播放观察效果。

2. 为能量立方体（销毁时）增加特效音

1）修改脚本 power.cs。

```
public class power : MonoBehaviour {
    public GameObject audio_power;        //声明全局变量 audio_power
    void OnTriggerEnter(Collider hit){
        if (hit.gameObject.name == "tank") {
            audio_power.GetComponent<AudioSource>().Play();
//播放 audio_power 对象上的音频源组件中的声音剪辑
            trans.movespeed++;
            Destroy (gameObject,0.3f);  //power 对象不能立即销毁，需等特效
音播放完毕再销毁，不能播放已经销毁游戏对象携带的 AudioSource 组件中的音频文件
            Debug.Log (trans.movespeed);
        }
    }
}
```

2）选取能量立方体 power，添加 AudioSource 组件，将音频剪辑 AudioClip 属性设置为音频文件“powerup.wav”，取消选择“Play On Awake”复选框。

3）展开能量立方体 power 的 power 脚本，将全局变量 Audio_power 设置为能量立方体 power。

4）单击“Apply”按钮，将修改应用到所有的能量立方体实例。

3. 为拾取炮弹（销毁时）增加特效音

1）修改脚本 getpaodan.cs。

```
using UnityEngine.UI;
public class getpaodan : MonoBehaviour {
    public static int numpaodan=2;
    public GameObject audio_paodan;
    public Text pao_num;
    void OnTriggerEnter(Collider hit){
        if (hit.gameObject.name == "tank") {
            audio_paodan.GetComponent<AudioSource>().Play();
            numpaodan++;
            Debug.Log("get"+numpaodan);
            Destroy (gameObject,0.5f);
            print ("炮弹数: "+numpaodan);
            pao_num.text="炮弹数: "+numpaodan;
        }
    }
}
```

2）选取炮弹 pao，添加 AudioSource 组件，将音频剪辑 AudioClip 属性设置为音频文件“getpaodan.wav”，取消选择“Play On Awake”复选框。

3）展开炮弹 pao 的 getpaodan 脚本，将全局变量 Audio_power 设置为炮弹 pao。

4）单击“Apply”按钮，将修改应用到所有的炮弹实例。

4. 为敌方坦克（销毁时）增加特效音

1）修改脚本_collision.cs。

```
public class _collision : MonoBehaviour {
    public GameObject audio_enemy;
    void OnCollisionEnter(Collision hit){
        if (hit.gameObject.tag== "paodan") {
            audio_enemy.GetComponent<AudioSource>().Play();
            Destroy(gameObject,1f);
            Destroy(hit.gameObject,0.2f);
        }
    }
}
```

2）选取敌方坦克 tank_enemy，添加 AudioSource 组件，将音频剪辑 AudioClip 属性设置为音频文件“bomb.wav”，取消选择“Play On Awake”复选框。

3）展开敌方坦克 tank_enemy 的_collision 脚本，将全局变量 Audio_power 设置为敌方坦克 tank_enemy。

4）单击“Apply”按钮，将修改应用到所有的敌方坦克实例。

6.7.6 发布测试

Unity 开发的项目可以发布到多个平台，Web 网页浏览和 PC 版是免费发布，其他平台的发布需要付费，安装相应的发布插件。

1. PC 版发布

PC 版发布可以发布为 Windows 平台、Apple 平台和 Linux 平台，发布的游戏可以在任何一台不联网的对应类型的 PC 机上运行，“Build Setting（发布设置）”对话框如图 6-83 所示。

PC 版游戏在运行时，可以考滤是否选择“Windowed”复选框，如图 6-84 所示，可以选择：窗口运行，可以设置窗口大小；全屏运行。

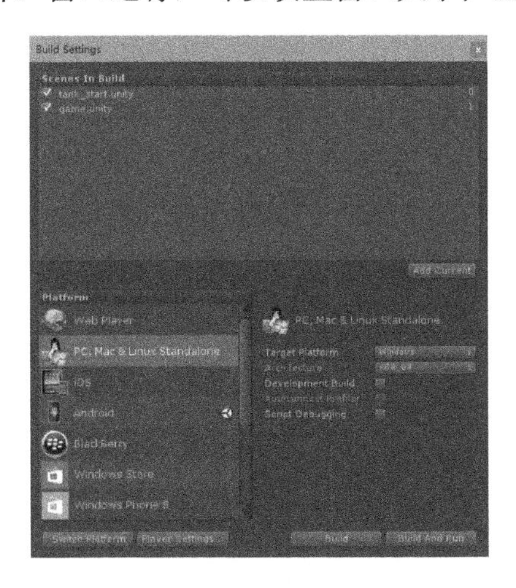

图 6-83 “Build Setting”对话框

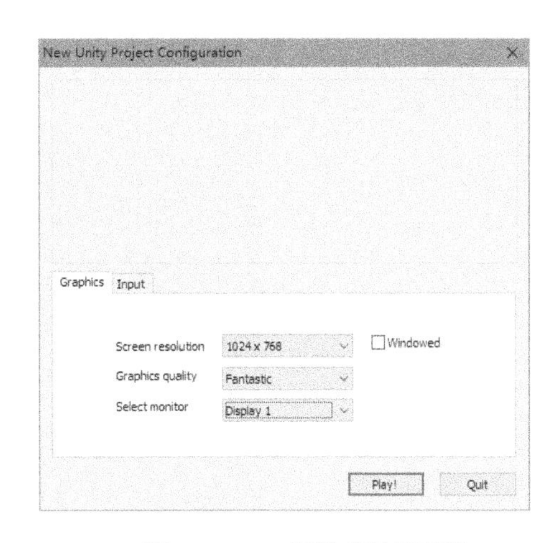

图 6-84 PC 版游戏运行设置

2．Web 版发布

Web 版本发布的游戏，需要在浏览器中运行，并且浏览器安装了用于播放 Unity 项目的 Unity Web Player 插件。

3．Andriod 版发布

Andriod 版 Unity 游戏需要安装相关插件，才可以正确发布。

1）安装支持 Java 语言开发的 JDK，可到 Java 官网 http://www.oracle.com/cn/index.html 下载。

2）安装 Andriod 开发工具集 SDK，可先下载 SDK Manager，通过它方便快捷地下载安装和更新 SDK，这需要联网进行。

3）回到 Unity 中，在“Build Settings”对话框的“Platform”选项组中选择“Andriod”，在“Texture Compression”右侧的下拉列表中选择“DXT（Tegra）”（支持 Nvidia Tegra 芯片的 DXT 纹理压缩方法），如图 6-85 所示。

4）单击“Player Settings”按钮，在 Inspector 面板的“Setting for Andriod”选项组中，单击“Resolution and Presentation”中“Default Orientation”的下拉列表，选择“Portrait”“Portrait Upside Down”等选项，如图 6-86 所示。

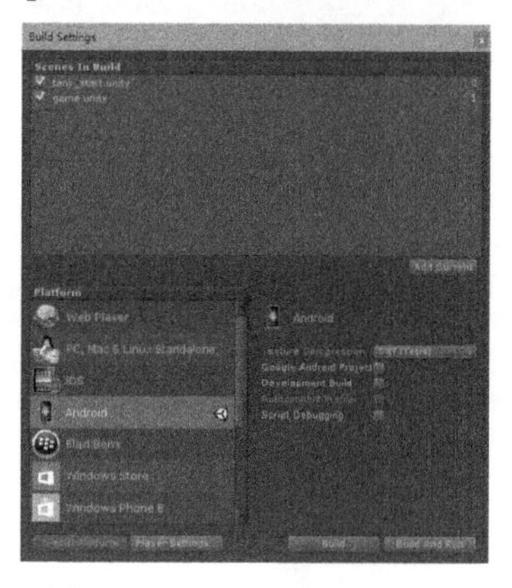

图 6-85　Andriod 版发布设置

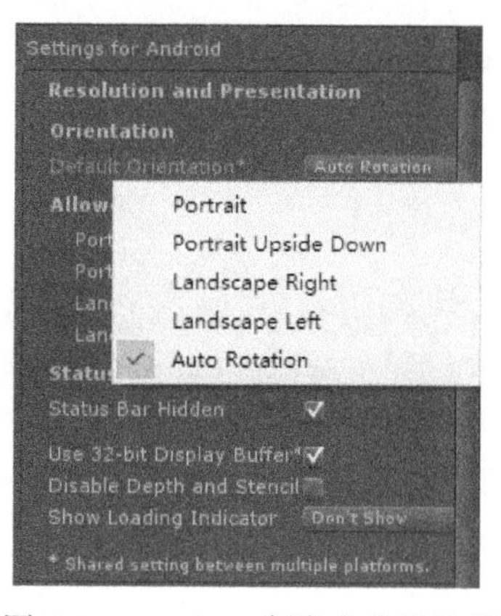

图 6-86　Andriod 版发布设置选项 1

5）在“Other Settings”选项组中，修改“Identification”的“PlayerSettings.bundle Identifier”文本框中的内容，可更新标识。这个必须修改，最少修改一个字符即可，否则不能正确发布游戏，如图 6-87 所示。

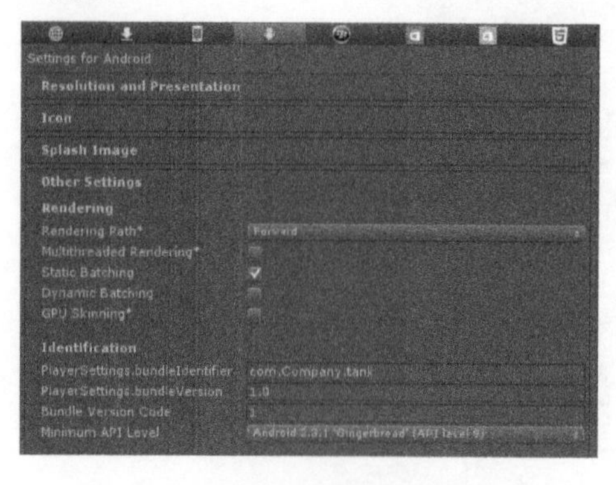

图 6-87　Andriod 版发布设置选项 2

小结

Unity 是应用广泛的 2D、3D 游戏开发平台和虚拟现实、增强现实开发工具，可以实现 PC 端、Web 端、移动端的跨平台 2D、3D 游戏开发和 AR、VR 产品开发，支持多种 AR、VR 眼镜、头盔、体感设备的交互开发。

本章主要介绍了 Unity 的基本功能和简单应用。首先介绍了 Unity 及其界面组成，然后介绍了物理引擎、碰撞器、刚体、碰撞检测的概念和碰撞检测实现的方法；Unity 提供的 Terrain 地形系统、模型对象、材质贴图、灯光、摄像机、音频等资源及创建使用方法，Unity 图形用户界面 UGUI 和 Mecanim 动画系统原理及实现流程。以上内容均结合实例加深理解和应用，最后将各知识点贯穿完成综合实例——坦克大战。

习题

一、选择题

1．在 Unity 中，新建一个场景，系统会默认创建两个对象：________和 Directional Light。

A．Main Camera　　B．Empty GameObject

C．Canvas　　D．Cube

2．关于 Terrain 地形系统，以下选项错误的是________。

A．选择"GameObject"→"3D Object"→"Terrain"命令来创建地形

B．可以通过 Transform 组件中的 Scale 属性修改地形的大小

C．可以为地形添加草地、树木、花草等

D．可以在地形的山峰上绘制平台

3．为更好地将三维模型导入 Unity，通常在 3ds Max 或 Maya 等软件中将建好的三维模型导出为____格式文件。

A．MAX　　B．FBX　　C．OBJ　　D．3DS

4．要使对象能够受力，必须为对象添加____组件。

A．碰撞器　　B．刚体　　C．触发器　　D．Mesh Renderer

5．碰撞检测方法 OnCollisionEnter()的参数类型是____。

A．Collision　　B．Collider

C．ControllerColliderHit　　D．RaycastHit

6．音频监听组件（Audio Listener）默认添加在____上。

A．平行光　　B．主摄像机　　C．世界坐标　　D．空游戏对象

7．动画控制器（Animator Controller）可以实现动画状态的添加、删除、切换和过渡等效果，动画控制器在____视图中进行编辑。

A．Animator　　B．Animation　　C．Inspector　　D．Scene

8．现有一个空游戏对象 light_obj，下面____语句可以创建一个灯光对象。

A．light_obj=new Light("Point Light");

B．light_obj=new GameObject(“Light”);

C．light_obj.AddComponent<Light>();

D．light_obj.GetComponent<Light>();

9．在 2D 场景中创建一个 Button 控件，它默认带一个____控件类型的子对象。

A．Text　　B．Panel　　C．Slider　　D．Scrollbar

10．射线碰撞检测适用于稍远距离（射线覆盖范围）的碰撞检测，以下实现从当前对象向 z 轴正方向反射射线，检测范围为 50m的射线碰撞检测的是____。

A．Physics.Raycast (this.transform.position, Vector3.left, out hit, Mathf.Infinity)

B．Physics.Raycast (this.transform.position, Vector3.forward, out hit, 50)

C．Physics.Raycast (transform.position, new Vector3(0,0,−1), out hit, 50)

D．Physics.Raycast (transform.position, new Vector3(0,0,1), hit, 50)

二、简答题

1．简述 Unity 有哪些应用，可以开发什么产品。

2．简述 Unity 的主要界面组成和各面板的功能。

3．简述 Transform 组件的作用和包含的属性。

4．简述碰撞检测的概念和 Unity 中实现碰撞检测的几种方法。

5．简述 Unity 中灯光类型和灯光的主要属性。

6．简述 Unity 中实现音频监听和播放的两个组件及使用方法。

7．简述 Button 控件的使用方法和流程。

8．简述使用 Mecanim 动画系统创建动画的原理和流程。

三、操作题

1）创建一个立方体，显示为绿色。然后阅读理解以下代码，实现当按下〈R〉键时，立方体绕着 y 轴旋转。

```
void Update () {
    if (Input.GetKeyDown(KeyCode.R)) {
        transform.Rotate (0,5,0);
    }
}
```

2）阅读理解以下代码，对代码进行修改，创建一面由 6×6 个球体搭建的装饰墙体。

```
int k=0;
int startPos = -2;
void Start () {
    for (int i=0; i<5; i++) {
        startPos=-2;
        for (int j=0; j<5; j++) {
      GameObject cube = GameObject.CreatePrimitive (PrimitiveType.Cube);
```

```
            cube.transform.localScale=new Vector3(0.95f,0.95f,0.95f);
            cube.transform.position = new Vector3 (startPos++, i, 0);
            cube.name = "cube" + k++;
            }
        }
    }
```

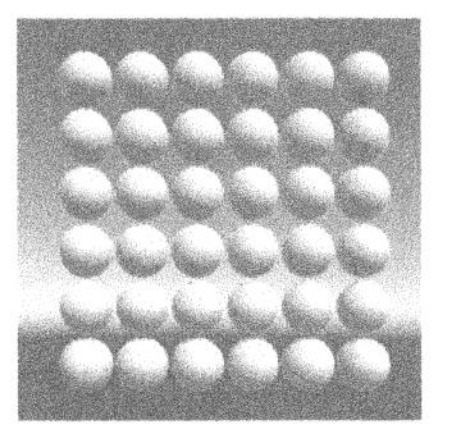

3）选择一个 FBX 模型文件，导入到 Unity 中，并添加到场景中。

4）创建一个地形对象，实现地形的凹凸起伏，为地形添加草地、树木。

5）阅读理解以下代码，为场景添加背景音乐，实现音乐的切换、播放、暂停和调节音量等功能。

```
public class audio_control : MonoBehaviour {
    public GameObject Audio_bj;
    public AudioClip audioclip01;
    public AudioClip audioclip02;
    public float MouseWheelSensitivity =0.1f;
    void Update () {
        if (Input.GetKeyDown (KeyCode.P)) {
            Audio_bj.GetComponent<AudioSource>().Play();
        }
        if (Input.GetKeyDown (KeyCode.O)) {
            Audio_bj.GetComponent<AudioSource>().Stop();
        }
        if (Input.GetKeyDown (KeyCode.Alpha1)) {
            Audio_bj.GetComponent<AudioSource>().clip=audioclip01;
        }
        if (Input.GetKeyDown (KeyCode.Alpha2)) {
            Audio_bj.GetComponent<AudioSource>().clip=audioclip02;
        }
        if (Input.GetKeyDown (KeyCode.Equals)){
            Audio_bj.GetComponent<AudioSource>().volume+=0.1f;
        }
        if (Input.GetKeyDown (KeyCode.Minus)){
            Audio_bj.GetComponent<AudioSource>().volume-=0.1f;
        }
    }
}
```

6）搭建包含一个 Plane 对象、一个 Cube 对象和两个按钮对象的场景。阅读理解以下代码，编写脚本 light_cont.cs，挂载到 Main Camera 上，为两个按钮对象分别添加单击事件响应方法 change_red()和 change_green()，实现运行后创建一个黄色点光源，单击两个按钮分别改变灯光颜色为红色和绿色。

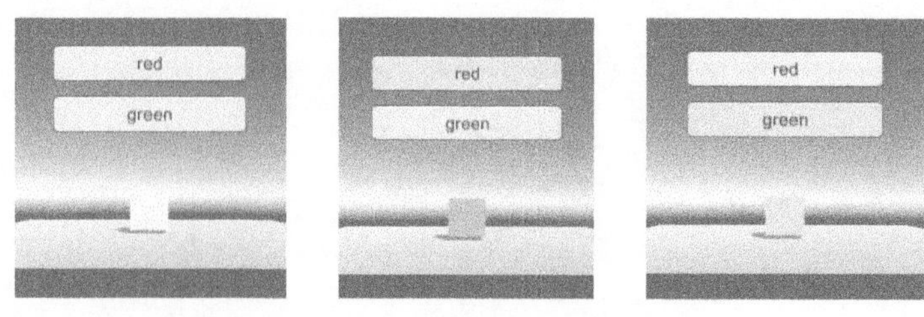


```
public class light_cont : MonoBehaviour {
    public GameObject light_obj;
    void Start () {
        light_obj = new GameObject ("myLight");
        light_obj.AddComponent<Light>();
        light_obj.GetComponent<Light>().type = LightType.Point;
        light_obj.GetComponent<Light>().color = Color.yellow;
        light_obj.GetComponent<Light>().intensity = 8;
        light_obj.GetComponent<Light>().range =6;
        light_obj.transform.position = new Vector3(0,0,-2);
    }
    public void change_red(){
        light_obj.GetComponent<Light>().color = Color.red;
    }
    public void change_green(){
        light_obj.GetComponent<Light>().color = Color.green;
    }
}
```

第 7 章　综合开发案例

学习目标

- 了解 VR、AR 项目开发的基本流程与组织
- 了解应用开发中的美术资源设计
- 了解应用开发中的逻辑开发设计
- 了解应用开发中的发布及测试流程

本章将通过几个具体的开发案例，详细介绍 VR、AR 项目开发的一般流程和开发过程。

7.1　项目开发流程与组织

7.1.1　项目开发流程

在进行 VR、AR 项目开发时，通常首先分析项目各个模块的功能，然后通过对真实场景中的模型和纹理贴图进行采集，再通过 Photoshop 和 3ds Max 来处理纹理和构建真实场景的三维模型，再次导入 Unity3D 构建虚拟平台，在 Unity3D 平台通过音效、图形界面、插件和灯光设置渲染，编写交互代码，最后发布设置。其主要流程分析如下。

1. 产品功能分析与设计

1）功能设计。列出产品应实现的功能及其功能背后的业务逻辑。

2）场景规划。划分出不同的场景进行罗列，输出场景列表。

3）VR 场景构建。对每个场景需要实现的功能和业务逻辑进行具体描述，绘制出 2D 场景平面图，图中应包含当前场景中的所有对象。

项目设计步骤如图 7-1 所示。

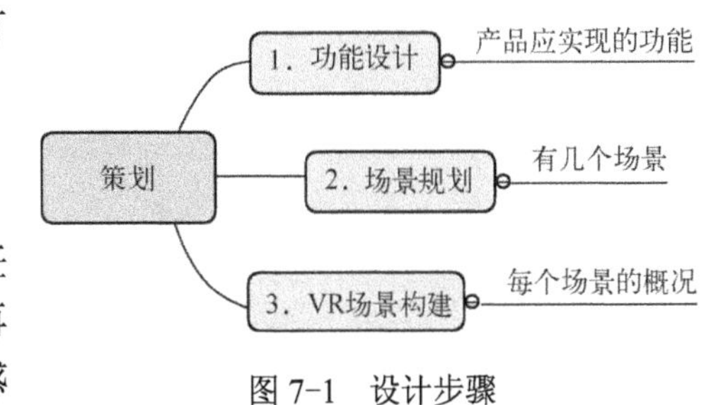

图 7-1　设计步骤

2. 建模技术

构建三维模型，在虚拟场景中看到的任何物品或者模型都是真实场景中实物的再现，这就是虚拟现实给人一种真实场景的感觉。建模是构建场景的基本要素，在建模过程中还有一点最重要的就是模型的优化。一个好的虚拟现实项目不仅要运行流畅、给人以逼真的感觉，同时还要保证模型的大小，保证程序发布之后不会占用太大的内存（注意：基本的优化原则是制作简模，建模过程中基本上所有模型都是简模，对于相交的面要删除相交之后重复的面，尽量减少模型的点以达到优化的目的）。

3. 程序交互技术

除了场景模型的优化之外，交互技术也是虚拟现实项目的关键。Unity3D 负责整个场景中的交互功能开发，是将虚拟场景与用户连接在一起的开发纽带，协调整体虚拟系统的工作和运转。模型在导入 Unity 之前必须先导入材质然后导入模型，这样防止了模型纹理材质的丢失。

4. 渲染技术

在虚拟现实项目中，交互是基本，渲染是关键。一个好的项目，除了运行流畅之外，场景渲染的好坏也是成败的关键，好的、逼真的场景能给用户带来真实的沉浸感，对于用户来说真实感越好，越容易得到用户认可，才能做到真正的虚拟现实。基本渲染都是通过插件来实现，例如，在需要高亮的地方设置 shader，就可以看到台灯打开后的效果、地面倒影的效果和太阳光折射的效果。

7.1.2 项目开发的组织

VR、AR 项目的开发通常需要一个团队共同完成。该团队的组织是按照项目的既定目标，以一定的形式组建起来，并由项目负责人带领团队成员在限定的时间内完成任务。团队成员组成依据项目的复杂程度有多有少，但基本上由 3 个部分来组成：项目负责人、程序设计和美工设计等。

项目负责人统筹项目开发的策划、协调和管理工作，程序设计又可以细分为前台、后台设计，功能实现和网络部分代码设计等；美工设计又可以细分为 UI 设计、角色设计、模型制作，以及灯光、特效和场景设计等。

7.2 虚拟现实应用案例——虚拟装修

7.2.1 应用的背景及功能概述

1. 背景概述

家装，家庭住宅装修装饰的简称。通常所说的家装，是指室内的装饰，是从美化的角度来考虑，以使得室内空间变得更加美观。而广义的家装，又包含室内空间的改造、装修等其他工序。古代的家装多偏重于装饰，由于房屋的结构在建造时，就由用户自己或聘请专家进行了设计，因此，对房屋结构上的调整、改动就比较小，可以这么说，古代的房子是量身定做的，所以一般只进行室内的装饰，如糊上窗纸、窗纱，墙上贴上几幅字画，或室内摆上一些主人收藏的古董工艺品等，如图 7-2 所示。

由于现代房屋基本上不是量身定做，而是由开发商事先设计好室内空间的格局，由消费者根据自己的需要，来选择房屋的大小和户型结构。由于开发商建筑的房屋，在结构上与每个家庭的居住要求不完全吻合，在新房交房后，很多人都对房屋结构进行二次改造。因此，以室内空间改造为主体的室内装修开始兴起，家装也转变为大多数家庭的必需。

当今，家庭装修的流程越来越繁复，使得用户不能在装修的初期，就知道未来自己的家将要装修成什么样子。稍正规一些的装修公司，会为用户制作装修后的效果图，如图 7-3 所示，以满足客户的需求。

图 7-2　古代装修示例

图 7-3　装修效果图

如今，装修效果图已经难以满足日益增长的用户需求，随着科技的进步，人们尝试使用虚拟现实技术来帮助用户。在装修未开始之前，就可以提前“进入”到未来的家中进行浏览、查看，还可以对不同的装修效果进行比对，甚至可以根据需要修改装修的内容，极大地满足了用户需求。

2．功能简介

在虚拟装修案例中，用户可以根据自己的需求选择户型，并进行基于 HTC Vive 设备的虚拟现实游览。在游览过程中，用户可以进行虚拟现实的互动操作，查看室内装修物品的详细信息，并且可以根据自己的喜好，对室内的家具进行样式、颜色和材质等的比较选择，以达到满意的装修效果。

7.2.2　应用的策划及准备工作

1．应用的策划

本应用使用 Unity 引擎为开发工具，以 C#为开发语言，使用 HTC Vive 为虚拟现实设备，实现一个虚拟室内装修应用。

体验者以第一人称视角“进入”样板房，每一套样板房根据真实设计尺寸 1：1 还原制作而成，结合准确的日照时长、光线方向、定时的昼夜变换和真实的实拍外景，使体验者身临其境地体验数分钟后，就会对房间有基本的了解。

采用 Lighthouse 及光学定位技术，体验者能够真实地“走进”虚拟现实样板房，体验逼真的开门动作、按下灯光开关和打开电视等。这些巧妙真实的动作交互设计，让体验者感受到身处的虚拟空间不是一个静止的空间，而是一个充满灵动的生活空间。

2．Unity 与 HTC Vive 协作开发的准备工作

Unity 与 HTC Vive 的协作开发主要需要完成以下准备工作。

（1）安装 Unity

1）下载 Unity 5.3.4 个人版，Windows 版和 Mac 版分别如图 7-4 和图 7-5 所示，下载地址：http://unity3d.com/cn/get-unity/download/archive。

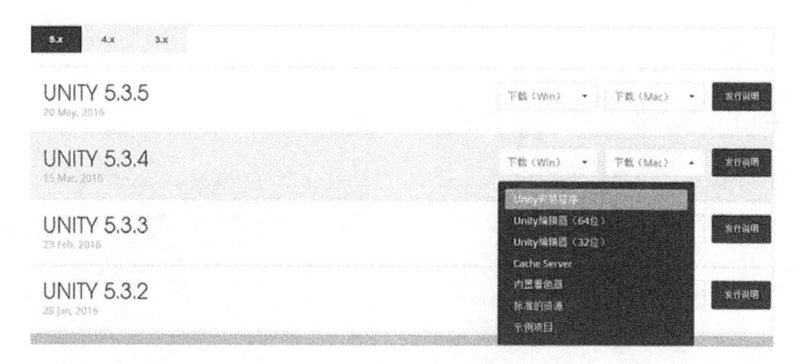

图 7-4　Windows 版下载

图 7-5　Mac 版下载

2）双击已下载的 UnityDownloadAssistant-5.3.4f1.exe 安装文件，打开如图 7-6 所示的窗口，单击“Next”按钮。

3）在打开的窗口中选择“I accept the terms of the License Agreement”复选框，如图 7-7 所示，单击“Next”按钮。

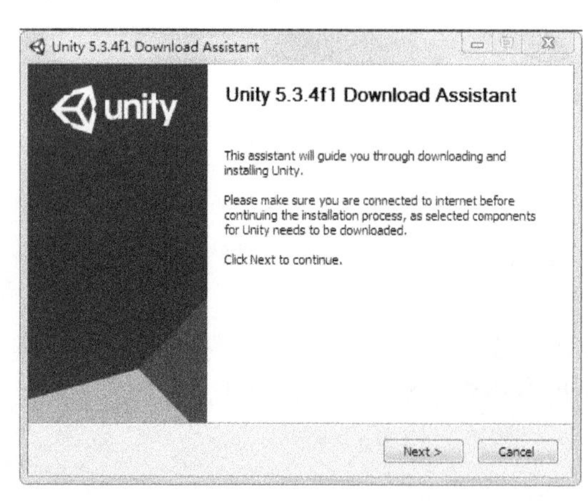

图 7-6　“Unity Download Assistant”窗口

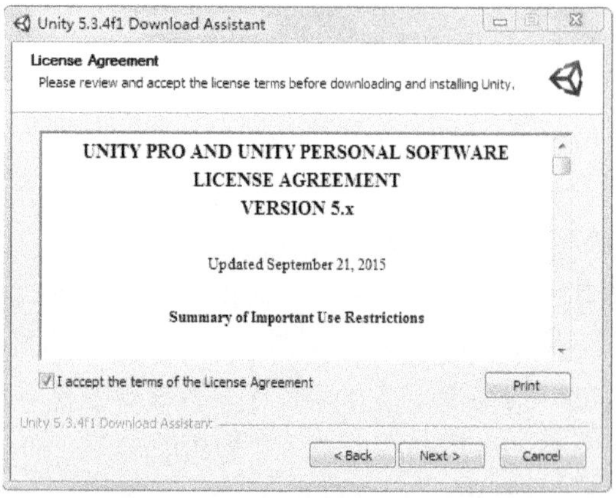

图 7-7　“License Agreement”窗口

4）在打开的窗口中，根据实际情况选择所需要安装的组件，这里保持默认，单击“Next”按钮，如图 7-8 所示。

5）在打开的窗口中，选择安装位置，尽量选择安装在非系统盘，如图 7-9 所示。

6）单击“Next”按钮，在打开的窗口中，选择“I accept the terms of the License

Agreement”复选框，单击“Next”按钮，如图 7-10 所示。

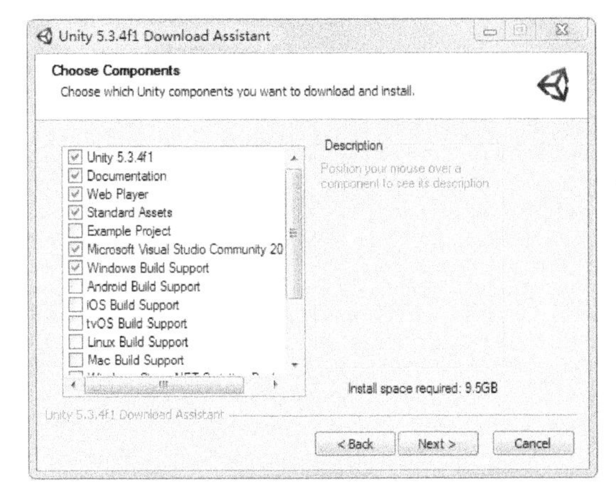

图 7-8 “Choose Components”窗口

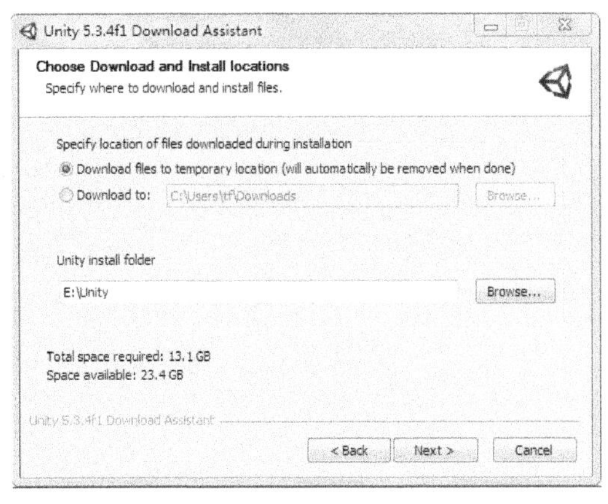

图 7-9 “Choose Download and Install Locations”窗口

7）开始下载并安装，确保网络处于联网状态，安装需要较长的时间，请耐心等待，如图 7-11 所示。

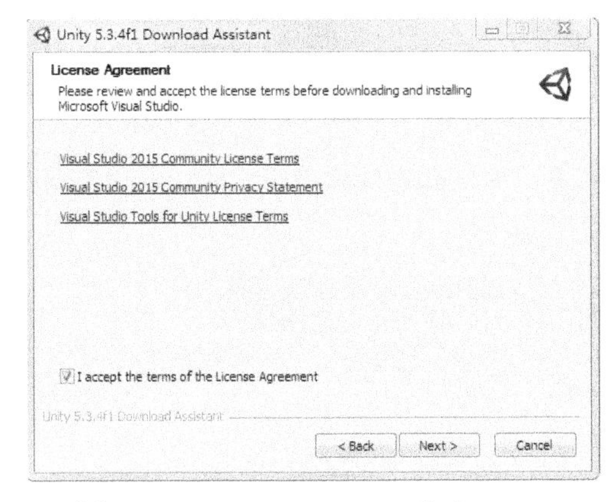

图 7-10 “License Agreement”窗口

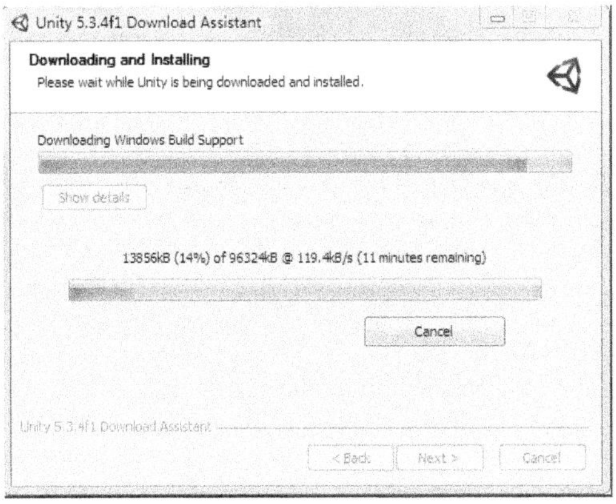

图 7-11 “Downloading and Installing”窗口

8）安装完成后，根据需要选择“Reboot now”或“I want to manually reboot later”单选按钮，单击“Finish”按钮，如图 7-12 所示。

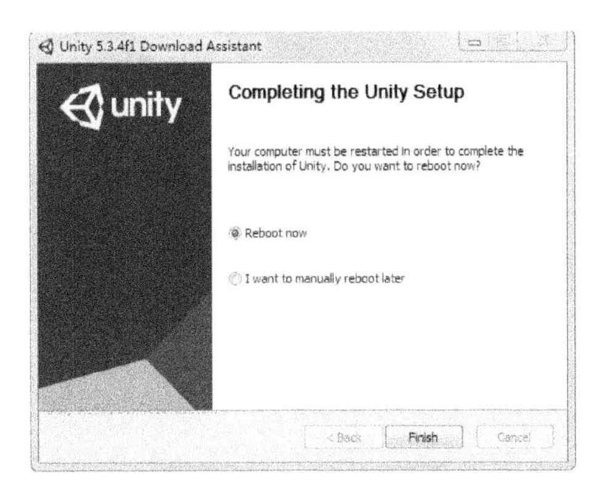

图 7-12 “Completing the Unity Setup”窗口

9）安装成功后，根据提示注册账号，可以开始使用 Unity 了。

（2）安装 HTC Vive

第一次安装 HTC Vive 大约需要半小时左右，如图 7-13 所示，主要分为以下步骤。

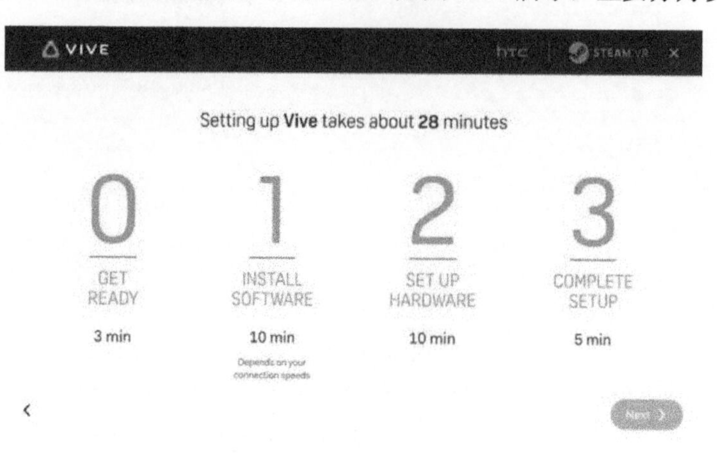

图 7-13　安装 HTC Vive 步骤

1）准备阶段（3 分钟）。

HTC Vive 系统包括以下组件：Vive 头显、2 个 Lighthouse 激光基站、2 个无线手柄，如图 7-14 所示。Vive 头显是用来观看虚拟环境的，与虚拟世界对象交互需要使用无线手柄，Lighthouse 激光基站用来追踪头显和手柄的确切位置，用户在真实世界里走动、爬行或者跳动等运动都可以反映到虚拟世界中。

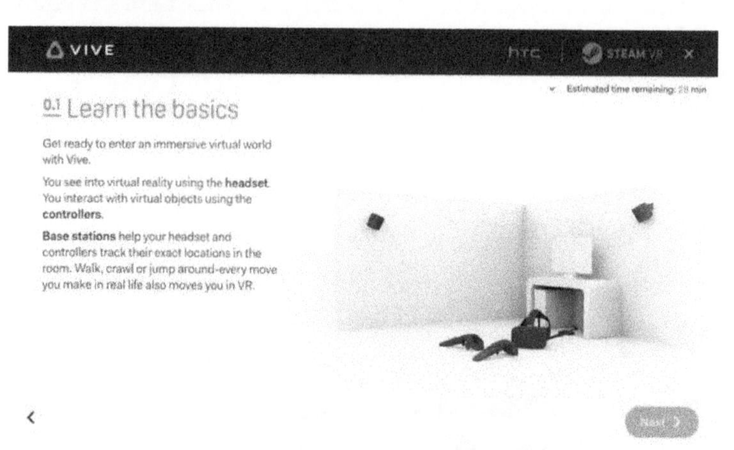

图 7-14　HTC Vive 系统包含的组件

HTC Vive 支持“Room-scale”，即可以在一个特定的房间内自由移动，对空间的要求最小为 2m×1.5m，Lighthouse 激光基站之间的对角线最大为 5m，如图 7-15 所示。

2）安装软件（10 分钟，正常网速）。

HTC Vive 是两家公司合作的产品，其中 HTC 是硬件制造商，Valve 公司的 SteamVR 是 Vive 的软件支撑平台，而基于 PC 的游戏分发平台 Steam 是 Valve 公司积累十多年的品牌。因此，Steam + VR = SteamVR，如图 7-16 所示。

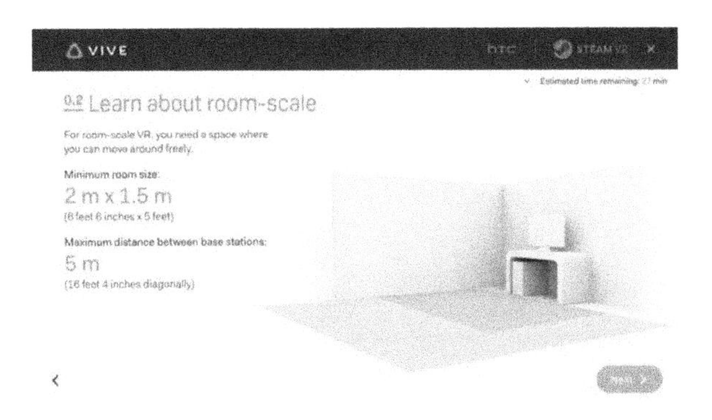

图 7-15　HTC Vive 空间要求

在计算机上安装 Vive 软件和 Steam 软件，并注册 HTC 账号。如果原来有 Steam 平台账号，也可以用此账号登录，如图 7-17 所示。

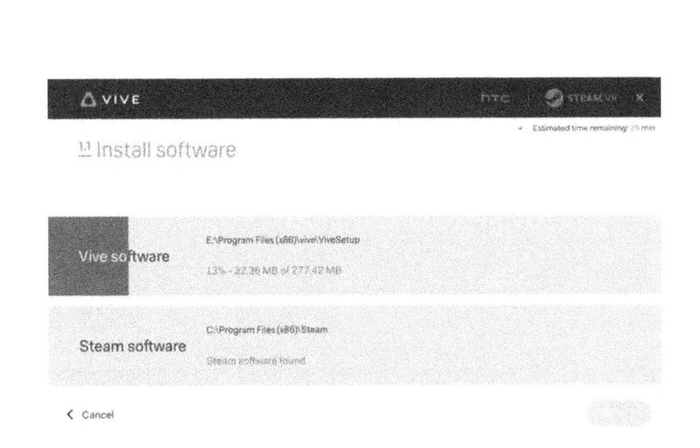

图 7-16　Vive software 和 Steam software

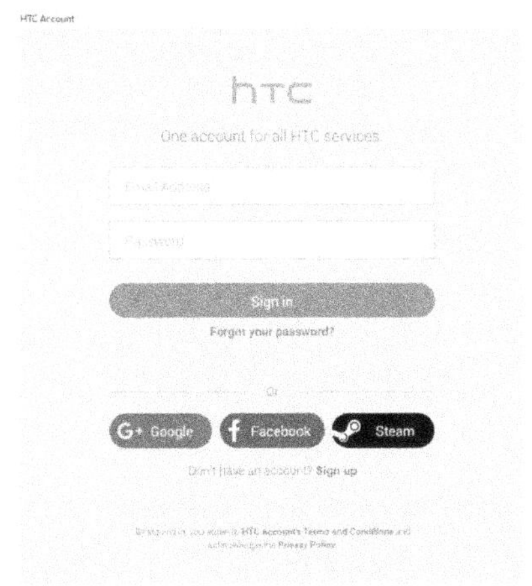

图 7-17　注册登录 HTC 账号

3）安装硬件（10 分钟）。

硬件安装最复杂的是基站，每个基站都需要独立电源。可以选择将基站固定挂在墙上或者天花板上，可以装在相机三脚架的顶部，要确保在玩游戏时不会撞到它，如图 7-18 所示。

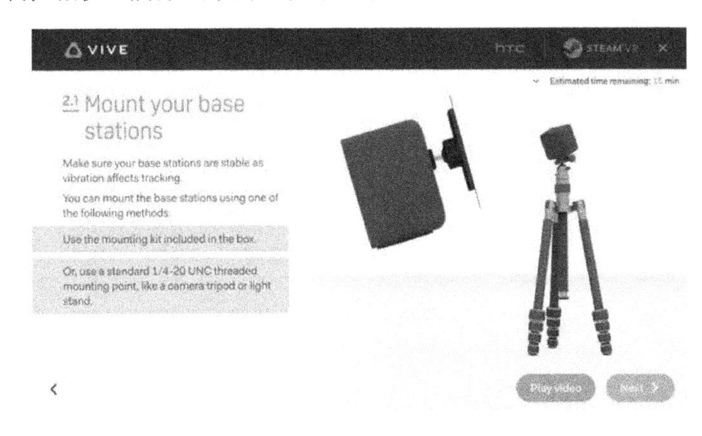

图 7-18　安装 HTC Vive 硬件

将 HTC Vive 头显上三合一线缆，插到计算机 USB 接口。

4）完成设置（5 分钟）。

如果用户房间至少满足 2m×1.5m，那么应该选择“Room-scale”，这样可以实现 3 种 VR 体验类型：坐着、站着以及房间内自由走动。

如果用户房间不满足 2m×1.5m，那么应该选择“Standing Only”，这样只能实现两种 VR 体验类型：坐着和站着，如图 7-19 所示。

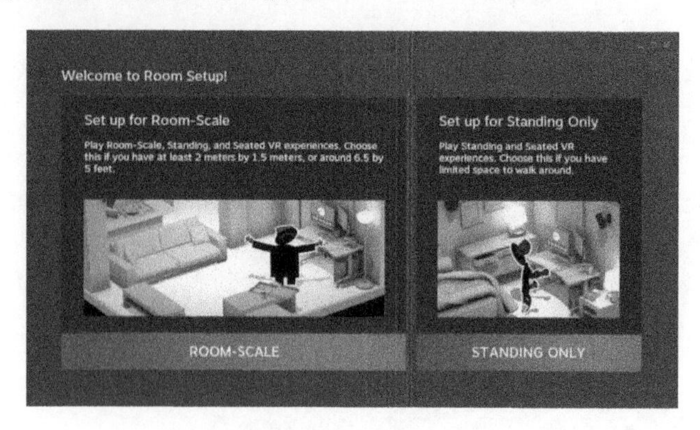

图 7-19　根据空间大小选择合适的空间模式

然后站在 VR 区域中，拿起手柄对着计算机显示器，用食指持续拉手柄上的扳机键。将两个手柄放在地板上，单击“Calibrate Floor”按钮，等待校准地板完成。设置活动区域，系统会自动识别出房间内最大的空间活动区域（矩形），可以单击“EDIT”按钮调整方向和尺寸，设置成功并保存。如图 7-20～图 7-23 所示。

图 7-20　定位计算机显示器

图 7-21　校准地板

图 7-22　设置活动区域

图 7-23　完成设置

软、硬件安装设置完成后，带上 Vive 头显，会发现自己站在一个空旷的原野（虚拟环境可以更换），使用手柄单击“菜单”按钮，会弹出一个浮动的屏幕，用户熟悉的 Steam 界面出现，无须摘下头显就能完成游戏购买、下载安装和启动，甚至还能使用 Web 浏览器和虚拟键盘，如图 7-24、图 7-25 所示。

图 7-24　虚拟 Steam 界面

图 7-25　Web 浏览器和虚拟键盘

（3）安装 HTC Vive for Unity 开发组件

1）导入 SteamVR Plugin.unitypackage。

2）解压并导入 SteamVR_Unity_Toolkit-master.rar。

7.2.3　应用的架构

1．各个类的简要介绍

在制作虚拟装修过程中，需要使用以下几个类。

1）SteamVR：访问 SteamVR 系统和人工接口。

2）SteamVR_Camera：添加 SteamVR 渲染输出摄像机。

3）VRTK_BasicTeleport：提供基本的 VR CameraRig 传送。

4）VRTK_BezierPointer：提供曲线在地上 VR 控制器。

5）VRTK_HeightAdjustTeleport：提供基本的 VR CameraRig 传送。

6）VRTK_InteractGrab：提供 interactalble 对象被触碰时的操作。

2．应用的框架简介

在此应用中，所有的操作都是基于 SteamVR 开头的类。这个类是连接 Vive 主机和 Unity 的桥梁。通过对这些类的调用和修改，配合以 VRTK 开头的类，做出相应的动作判断。通过 Vive 的触发机制，触发场景的一系列操作。

7.2.4　应用的界面设计

1．界面设计

本应用界面布局为实时操作界面以及场景显示界面，全部经过虚拟现实三维环境 UI 的优化处理，如图 7-26、图 7-27 所示。

图 7-26　应用的界面设计 1

图 7-27　应用的界面设计 2

2. 应用的界面程序实现

应用的界面主要是射线触发操作，具体使用的脚本如下。

```
using UnityEngine;
using System.Collections;
using VRTK;
public class ZJJS_ControllerPointerEvents_Listener : MonoBehaviour
{
    public GameObject infoGO = null;
    // Use this for initialization
    void Start()
    {
        if (GetComponent<VRTK_SimplePointer>() == null)
        {
            Debug.LogError("VRTK_ControllerPointerEvents_ListenerExample
is required to be attached to a SteamVR Controller that has the
VRTK_SimplePointer script attached to it");
            return;
        }
        //Setup controller event listeners
        GetComponent<VRTK_SimplePointer>().DestinationMarkerEnter +=
new DestinationMarker EventHandler(DoPointerIn);
        GetComponent<VRTK_SimplePointer>().DestinationMarkerExit += new
DestinationMarker EventHandler(DoPointerOut);
        GetComponent<VRTK_SimplePointer>().DestinationMarkerSet += new
DestinationMarker EventHandler(DoPointerDestinationSet);
    }
    void DebugLogger(uint index, string action, Transform target,
float distance, Vector3 tipPosition)
    {
        string targetName = (target ? target.name : "<NO VALID TARGET>");
        Debug.Log("Controller on index '" + index + "' is " + action +
" at a distance of " + distance + " on object named " + targetName + " -
the pointer tip position is/was: " + tipPosition);
    }
    void DoPointerIn(object sender, DestinationMarkerEventArgs e)
    {
```

```
            //DebugLogger(e.controllerIndex, "POINTER IN", e.target, e.distance,
e.destinationPosition);
        }
        void DoPointerOut(object sender, DestinationMarkerEventArgs e)
        {
            //DebugLogger(e.controllerIndex, "POINTER OUT", e.target, e.distance,
e.destinationPosition);
        }
        void DoPointerDestinationSet(object sender, DestinationMarkerEventArgs e)
        {
            //DebugLogger(e.controllerIndex,  "POINTER  DESTINATION",  e.target,
e.distance, e.destinationPosition);
            string targetName = e.target.name;
            string prefName = targetName + "_info";
            print(prefName);
            if (infoGO != null)
            {
                GameObject.Destroy(infoGO);
            }
            if (targetName != "Floor" && targetName != "Window_Emissive" &&
targetName != "Broadleaf_Mobile (1)" && targetName != "Broadleaf_Mobile (2)" &&
targetName != "Broadleaf_Mobile (3)" && targetName != "Broadleaf_Mobile (4)" &&
targetName != "Broadleaf_Mobile")
            {
                infoGO = Instantiate(Resources.Load(prefName)) as GameObject;
            }
        }
    }
```

7.2.5　应用的美术资源设计

1. 平面资源设计

在本案例中，所需要的平面资源包括所有场景 UI 以及所有为三维资源服务的图片纹理素材，如图 7-28 所示。

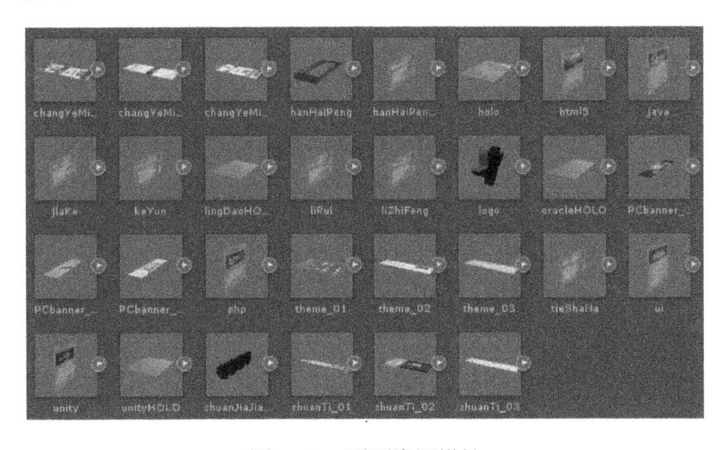

图 7-28　平面资源设计

2．三维资源设计

在本案例中，所需要的三维资源主要包括整个场景中的所有可见模型，如图 7-29 所示。

图 7-29　三维资源设计

3．特效资源设计

在本案例中，需要的特效资源非常少。全景反射球提供整个场景的实时镜面反射，使得整个场景更加的真实，如图 7-30 所示。

图 7-30　特效资源设计

4．声效资源设计

在本案例中，需要使用的声效资源非常少，仅仅是一个背景音乐，可以根据自己的喜好进行添加。

5．视频资源设计

在本案例中，所需要使用的视频资源不限定，可以根据自己的喜好选择适合播放的视频资源。本案例，使用了一些宣传类视频作为场景触发的一部分。

7.2.6　应用的逻辑开发

为场景添加脚本，以实现在场景中，通过贝兹曲线的方式进行场景跳转的功能、射线触发操作的功能和场景简单交互的功能，每部分的具体代码如下。

1. 大范围场景跳转功能开发

```
namespace VRTK
{
    using UnityEngine;
    using System.Collections;
    public class VRTK_BezierPointer : VRTK_WorldPointer
    {
        public float pointerLength = 10f;
        public int pointerDensity = 10;
        public bool showPointerCursor = true;
        public float pointerCursorRadius = 0.5f;
        public float beamCurveOffset = 1f;
        public GameObject customPointerTracer;
        public GameObject customPointerCursor;
        public LayerMask layersToIgnore = Physics.IgnoreRaycastLayer;
        private GameObject projectedBeamContainer;
        private GameObject projectedBeamForward;
        private GameObject projectedBeamJoint;
        private GameObject projectedBeamDown;
        private GameObject pointerCursor;
        private GameObject curvedBeamContainer;
        private CurveGenerator curvedBeam;
        // Use this for initialization
        protected override void Start()
        {
            base.Start();
            InitProjectedBeams();
            InitPointer();
            TogglePointer(false);
        }
        protected override void Update()
        {
            base.Update();
            if (projectedBeamForward.gameObject.activeSelf)
            {
                ProjectForwardBeam();
                ProjectDownBeam();
                DisplayCurvedBeam();
                SetPointerCursor();
            }
        }
        protected override void InitPointer()
        {
            pointerCursor = (customPointerCursor ? Instantiate (customPointer
  Cursor) : CreateCursor());
            pointerCursor.name = string.Format("[{0}]PlayerObject_World
```

```
Pointer_ BezierPointer_PointerCursor", this.gameObject.name);
            pointerCursor.layer = 2;
            pointerCursor.SetActive(false);
            curvedBeamContainer = new GameObject(string.Format ("[{0}]
PlayerObject_World Pointer_BezierPointer_CurvedBeamContainer", this.
game Object.name));
            curvedBeamContainer.SetActive(false);
            curvedBeam = curvedBeamContainer.gameObject.AddComponent <Curve
Generator>();
            curvedBeam.transform.parent = null;
            curvedBeam.Create(pointerDensity, pointerCursorRadius, custom
PointerTracer);
            base.InitPointer();
        }
        protected override void SetPointerMaterial()
        {
            if (pointerCursor.GetComponent<Renderer>())
            {
                pointerCursor.GetComponent<Renderer>().material = pointer
Material;
            }
            foreach(Renderer mr in pointerCursor.GetComponentsInChildren
<Renderer>())
            {
                mr.material = pointerMaterial;
            }
            base.SetPointerMaterial();
        }
        protected override void TogglePointer(bool state)
        {
            state = (pointerVisibility == pointerVisibilityStates.
Always_On ? true : state);
            projectedBeamForward.gameObject.SetActive(state);
            projectedBeamJoint.gameObject.SetActive(state);
            projectedBeamDown.SetActive(state);
        }
        protected override void DisablePointerBeam(object sender,
ControllerInteractionEventArgs e)
        {
            base.PointerSet();
            base.DisablePointerBeam(sender, e);
            TogglePointerCursor(false);
            curvedBeam.TogglePoints(false);
        }
        protected override void OnDestroy()
        {
```

```
            base.OnDestroy();
            if (projectedBeamDown != null)
            {
               Destroy(projectedBeamDown);
            }
            if (pointerCursor != null)
            {
               Destroy(pointerCursor);
            }
            if (curvedBeam != null)
            {
               Destroy(curvedBeam);
            }
            if (projectedBeamContainer != null)
            {
               Destroy(projectedBeamContainer);
            }
            if (curvedBeamContainer != null)
            {
               Destroy(curvedBeamContainer);
            }
        }
        private GameObject CreateCursor()
        {
            var cursorYOffset = 0.02f;
            var cursor = GameObject.CreatePrimitive(PrimitiveType.Cylinder);
            cursor.GetComponent<MeshRenderer>().shadowCastingMode = Unity
Engine.Rendering.ShadowCastingMode.Off;
            cursor.GetComponent<MeshRenderer>().receiveShadows = false;
            cursor.transform.localScale=new Vector3(pointerCursorRadius,cursor
YOffset, pointerCursorRadius);
            Destroy(cursor.GetComponent<CapsuleCollider>());
            return cursor;
        }
        private void TogglePointerCursor(bool state)
        {
            var pointerCursorState = (showPointerCursor && state ? show
PointerCursor : false);
            var playAreaCursorState = (showPlayAreaCursor && state? show
PlayAreaCursor : false);
            pointerCursor.gameObject.SetActive(pointerCursorState);
            base.TogglePointer(playAreaCursorState);
        }
        private void InitProjectedBeams()
        {
            projectedBeamContainer=new GameObject(string.Format("[{0}] Player
```

```
Object_WorldPointer_BezierPointer_ProjectedBeamContainer",
this.gameObject.name));
            projectedBeamContainer.transform.parent = this.transform;
            projectedBeamContainer.transform.localPosition = Vector3.zero;
            projectedBeamForward = new GameObject(string.Format("[{0}] Player
Object_WorldPointer_BezierPointer_ProjectedBeamForward", this.gameObject.name));
            projectedBeamForward.transform.parent = projectedBeamContainer.
transform;
            projectedBeamJoint = new GameObject(string.Format("[{0}] Player
Object_WorldPointer_BezierPointer_ProjectedBeamJoint", this.gameObject.name));
            projectedBeamJoint.transform.parent = projectedBeamContainer.
transform;
            projectedBeamJoint.transform.localScale = new Vector3(0.01f,
0.01f, 0.01f);
            projectedBeamDown = new GameObject(string.Format("[{0}] Player
Object_WorldPointer_BezierPointer_ProjectedBeamDown",
this.gameObject.name));
         }
         private float GetForwardBeamLength()
         {
            var actualLength = pointerLength;
            Ray pointerRaycast = new Ray(transform.position, transform.
forward);
            RaycastHit collidedWith;
            var hasRayHit = Physics.Raycast(pointerRaycast, out collided
With, pointerLength, ~layersToIgnore);
            //reset if beam not hitting or hitting new target
            if (!hasRayHit || (pointerContactTarget && pointerContact
Target != collidedWith.transform))
            {
               pointerContactDistance = 0f;
            }
            //check if beam has hit a new target
            if (hasRayHit)
            {
               pointerContactDistance = collidedWith.distance;
            }
            //adjust beam length if something is blocking it
            if (hasRayHit && pointerContactDistance < pointerLength)
            {
               actualLength = pointerContactDistance;
            }
            return actualLength;
         }
         private void ProjectForwardBeam()
         {
```

```
                var setThicknes = 0.01f;
                var setLength = GetForwardBeamLength();
                //if the additional decimal isn't added then the beam
position glitches
                var beamPosition = setLength / (2 + 0.00001f);
                projectedBeamForward.transform.localScale = new Vector3 (set
Thicknes, setThicknes, setLength);
                projectedBeamForward.transform.localPosition = new Vector3
(0f, 0f, beamPosition);
                projectedBeamJoint.transform.localPosition = new Vector3(0f,
0f, setLength - (projectedBeamJoint.transform.localScale.z / 2));
                projectedBeamContainer.transform.localRotation = Quaternion.
identity;
            }
            private void ProjectDownBeam()
            {
                projectedBeamDown.transform.position = new Vector3 (projected
BeamJoint.transform.position.x, projectedBeamJoint.transform. position.y,
projectedBeamJoint.transform.position.z);
                Ray projectedBeamDownRaycast = new Ray(projectedBeamDown. trans
form.position, Vector3.down);
                RaycastHit collidedWith;
                var downRayHit = Physics.Raycast(projectedBeamDownRaycast,
out collidedWith, pointerLength, ~layersToIgnore);
                if(!downRayHit||(pointerContactTarget && pointerContact Target !=
collidedWith.transform))
                {
                    if (pointerContactTarget != null)
                    {
                        base.PointerOut();
                    }
                    pointerContactTarget = null;
                    destinationPosition = Vector3.zero;
                }
                if (downRayHit)
                {
                    projectedBeamDown.transform.position = new Vector3 (projecte
dBeam Joint.transform.position.x, projectedBeamJoint.transform. position.y -
collidedWith.distance, projectedBeamJoint.transform.position.z);
                    projectedBeamDown.transform.localScale = new Vector3 (0.1f,
0.1f, 0.1f);
                    pointerContactTarget = collidedWith.transform;
                    destinationPosition = projectedBeamDown.transform.position;
                    base.PointerIn();
                }
            }
```

```
            private void SetPointerCursor()
            {
                if (pointerContactTarget != null)
                {
                    TogglePointerCursor(true);
                    pointerCursor.transform.position = projectedBeamDown.transform.
position;
                    base.SetPlayAreaCursorTransform(pointerCursor.transform.
    position);
                    UpdatePointerMaterial(pointerHitColor);
                }
                else
                {
                    TogglePointerCursor(false);
                    UpdatePointerMaterial(pointerMissColor);
                }
            }
            private void DisplayCurvedBeam()
            {
                Vector3[] beamPoints = new Vector3[]
                {
                    this.transform.position,
                    projectedBeamJoint.transform.position + new Vector3(0f,
beamCurveOffset, 0f),
                    projectedBeamDown.transform.position,
                    projectedBeamDown.transform.position,
                };
                curvedBeam.SetPoints(beamPoints, pointerMaterial);
                if (pointerVisibility != pointerVisibilityStates.Always_Off)
                {
                    curvedBeam.TogglePoints(true);
                }
            }
        }
    }
```

2. 射线触发功能开发

此功能已经在UI程序部分进行过讲解，请参见7.2.4节。

3. 简单场景交互功能开发

```
    namespace VRTK
    {
        using UnityEngine;
        using System.Collections;
        public class VRTK_SimplePointer : VRTK_WorldPointer
        {
            public float pointerThickness = 0.002f;
```

```
        public float pointerLength = 100f;
        public bool showPointerTip = true;
        public LayerMask layersToIgnore = Physics.IgnoreRaycastLayer;
        private GameObject pointerHolder;
        private GameObject pointer;
        private GameObject pointerTip;
        private Vector3 pointerTipScale = new Vector3(0.05f, 0.05f, 0.05f);
        // Use this for initialization
        protected override void Start()
        {
            base.Start();
            InitPointer();
        }
        protected override void Update()
        {
            base.Update();
            if (pointer.gameObject.activeSelf)
            {
                Ray pointerRaycast = new Ray(transform.position, transform.
forward);
                RaycastHit pointerCollidedWith;
                var rayHit = Physics.Raycast(pointerRaycast, out pointer
Collided With, pointerLength, ~layersToIgnore);
                var pointerBeamLength = GetPointerBeamLength(rayHit, pointer
CollidedWith);
                SetPointerTransform(pointerBeamLength, pointerThickness);
            }
        }
        protected override void InitPointer()
        {
            pointerHolder = new GameObject(string.Format("[{0}]PlayerObject_
World Pointer_SimplePointer_Holder", this.gameObject.name));
            pointerHolder.transform.parent = this.transform;
            pointerHolder.transform.localPosition = Vector3.zero;
            pointer = GameObject.CreatePrimitive(PrimitiveType.Cube);
            pointer.transform.name = string.Format("[{0}]PlayerObject_World
Pointer_Simple Pointer_Pointer", this.gameObject.name);
            pointer.transform.parent = pointerHolder.transform;
            pointer.GetComponent<BoxCollider>().isTrigger = true;
            pointer.AddComponent<Rigidbody>().isKinematic = true;
            pointer.layer = 2;
            pointerTip = GameObject.CreatePrimitive(PrimitiveType.Sphere);
            pointerTip.transform.name = string.Format("[{0}]PlayerObject_
WorldPointer_SimplePointer_PointerTip", this.gameObject.name);
            pointerTip.transform.parent = pointerHolder.transform;
            pointerTip.transform.localScale = pointerTipScale;
```

```
            pointerTip.GetComponent<SphereCollider>().isTrigger = true;
            pointerTip.AddComponent<Rigidbody>().isKinematic = true;
            pointerTip.layer = 2;
            base.InitPointer();
            SetPointerTransform(pointerLength, pointerThickness);
            TogglePointer(false);
        }
        protected override void OnDestroy()
        {
            base.OnDestroy();
            if (pointerHolder != null)
            {
                Destroy(pointerHolder);
            }
        }
        protected override void SetPointerMaterial()
        {
            base.SetPointerMaterial();
            pointer.GetComponent<Renderer>().material = pointerMaterial;
            pointerTip.GetComponent<Renderer>().material = pointerMaterial;
        }
        protected override void TogglePointer(bool state)
        {
            state = (pointerVisibility == pointerVisibilityStates.Always_On ?
true : state);
            base.TogglePointer(state);
            pointer.gameObject.SetActive(state);
            var tipState = (showPointerTip ? state : false);
            pointerTip.gameObject.SetActive(tipState);
            if (pointer.GetComponent<Renderer>() && pointerVisibility ==
pointerVisibility States.Always_Off)
            {
                pointer.GetComponent<Renderer>().enabled = false;
            }
        }
        protected override void DisablePointerBeam(object sender, Controller
InteractionEventArgs e)
        {
            base.PointerSet();
            base.DisablePointerBeam(sender, e);
        }
        private void SetPointerTransform(float setLength, float setThicknes)
        {
```

```
                //if the additional decimal isn't added then the beam
position glitches
                var beamPosition = setLength/(2 + 0.00001f);
                pointer.transform.localScale = new Vector3(setThicknes, set
Thicknes, setLength);
                pointer.transform.localPosition = new Vector3(0f, 0f, beam
Position);
                pointerTip.transform.localPosition = new Vector3(0f, 0f, set
Length - (pointer Tip.transform.localScale.z / 2));
                pointerHolder.transform.localRotation = Quaternion.identity;
                base.SetPlayAreaCursorTransform(pointerTip.transform.
position);
            }
            private float GetPointerBeamLength(bool hasRayHit, RaycastHit
collidedWith)
            {
                var actualLength = pointerLength;
                //reset if beam not hitting or hitting new target
                if (!hasRayHit || (pointerContactTarget && pointerContact
Target != collidedWith.transform))
                {
                    if (pointerContactTarget != null)
                    {
                        base.PointerOut();
                    }
                    pointerContactDistance = 0f;
                    pointerContactTarget = null;
                    destinationPosition = Vector3.zero;
                    UpdatePointerMaterial(pointerMissColor);
                }
                //check if beam has hit a new target
                if (hasRayHit)
                {
                    pointerContactDistance = collidedWith.distance;
                    pointerContactTarget = collidedWith.transform;
                    destinationPosition = pointerTip.transform.position;
                    UpdatePointerMaterial(pointerHitColor);
                    base.PointerIn();
                }
                //adjust beam length if something is blocking it
                if (hasRayHit && pointerContactDistance < pointerLength)
                {
                    actualLength = pointerContactDistance;
```

```
                }
                return actualLength;
            }
        }
    }
```

7.2.7 应用界面的完善

本应用界面的完善需使用 Photoshop 与 3ds Max 配合，对各个贴图的细节以及 UI 的呈现进行优化，尤其是法线贴图以及 AO 贴图等的使用，使得整个画面更加的精致美观，如图 7-31、图 7-32 所示。

图 7-31　法线贴图

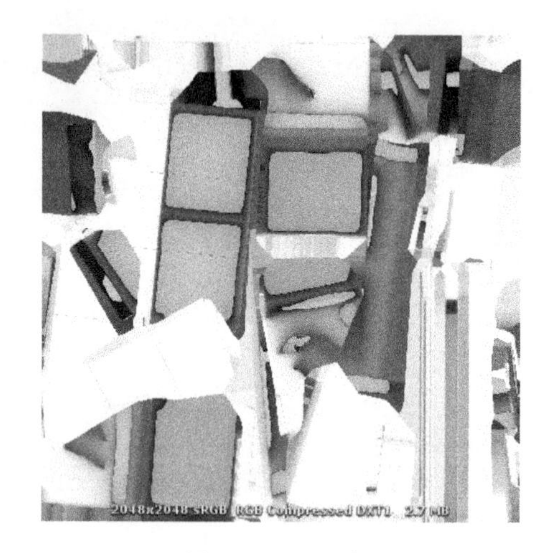

图 7-32　AO 贴图

7.2.8 应用的优化与改进

（1）UI 层面的优化

1）使用 NGUI 提供的自适应屏幕，可以兼容不同的分辨率。

2）对 Depth 深度进行调整，以降低对图形处理时的性能消耗。

（2）资源的优化

1）所有图片资源打包成图集，以降低空间开销。

2）模型采用低模，可降低 Unity 的性能消耗。

7.2.9 打包与发布

应用开发测试完毕，就可以发布了。

1）选择“File”→“Build Settings”命令，如图 7-33 所示。

2）在打开的对话框中，单击“add Open scenes”按钮，将做好的场景加入到“Scenes In Bulid”，选择发布平台，如图 7-34 所示。

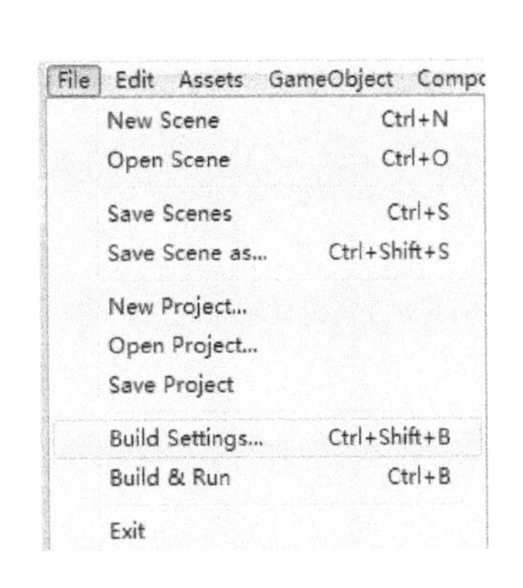

图 7-33 Build Settings 菜单

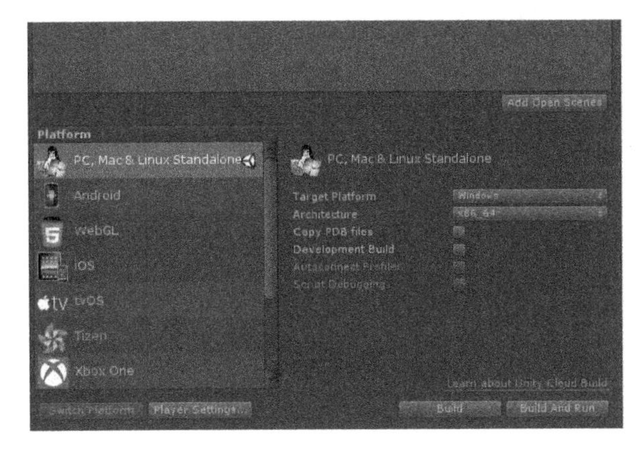

图 7-34 选择场景和发布平台

3）单击“Build”按钮，设置保存路径和文件名，这里选择桌面，名称为 myRoom，如图 7-35 所示，完成整个发布过程。

图 7-35 设置保存路径和文件名

7.3 增强现实应用案例——涂涂乐

7.3.1 应用的背景及功能概述

涂涂乐结合 AR 技术，将孩子的涂鸦绘画作品变成跃然纸上的 3D 动画，有声有色、能互动，有“视、听、说、触、想”多种体验，能触发孩子无限的艺术灵感。

该应用的主要功能是通过摄像头捕捉到图像和颜色变化，通过 shader 呈现和 UV 操作，对已有模型进行上色，达到使涂抹卡片 3D 模型改变颜色的效果。

7.3.2 应用的策划及准备工作

1．应用的策划

此款应用的主要策划为搜集市场信息，考察幼教行业市场，将幼儿教育和 AR 技术相结合，尝试突破幼教的纸质书本壁垒，给幼教市场开辟一片新的天地。对所需要准备的素材进行搜集，具体准备工作如下文所述。

2．使用 Unity 开发增强现实应用的准备工作

（1）下载 EasyAR SDK

1）使用浏览器访问 EasyAR 官方网站：http://www.easyar.cn/。

2）注册开发者账号，如图 7-36 所示。

3）下载 EasyAR SDK，如图 7-37 所示。

（2）导入 EasyAR SDK 到 Unity

1）新建 Unity 项目 AR_Demo。

2）导入 EasyAR SDK 到新建项目，导入之后的文件结构如图 7-38 所示。

图 7-36　注册开发者账号

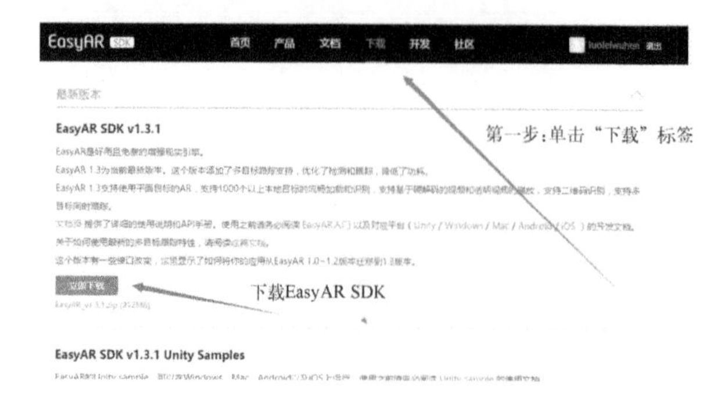

图 7-37　下载 EasyAR SDK

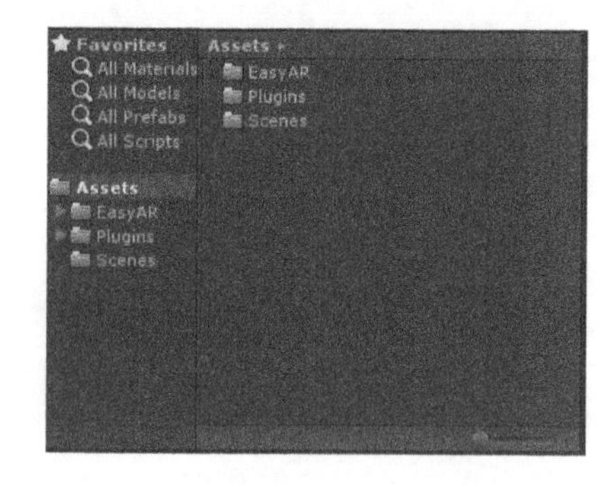

图 7-38　导入 EasyAR SDK 到 Unity

7.3.3 应用的架构

1．各个类的简要介绍

在制作 AR 涂涂乐项目中需要用到以下类。

1）EasyARBehaviour：EasyAR 的基础类。

2）CameraDeviceBehaviour：EasyAR 的摄像头驱动类。

3）ImageTrackerBehaviour：图片识别追踪类。

4）EasyImageTargetBehaviour 图片识别类。

5）Coloring3DBehaviour：图像识别类。

2．应用的框架简介

在涂涂乐项目中，EasyARBehaviour 是其他基础类，所有的类都直接或间接和此类有联系。涂涂乐项目会从摄像头抓取图像信息，然后进行图像匹配，进而与预设好的模型匹配显示。

7.3.4　应用的界面设计

1．应用的界面设计

本应用采用无界面设计，因为界面信息都是由摄像头采集的。

2．应用的界面程序实现

1）导入 EasyAR 包到 Unity，如图 7-39 所示。

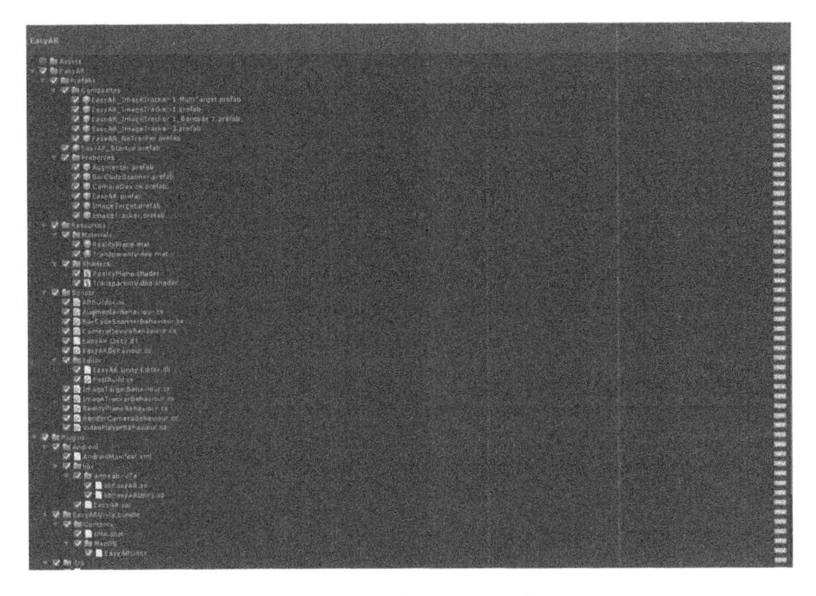

图 7-39　导入 EasyAR 包

2）从 Project 面板的 Assets/EasyAR/prefabs/文件夹，拖拽 EasyAR_Startup 预制体到 hierarchy 面板中。

3）为 EasyAR_Startup 添加脚本“ARIsEasyBehaviour”，如图 7-40 所示。

4）从 EasyAR/Prefabs/Primitives/目录下拖拽预制体 ImageTarget 到 hierarchy 面板，去掉原来的脚本，添加“EasyImageTargetBehaviour”脚本。修改 Easy Image Target Behaviour 选项中的 Path 和 Name，注意：Path 指的是 StreamingAssets 下面的图片名称，Name 是在 Resources 目录下模型的名称，并添加“Shader”为“mobile/diffuse”，如图 7-41 所示。

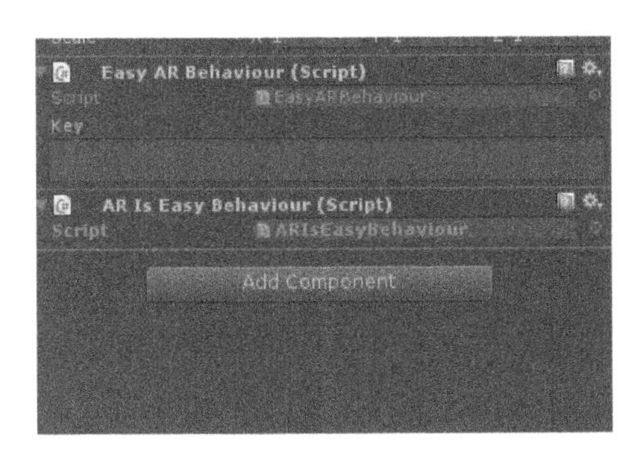

图 7-40　为对象添加脚本

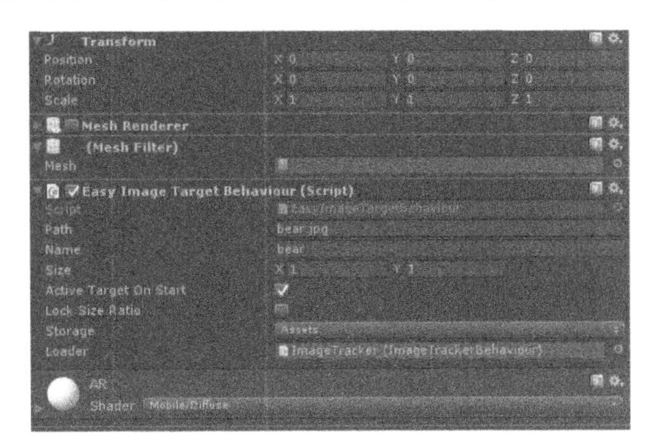

图 7-41　导入设置属性

5）添加 3D 模型 bear 作为 ImageTarget 的子对象，如图 7-42 所示。

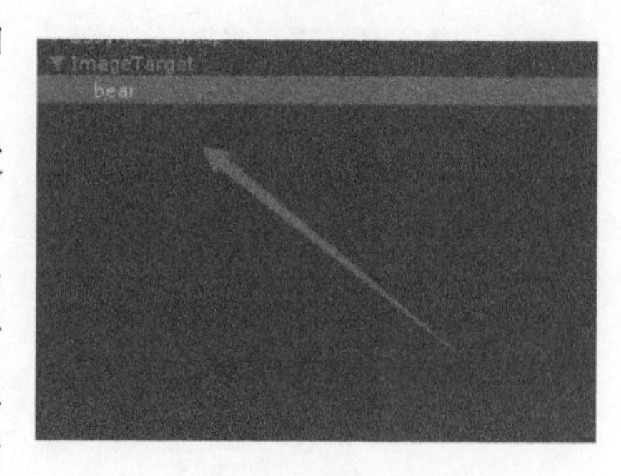

图 7-42　添加 3D 模型 bear

6）为 bear 模型添加脚本 Coloring3DBehaviour，并设置“Shader”为“Sample/ TextureSample”。

7）设置 App 的发布属性，在 Unity 中选择“File”→“Build Settings”命令，然后在弹出的“Build Settings”对话框的“Platform”选择“Andriod”如图 7-43a 所示；单击“Player Settings”按钮，在 Inspector 面板下方的“Other Settings”中，将“Bundle Identifier”设置为“com.LLWH.LLWH Test”，如图 7-43b 所示。

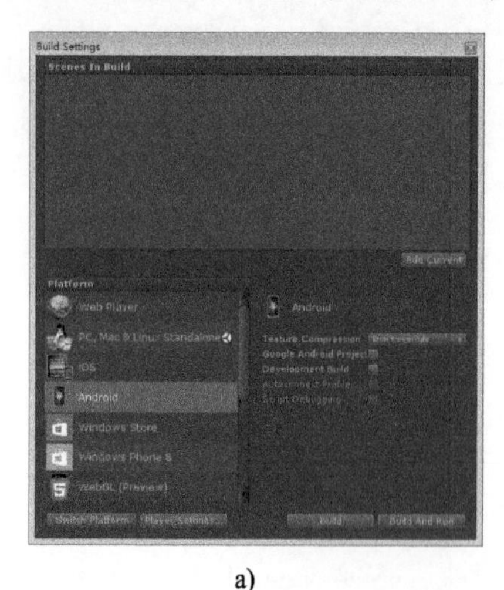

a)

b)

图 7-43　设置 Andriod 平台发布属性

a）“Build Settings”对话框　b）Andriod Platform 发布的“Other Settings”设置

8）到官网上注册 Key，然后单击“创建应用”按钮，填入准确的信息，如图 7-44 和图 7-45 所示。

图 7-44　官网注册 Key

应用名称

Demo

Bundle ID(iOS)
Package Name(Android) 移动应用必填

com.LLWH.LLWHTest

确定

图 7-45　填写必要信息

9）复制生成的 Key 到 Unity，如图 7-46 和图 7-47 所示。

图 7-46　复制 Key

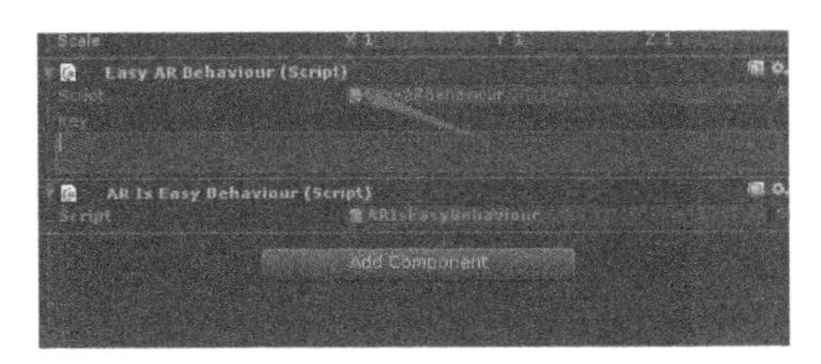

图 7-47　填写 Key 到 Unity

10）运行效果图，如图 7-48 所示。

图 7-48　运行效果图

7.3.5　应用的美术资源设计

1．平面资源设计

图片资源由 Photoshop 手绘而成，如图 7-49 所示。

2．三维资源设计

三维资源由 3ds Max 建模而来，如图 7-50 所示。

图 7-49　图片资源

图 7-50　3D 模型效果图

7.3.6 应用的逻辑开发

为场景添加脚本，以实现在场景中识别卡片的功能，以及核心涂涂乐功能中拾取颜色 Shader 的开发，具体代码如下。

1．识别卡片功能开发

```
using UnityEngine;
namespace EasyAR
{
    public class EasyImageTargetBehaviour : ImageTargetBehaviour
    {
        protected override void Awake()
        {
            base.Awake();
            TargetFound += OnTargetFound;
            TargetLost += OnTargetLost;
        }
        protected override void Start()
        {
            base.Start();
            HideObjects(transform);
        }
        void HideObjects(Transform trans)
        {
            for (int i = 0; i < trans.childCount; ++i)
                HideObjects(trans.GetChild(i));
            if (transform != trans)
                gameObject.SetActive(false);
        }
        void ShowObjects(Transform trans)
        {
            for (int i = 0; i < trans.childCount; ++i)
                ShowObjects(trans.GetChild(i));
            if (transform != trans)
                gameObject.SetActive(true);
        }
        void OnTargetFound(ImageTargetBaseBehaviour behaviour)
        {
            ShowObjects(transform);
        }
        void OnTargetLost(ImageTargetBaseBehaviour behaviour)
        {
            HideObjects(transform);
        }
    }
}
```

2．拾色 Shader 的开发

```
Shader "Sample/TextureSample" {
    Properties {
```

```
        _MainTex ("Base (RGB)", 2D) = "white" {}
        _Uvpoint1("point1", Vector) = (0 , 0 , 0 , 0)
        _Uvpoint2("point2", Vector) = (0 , 0 , 0 , 0)
        _Uvpoint3("point3", Vector) = (0 , 0 , 0 , 0)
        _Uvpoint4("point4", Vector) = (0 , 0 , 0 , 0)
    }
    SubShader {
        Tags { "Queue"="Transparent" "RenderType"="Transparent" }
        LOD 200
        Pass{
            Blend SrcAlpha OneMinusSrcAlpha
            CGPROGRAM
            #pragma vertex vert
            #pragma fragment frag
            #include "UnityCG.cginc"
            sampler2D _MainTex;
            float4 _MainTex_ST;
            float4 _Uvpoint1;
            float4 _Uvpoint2;
            float4 _Uvpoint3;
            float4 _Uvpoint4;
            struct v2f {
                float4  pos : SV_POSITION;
                float2  uv : TEXCOORD0;
                float4  fixedPos : TEXCOORD2;
            } ;
            v2f vert (appdata_base v)
            {
                v2f o;
                o.pos = mul(UNITY_MATRIX_MVP,v.vertex);
                o.uv = TRANSFORM_TEX(v.texcoord,_MainTex);
                float4 top = lerp(_Uvpoint1, _Uvpoint3, o.uv.x);
                float4 bottom = lerp(_Uvpoint2, _Uvpoint4, o.uv.x);
                float4 fixedPos = lerp(bottom, top, o.uv.y);
                o.fixedPos = ComputeScreenPos(mul(UNITY_MATRIX_VP, fixedPos));
                return o;
            }
            float4 frag (v2f i) : COLOR
            {
                return tex2D(_MainTex, i.fixedPos.xy / i.fixedPos.w);
            }
            ENDCG
        }
    }
    //FallBack "Diffuse"
}
```

7.3.7　应用的优化与改进

该应用的优化与改进主要分为两部分。

1）对图像的处理，利用 Photoshop 处理使图像更加圆润，便于精准识别。

2）对 3D 模型的优化，降低模型面数，对 UV 进行合理拆分。

7.3.8 打包与发布

1）添加要发布的场景，选择“PC，Mac & Linux standalone”，单击“Build”按钮，如图 7-51 所示。

图 7-51 添加发布场景

2）选择要保存的位置信息，单击“保存”按钮完成发布过程，如图 7-52 所示。

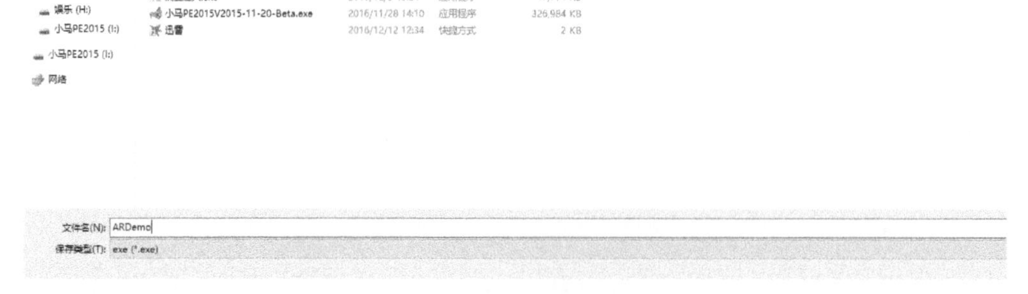

图 7-52 保存

7.4 混合现实应用案例——虚拟试衣间

7.4.1 应用的背景及功能概述

1. 背景概述

随着电子商务的兴起，越来越多的人喜欢在网上购买衣服。但是，网络购买服装却始终面临着“无法试穿，退货率高”的问题。针对这一情况，虚拟试衣技术的研究一直都在进行中，不管是基于实物的试衣镜，还是基于在线的试衣系统，或是基于移动终端的试衣软件都有了一定的发展，并有少部分已经投入到商业应用中。

虚拟试衣间不仅能为消费者带来便利，还消除了顾客因担心服装不合身而无法放心购买的顾虑，同时也能减少商家因退换货造成的损失。

使用者站在大屏幕前，不需要触摸屏幕，只需通过手势凌空控制，就可以拖拽自己喜欢的衣服到身上，所选择的衣服将神奇自然地穿戴于使用者的身上，对于不同款式的衣服，体验者通过上拉、下拉，便可以很轻易地替换不同的衣服。此外，对于喜欢的衣服，虚拟试衣系统还提供高清拍照功能，使用者所试穿的衣服可及时和用户紧密合成照片，用户可以体验出前所未有的购物快感。

2．功能简介

该应用的功能有以下几项。

1）支持 2D、360° 2D 以及 3D 虚拟服装素材（2D 虚拟服装素材拍摄、3D 虚拟服装素材模型及贴图制作）。

2）基于体感动作捕捉的自然交互方式（使用 Kinect 对手势、骨骼方面的识别，利用手势进行菜单操作，利用骨骼捕获试衣者的动作进行匹配）。

3）虚拟服装大小随试衣者身形自动适配，并可以适当微调（利用骨骼位置之间的缩放或人体图像大小的识别，对虚拟服装的大小进行身形自动适配）。

4）服装支持通过系列或款式分类，方便快速选择（对于服装库的分类以及快速检索）。

5）支持同款服装不同颜色的快速切换（同款服装模型相同，对贴图和材质的更换，实现不同颜色的快速切换）。

6）支持不同服饰的搭配效果（可分别对上身及下身进行衣着更换，成套衣物的上身、下身模型需要分开制作）。

7）没顾客试衣时，支持自定义海报自动播放（自定义款式衣物海报制作）。

8）1080P 全高清视频捕捉（Kinect 设备支持）。

9）支持各类试衣数据的统计与分析（对试衣次数及购买次数进行计数统计）。

7.4.2　应用的策划及准备工作

1．应用的策划

本应用使用 Unity 引擎为开发工具，以 C#为开发语言，配合 Kinect 设备，实现一个虚拟试衣间应用。用户可以选择虚拟衣服试穿，摄像头将试穿者拍摄下来和选择的虚拟衣服合成，显示在计算机屏幕或大屏幕上，以方便试穿者观察试穿效果。

2．Unity 与 Kinect 协作开发的准备工作

Unity 与 Kinect 的协作开发主要需要以下准备工作。

（1）安装 Unity

参见 7.2 节。

（2）下载并安装 Kinect SDK

1）下载 Kinect SDK，这里选用的是 KinectSDK-v2.0_1409-Setup.exe。下载地址：https://www.microsoft.com/en-us/download/details.aspx?id=44561。

进入上述下载地址，单击“Continue”按钮，如图 7-53 所示。

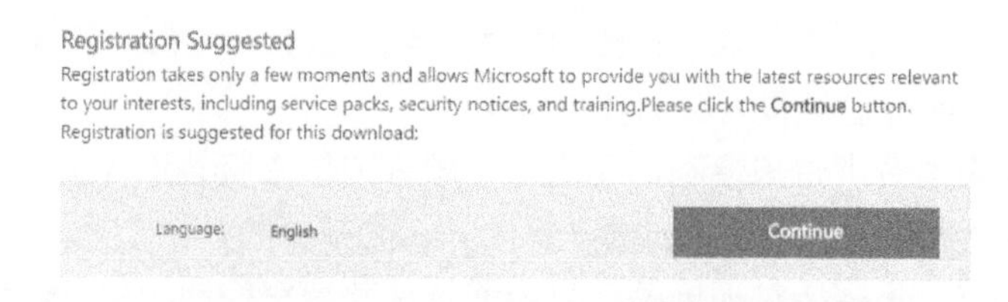

图 7-53　下载 Kinect SDK

2）选择“NO, I do not want to register. Take me to the download.”单选按钮，接着单击“Next”按钮，如图 7-54 所示。

图 7-54　注册选项

3）接下来浏览器就自动下载 KinectSDK-v2.0_1409-Setup.exe，如果等待 30s 浏览器还未下载，就单击“Click here”按钮，耐心等待下载完成，如图 7-55 所示。

4）选中下载的 Kinect SDK，双击打开，如图 7-56 所示。

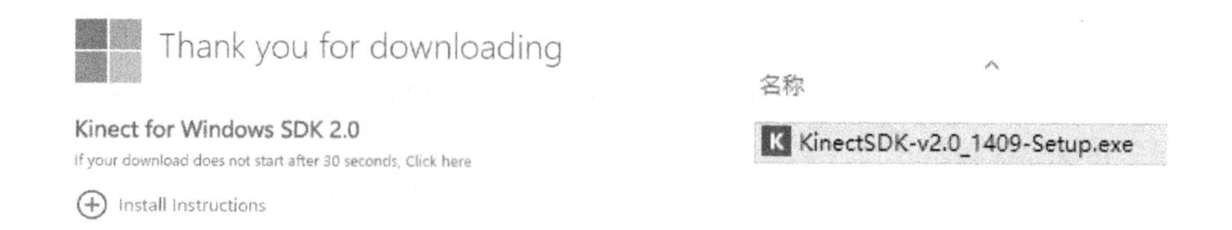

图 7-55　下载 Kinect SDK　　　　图 7-56　安装 SDK

5）选择“I agree to the license terms and conditions”复选框，并单击“Install”按钮，进行安装，如图 7-57 所示。

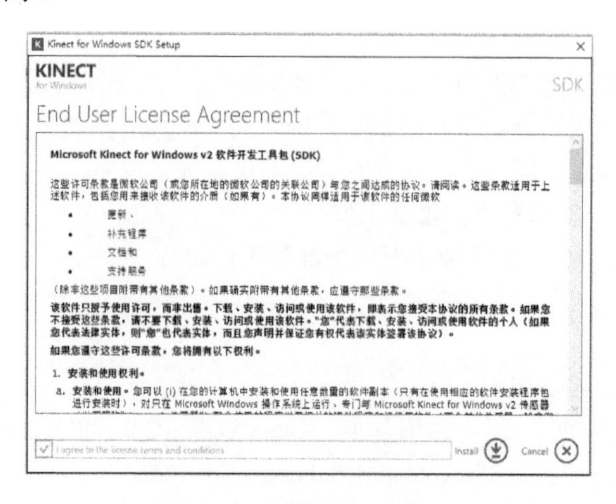

图 7-57　安装 Kinect SDK

等待安装完成，然后单击 Close，Kinect SDK 完成安装。

（3）下载 Kinect V2 Examples with MS-SDK。

1）在 Unity 的资源商店中搜索 Kinect V2 Examples with MS-SDK，单击“Buy now”按钮购买即可，如图 7-58 所示。

2）将购买的“Kinect V2 Examples with MS-SDK”导入 Unity，如图 7-59 所示。

图 7-58　下载插件

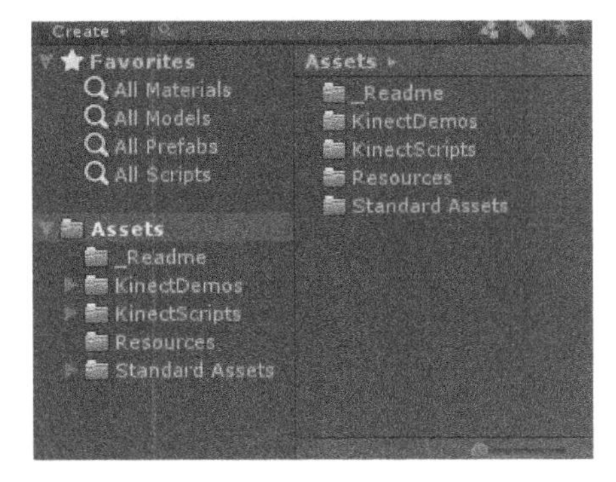

图 7-59　导入插件后的目录结构

7.4.3　应用的架构

1．各个类的简要介绍

在制作虚拟试衣间过程中，需要使用以下几个类。

1）Kinect Manger：Kinect Manager 是主要的 Kinect 相关组件，用于传感器和 Unity 应用程序之间的通信。

2）Face tracking Manager：面部跟踪管理器是处理头部和面部跟踪的组件。

3）Interaction Manager：交互管理器是处理手交互的组件。

4）Kinect Gestures：处理程序化 Kinect 手势的实用程序类。

5）Overlay Controller：覆盖控制器，是处理皮肤和衣服的实用程序类。

6）Model Selector：模型选择器，是处理模型的实用程序类。

7）Background Removal Manager：背景剔除类，是处理背景信息的实用程序类。

2．应用的框架简介

在此应用中，所有的操作都是基于 Kinect Manger 这个类，这个类是连接 Kinect 主机和 Unity 的桥梁。通过对 Kinect Manager 的调用和修改，配合用户手势识别，做出相应的动作判断。通过 NGUI 的触发机制，完成更换衣服、场景等一系列操作。

7.4.4　应用的界面设计

1．应用的界面设计

本应用界面布局分为服装模块、拍照模块、更换场景模块和软件信息。

本应用使用 NGUI 插件作为 UI 制作工具。NGUI 可以从 Unity 商店下载，在此处不再赘述。本应用的 UI 界面如图 7-60 所示。

图 7-60 项目 UI 界面

2．应用的界面程序实现

本应用使用 NGUI 插件，首先需要导入 NGUI，这里选择 NGUI 3.7.4b 进行导入。导入时候单击“All”按钮全部导入，然后单击“Import”按钮，如图 7-61 所示。

（1）制作 UI 背景

1）首先使用 NGUI 创建一个精灵，操作如图 7-62 所示。

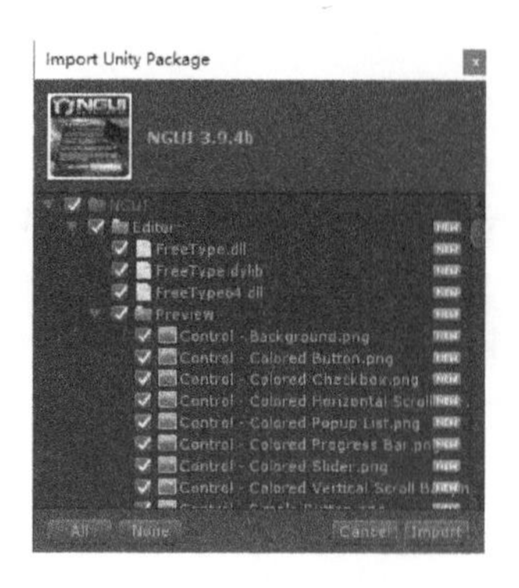

图 7-61 导入 NGUI

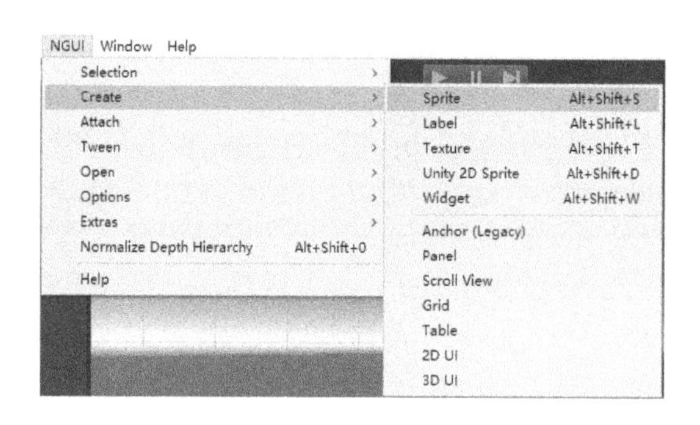

图 7-62 创建精灵

2）在 Hierarchy 视图中会显示自动创建的 UI Root、Camera 和刚创建的 Sprite，如图 7-63 所示。

3）保留 UI Root 和 Camera，删除 Sprite，然后选择“UI Root”，在 Inspector 面板中选择“Scaling style”为“Constrained”，并修改“Content Height”为 1080，选择“Fit”复选框，如图 7-64 所示。

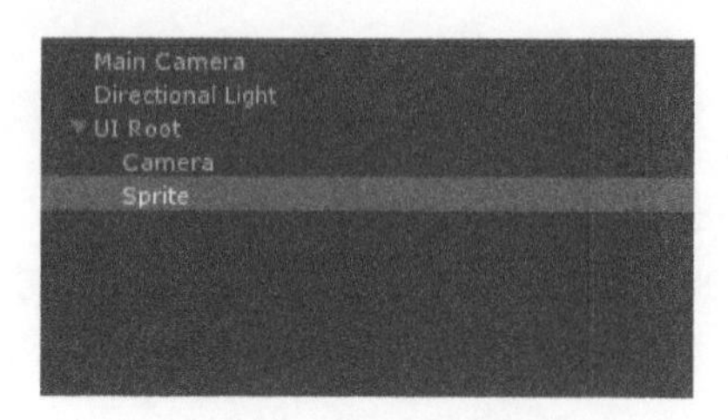

图 7-63 修改 UI Root

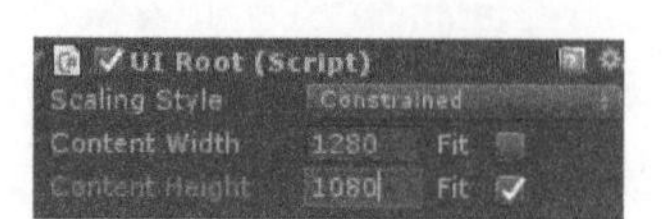

图 7-64 设置 UI Root 属性

4）选择 Assets 面板中的背景图片，再在 Inspector 面板的“by Import settings”中修改“Texture Type”为“Sprite（2D and UI）”，并单击“Apply”按钮，如图 7-65 所示。

5）把背景拖到“UI Root”之下，作为“UI Root”的子对象，结果如图 7-66 所示。

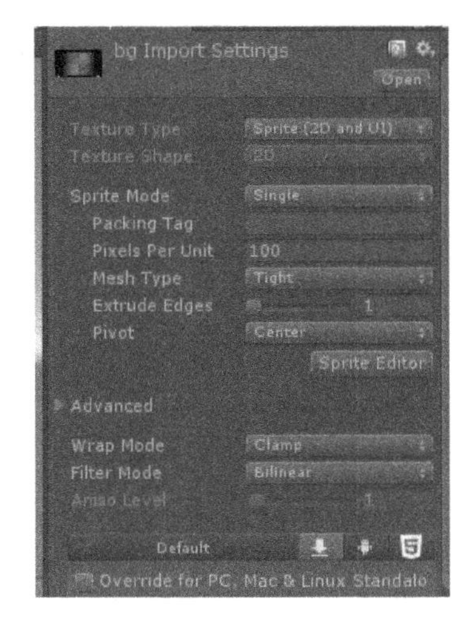

图 7-65　修改图片类型

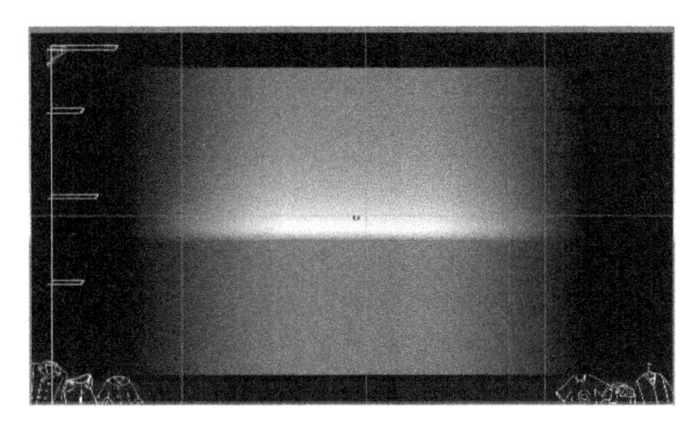

图 7-66　背景搭建

（2）制作关于信息

1）找到 Info 的图片，修改 Info 图片的“Texture Type”为“Sprite（2D and UI）”，并单击“Apply”按钮，如图 7-67 所示。

2）将 Info 图片放入到“UI Root”之下，作为“UI Root”的子对象，这个时候需要给它添加碰撞器，右击 Info 图片，在弹出的快捷菜单中选择“Attach”→“Box Collider”，如图 7-68 所示。

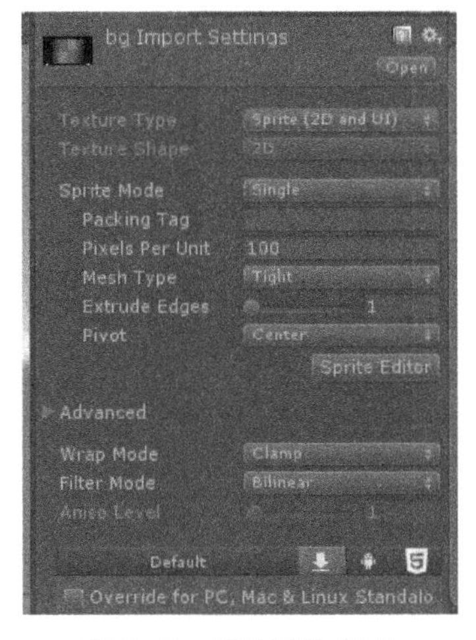

图 7-67　修改图片类型

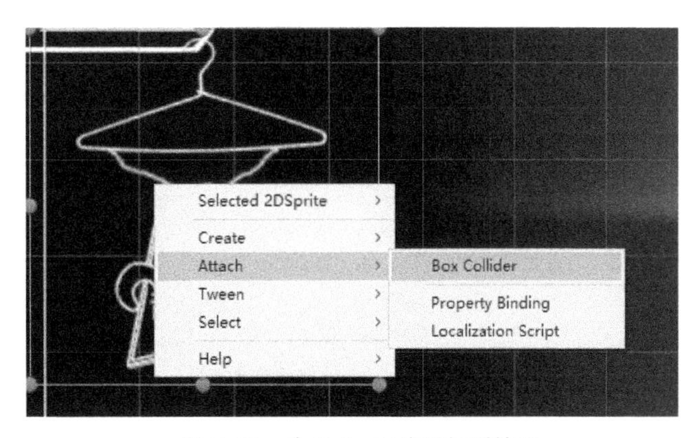

图 7-68　为 Infor 图片添加碰撞器

3）添加按钮脚本，右击 Info 图片，在弹出的快捷菜单中选择“Attach”→“Button script”，如图 7-69 所示。

4）依次添加动画组件、控制组件，如图 7-70 所示，其中“Info Windows Button”为自己编写的脚本组件。

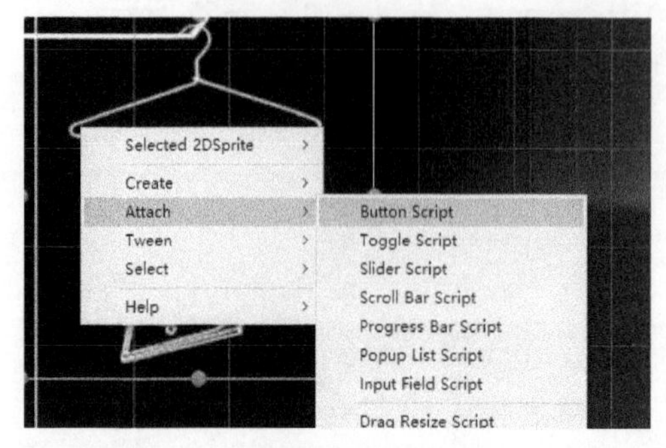

图 7-69　添加 Button 组件脚本

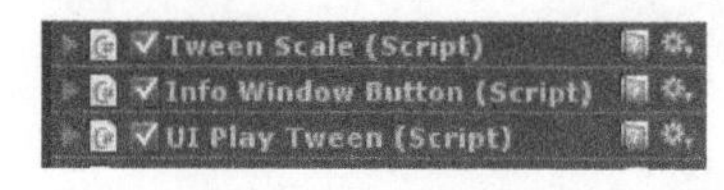

图 7-70　添加其他组件

5）Info Windows Button 脚本组件的代码如下。

```
using UnityEngine;
using System.Collections;
using System.IO;
public class infoWindowButton : UIDragDropItem{
   private GameObject infoWindow;
   private GameObject infoWindowFind;
   protected override void OnDragDropRelease(GameObject infoButton)
   {
     base.OnDragDropRelease(infoButton);
     this.transform.localPosition = new Vector3(-809, -180, 0);
     infoWindowFind = (GameObject.Find("infoWindow(Clone)"));
     if(infoWindowFind == null)
     {
        GameObject infoWindow = Instantiate(Resources.Load("infoWindow"))
as GameObject;
     }
   }
}
```

6）以上就是一个关于信息按钮的制作过程。其他按钮的制作也一样，读者按照上面案例制作即可，本文不再赘述。

制作好的 UI 界面如图 7-71 所示。

图 7-71　最终 UI 界面

7.4.5　应用的美术资源设计

1．平面资源设计

在本案例中，所需要的平面资源主要是一个图标，例如，衣服图标、关于图标、相机图标、场景图标和背景图标等，如图 7-72 所示。

图 7-72　衣服图片

2．三维资源设计

本应用中的 3D 资源是人体骨骼和一些衣物模型，如图 7-73 所示。

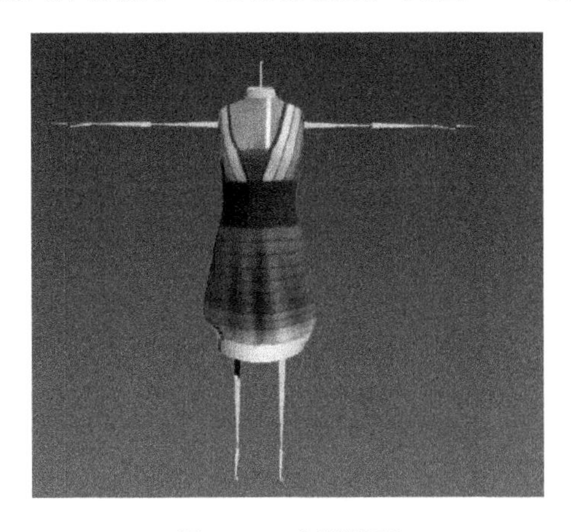

图 7-73　衣服模型

3．特效资源设计

本应用中的特效资源是一些粒子特效，由 Unity 制作而成，特效命名为 Booooom.prefab，如图 7-74 所示。

4．声效资源设计

本应用中的声效资源采用流行音乐为主题，文件名为 BGmusic1.mp3，如图 7-75 所示。

BOOOOOM.prefab　2016/7/11 14:43　PREFAB

图 7-74　特效资源

BGmusic1.mp3

图 7-75　声效资源

5. 视频资源设计

视频资源选取一个室外小桥流水作为背景，如图 7-76 所示。

图 7-76　视频资源

7.4.6　应用的逻辑开发

为场景添加脚本，以实现在场景中试穿衣服功能、换衣功能、拍照功能、实时动态背景抠除功能以及产品信息功能的开发，每部分的具体代码如下。

1. 试衣功能开发

```
using UnityEngine;
using System.Collections;
public class OverlayController : MonoBehaviour
{
    public GUITexture backgroundImage;
    public Camera backgroundCamera;
    public Camera foregroundCamera;
    public float adjustedCameraOffset = 0f;
    public GUIText debugText;
    private float currentCameraOffset = 0f;
    void Start ()
    {
        KinectManager manager = KinectManager.Instance;
        if(manager && manager.IsInitialized())
        {
            KinectInterop.SensorData sensorData = manager.GetSensorData();
            if(foregroundCamera != null && sensorData != null && sensorData.
sensorInterface != null)
            {
                foregroundCamera.transform.position = new Vector3 (sensorData.
depthCameraOffset + adjustedCameraOffset, manager.sensorHeight, 0f);
                foregroundCamera.transform.rotation = Quaternion.Euler(-
manager.sensorAngle, 0f, 0f);
                currentCameraOffset = adjustedCameraOffset;
```

```
                foregroundCamera.fieldOfView = sensorData.colorCameraFOV;
            }
            if(backgroundCamera != null && sensorData != null && sensorData.
sensorInterface != null)
            {
                backgroundCamera.transform.position = new Vector3(0f, manager.
sensorHeight, 0f);
                backgroundCamera.transform.rotation = Quaternion.Euler(-
manager.sensorAngle, 0f, 0f);
            }
            if(debugText != null)
            {
                debugText.GetComponent<GUIText>().text = "举起您的右手，开始
体验吧！";
            }
        }
        else
        {
            string sMessage = "咦，我看不到您了呢！";
            Debug.LogError(sMessage);
            if(debugText != null)
            {
                debugText.GetComponent<GUIText>().text = sMessage;
            }
        }
    }
    void Update ()
    {
        KinectManager manager = KinectManager.Instance;
        if(manager && manager.IsInitialized())
        {
            KinectInterop.SensorData sensorData = manager.GetSensorData();
            if(manager.autoHeightAngle == KinectManager. AutoHeightAngle.
AutoUpdate || manager.autoHeightAngle == KinectManager.AutoHeightAngle.
AutoUpdateAndShowInfo || currentCameraOffset != adjustedCameraOffset)
            {
                if(foregroundCamera != null && sensorData != null)
                {
                    foregroundCamera.transform.position = new Vector3 (sensor
Data.depthCameraOffset + adjustedCameraOffset, manager.sensorHeight, 0f);
                foregroundCamera.transform.rotation = Quaternion.Euler(-manager.
sensorAngle, 0f, 0f);
                currentCameraOffset = adjustedCameraOffset;
                }
            if(backgroundCamera != null && sensorData != null)
                {
```

```
                    backgroundCamera.transform.position = new Vector3(0f,
manager.sensorHeight, 0f);
                    backgroundCamera.transform.rotation = Quaternion.Euler
(-manager.sensorAngle, 0f, 0f);
                }
            }
            if(backgroundImage)
            {
                if(backgroundImage.texture == null)
                {
                    backgroundImage.texture = manager.GetUsersClrTex();
                }
            }
            MonoBehaviour[] monoScripts = FindObjectsOfType(typeof(Mono
Behaviour)) as MonoBehaviour[];
            foreach(MonoBehaviour monoScript in monoScripts)
            {
                if(typeof(AvatarScaler).IsAssignableFrom (monoScript. Get
Type())&& monoScript.enabled)
                {
                    AvatarScaler scaler = (AvatarScaler)monoScript;
                    int userIndex = scaler.playerIndex;
                    long userId = manager.GetUserIdByIndex(userIndex);
                    if(userId != scaler.currentUserId)
                    {
                        scaler.currentUserId = userId;
                        if(userId != 0)
                        {
                            scaler.GetUserBodySize(true, true, true);
                            scaler.FixJointsBeforeScale();
                            scaler.ScaleAvatar(0f);
                        }
                    }
                }
            }
            if(!manager.IsUserDetected())
            {
                if(debugText != null)
                {
                    debugText.GetComponent<GUIText>().text = "举起您的右手，
开始体验吧！";
                }
            }
        }
    }
```

2. 换衣功能开发

```
public Camera modelRelativeToCamera = null;
private GameObject selModel;
public GameObject otherModel;
Vector3 local = new Vector3(0, 0, 0);
protected override void OnDragStart()
{
    base.OnDragStart();
    local = this.transform.localPosition;
}
selModel = (GameObject)GameObject.Instantiate(modelPrefab);
selModel.name = "Model";// + "0003";
selModel.transform.position = Vector3.zero;
selModel.transform.rotation = Quaternion.Euler(0, 180f, 0);
AvatarController ac = selModel.AddComponent<AvatarController>();
ac.posRelativeToCamera = modelRelativeToCamera;
ac.mirroredMovement = true;
ac.verticalMovement = true;
ac.smoothFactor = 0f;
KinectManager km = KinectManager.Instance;
ac.Awake();
if (km.IsUserDetected())
    {
        ac.SuccessfulCalibration(km.GetPrimaryUserID());
    }
 km.avatarControllers.Clear(); // = new List<AvatarController>();
 km.avatarControllers.Add(ac);
 AvatarScaler scaler = selModel.AddComponent<AvatarScaler>();
 scaler.mirroredAvatar = true;
 scaler.continuousScaling = true;
 scaler.Start();
```

3. 拍照功能开发

```
public bool IsShowing = false;
 protected override void OnDragDropRelease(GameObject BeginNumFlash)
 {
    base.OnDragDropRelease(BeginNumFlash);
    this.transform.localPosition = new Vector3(-809, 320, 0);
    IsShowing = false;
    if (!IsShowing)
    {
      IsShowing = true;
       if (toinactive)
           toinactive.SetActive(false);
       this.GetComponent<CanvasRenderer>().SetAlpha(0);
```

```
                nf.BeginCapture();
            }
        }
```

4. 实时动态背景抠除功能开发

```
    void Start()
        {
            try
            {
                // get sensor data
                KinectManager kinectManager = KinectManager.Instance;
                if (kinectManager && kinectManager.IsInitialized())
                {
                    sensorData = kinectManager.GetSensorData();
                }
                if (sensorData == null || sensorData.sensorInterface == null)
                {
                    throw new Exception("Background removal cannot be started,
because KinectManager is missing or not initialized.");
                }
                // ensure the needed dlls are in place and speech recognition
is available for this interface
                bool bNeedRestart = false;
                bool bSuccess = sensorData.sensorInterface.IsBackground Removal
Available(ref bNeedRestart);
                if (bSuccess)
                {
                    if (bNeedRestart)
                    {
                        KinectInterop.RestartLevel(gameObject, "BR");
                        return;
                    }
                }
                else
                {
                    string sInterfaceName = sensorData.sensorInterface. Get
Type().Name;
                    throw new Exception(sInterfaceName + ": Background removal
is not supported!");
                }
                // Initialize the background removal
                bSuccess = sensorData.sensorInterface.InitBackgroundRemoval
 (sensor Data, colorCameraResolution);
                if (!bSuccess)
```

```
            {
                throw new Exception("Background removal could not be
initialized.");
            }
            // create the foreground image and alpha-image
            int imageLength = sensorData.sensorInterface. GetForeground
FrameLength(sensorData, colorCameraResolution);
            foregroundImage = new byte[imageLength];
            // get the needed rectangle
            Rect neededFgRect = sensorData.sensorInterface. GetForeground
FrameRect(sensorData, colorCameraResolution);
            // create the foreground texture
            foregroundTex = new Texture2D((int)neededFgRect.width, (int)
neededFgRect.height, TextureFormat.RGBA32, false);
            // calculate the foreground rectangle
            if (foregroundCamera != null)
            {
                Rect cameraRect = foregroundCamera.pixelRect;
                float rectHeight = cameraRect.height;
                float rectWidth = cameraRect.width;
                if (rectWidth > rectHeight)
                    rectWidth = Mathf.Round(rectHeight * neededFgRect. width
/ neededFgRect.height);
                else
                    rectHeight = Mathf.Round(rectWidth * neededFgRect. height
/ neededFgRect.width);
                foregroundRect = new Rect((cameraRect.width - rectWidth)
/ 2, cameraRect.height - (cameraRect.height - rectHeight) / 2, rectWidth,
-rectHeight);
            }
            instance = this;
            isBrInited = true;
            //DontDestroyOnLoad(gameObject);
        }
        catch (DllNotFoundException ex)
        {
            Debug.LogError(ex.ToString());
            if (debugText != null)
                debugText.GetComponent<GUIText>().text = "Please check
the Kinect and BR-Library installations.";
        }
        catch (Exception ex)
        {
            Debug.LogError(ex.ToString());
            if (debugText != null)
```

```
                debugText.GetComponent<GUIText>().text = ex.Message;
            }
        }
        void OnDestroy()
        {
            if (isBrInited && sensorData != null && sensorData. Sensor
    Interface != null)
            {
                // finish background removal
                sensorData.sensorInterface.FinishBackgroundRemoval(sensorData);
            }
            isBrInited = false;
            instance = null;
        }
        void Update()
        {
            if (isBrInited)
            {
                // select one player or all players
                if (playerIndex != -1)
                {
                    KinectManager kinectManager = KinectManager.Instance;
                    long userID = 0;
                    if (kinectManager && kinectManager.IsInitialized())
                    {
                        userID = kinectManager.GetUserIdByIndex(playerIndex);
                        if (userID != 0)
                        {
                            sensorData.selectedBodyIndex = (byte)kinectManager.
   GetBodyIndexByUserId(userID);
                        }
                    }
                    if (userID == 0)
                    {
                        // don't display anything - set fictive index
                        sensorData.selectedBodyIndex = 222;
                    }
                }
                else
                {
                    // show all players
                    sensorData.selectedBodyIndex = 255;
                }
                // update the background removal
                bool bSuccess = sensorData.sensorInterface.UpdateBackground
```

```
Removal(sensorData, colorCameraResolution, defaultColor, computeBody
TexOnly);
                if (bSuccess)
                {
                    KinectManager kinectManager = KinectManager.Instance;
                    if (kinectManager && kinectManager.IsInitialized())
                    {
                        bool bLimitedUsers = kinectManager.IsTrackedUsersLimited();
                        List<int> alTrackedIndexes = kinectManager.GetTrackedBody
Indices();
                        bSuccess = sensorData.sensorInterface.PollForeground
Frame(sensorData, colorCameraResolution, defaultColor, bLimitedUsers,
alTrackedIndexes, ref foregroundImage);
                        if (bSuccess)
                        {
                            foregroundTex.LoadRawTextureData(foregroundImage);
                            foregroundTex.Apply();
                        }
                    }
                }
            }
        }
        void OnGUI()
        {
            if (isBrInited && foregroundCamera)
            {
                // get the foreground rectangle (use the portrait background,
if available)
                PortraitBackground portraitBack = PortraitBackground.Instance;
                if (portraitBack && portraitBack.enabled)
                {
                    foregroundRect = portraitBack.GetBackgroundRect();
                    foregroundRect.y += foregroundRect.height; // invert y
                    foregroundRect.height = -foregroundRect.height;
                }
                // update the foreground texture
                bool bHiResSupported = sensorData != null && sensorData.
sensorInterface != null ?
                    sensorData.sensorInterface.IsBRHiResSupported() : false;
                bool bKinect1Int = sensorData != null && sensorData. Sensor
Interface != null ?
                    (sensorData.sensorInterface.GetSensorPlatform() == Kinect
Interop. DepthSensorPlatform.KinectSDKv1) : false;
                if (computeBodyTexOnly && sensorData != null && sensor Data.
alphaBodyTexture)
```

```
                {
                    GUI.DrawTexture(foregroundRect, sensorData.alphaBody
Texture);
                }
                else if (sensorData != null && bHiResSupported && !bKinect1Int
&& sensorData.color2DepthTexture)
                {
                    //GUI.DrawTexture(foregroundRect, sensorData.alphaBody
Texture);
                    GUI.DrawTexture(foregroundRect, sensorData.color2Depth
Texture);
                }
                else if (sensorData != null && !bKinect1Int && sensorData.
depth2ColorTexture)
                {
                    //GUI.DrawTexture(foregroundRect, sensorData.alphaBody
Texture);
                    GUI.DrawTexture(foregroundRect, sensorData.depth2Color
Texture);
                }
                else if (foregroundTex)
                {
                    //GUI.DrawTexture(foregroundRect, sensorData.alphaBodyTexture);
                    GUI.DrawTexture(foregroundRect, foregroundTex);
                }
            }
        }
```

5. 产品信息功能开发

```
    private GameObject infoWindow;
     private GameObject infoWindowFind;
     protected override void OnDragDropRelease(GameObject infoButton)
     {
         base.OnDragDropRelease(infoButton);
         this.transform.localPosition = new Vector3(-809, -180, 0);
         infoWindowFind = (GameObject.Find("infoWindow(Clone)"));
         if(infoWindowFind == null)
         {
             GameObject infoWindow = Instantiate(Resources.Load("infoWindow"))
as GameObject;
         }
         else
         {
         }
     }
```

7.4.7　应用界面的完善

本应用使用 Photoshop 对图片的细节进行处理，使图片看起来更加精细美观。

7.4.8　应用的优化与改进

1．UI 层面的优化

1）使用 NGUI 提供自适应屏幕，可以兼容不同的分辨率。

2）对 Depth 深度进行调整，降低图形处理时的性能消耗。

2．资源的优化

1）所有图片资源打包成图集，可降低空间开销。

2）模型采用低模，可降低 Unity 的性能消耗。

7.4.9　打包与发布

1）选择“File”→“Build Settings”命令，如图 7-77 所示。

2）单击“Add Open Scenes”按钮，把做好的场景加入到“Scenes In Bulid”，如图 7-78 所示。

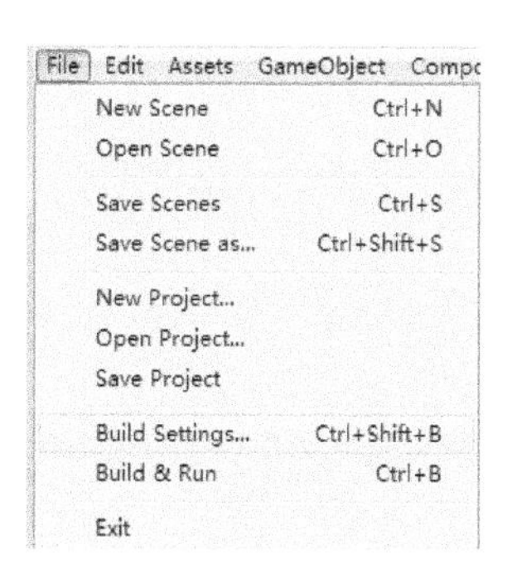

图 7-77　打包发布

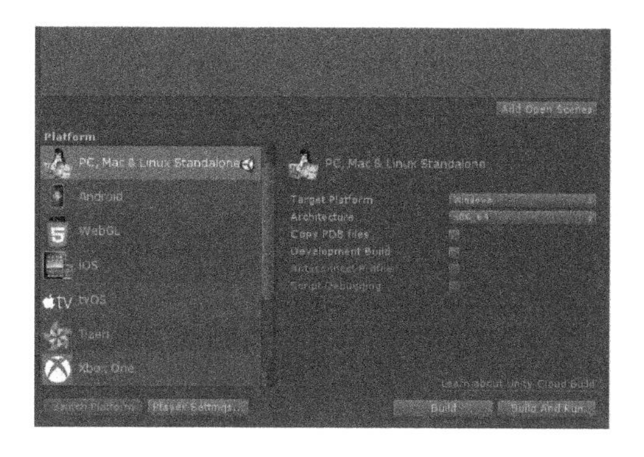

图 7-78　发布

3）单击“Build”按钮，选择保存路径和文件名，这里选择桌面，“文件名”为“FittingRoom”，整个发布过程就完成了，如图 7-79 所示。

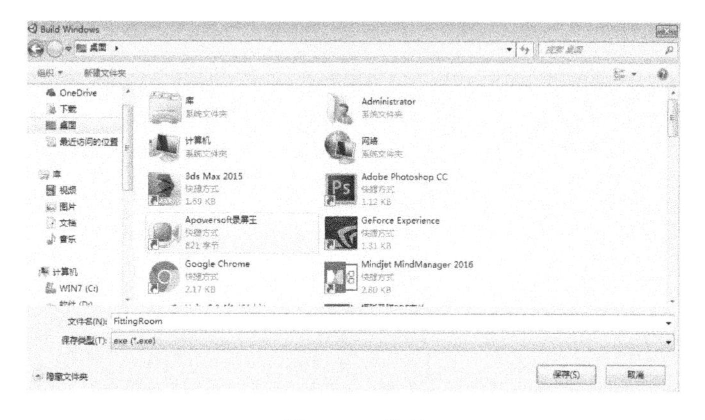

图 7-79　保存

小结

本章综合运用了前面各章节所介绍的基本知识和相关软件，使用 Unity 开发平台，设计开发了虚拟装修、涂涂乐和虚拟试衣间 3 个实战案例。通过本章的学习，将对虚拟现实技术应用开发的流程及相关技术有一个全面的了解和认识，为进一步学习和掌握相关开发技术打下良好的基础。